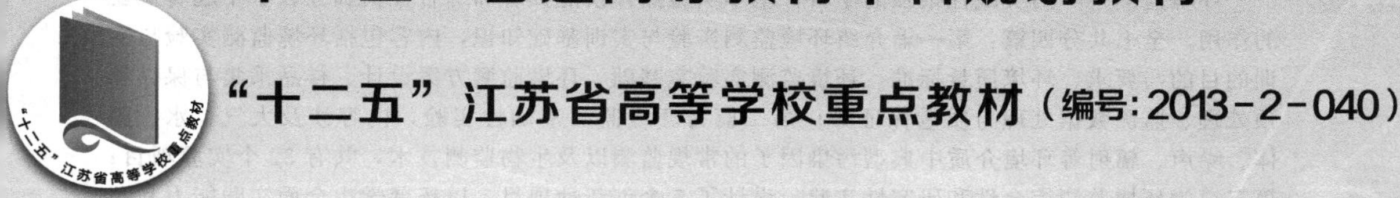

环境监测实验与实训

严金龙　潘　梅　主　编
杨百忍　全桂香　副主编

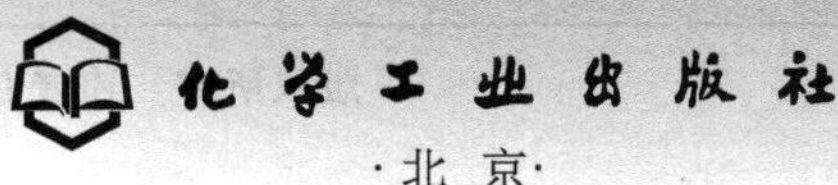

·北京·

环境监测是一门实践性很强的学科，基本实验操作技能训练和综合性实训在教学中起着重要的作用。全书共分四篇：第一篇介绍环境监测实验与实训基础知识，内容包括环境监测实验与实训的目的与要求、环境质量标准、环境监测实验室基础、环境监测方案设计、样品采集与保存和预处理、监测数据处理与质量保证等；第二篇为环境监测基础性实验，内容涉及大气、水、固体、噪声、辐射等环境介质中典型污染因子的常规监测以及生物监测技术，共有 32 个实验项目；第三篇为环境监测综合性和研究性实验，设计了 5 个创新性项目，以拓展学生全面实践能力和团队协作精神；第四篇为环境监测实训，以实现学生从现场调研、监测因子筛选、布点、样品采集、保存与处理、分析测试、数据处理与分析以及环境质量评价的全过程训练，培养学生独立的环境监测能力。

本书可作为高等学校环境科学与工程专业类实验教学用书，也可供相关专业及环保技术人员参考。

图书在版编目(CIP)数据

环境监测实验与实训/严金龙，潘梅主编．—北京：化学工业出版社，2014.6（2025.2 重印）
“十二五”普通高等教育本科规划教材；“十二五”江苏省高等学校重点教材
ISBN 978-7-122-20343-4

Ⅰ．①环…　Ⅱ．①严…②潘…　Ⅲ．①环境监测-实验-高等学校-教材　Ⅳ．①X83-33

中国版本图书馆 CIP 数据核字（2014）第 071603 号

责任编辑：杨　菁　　文字编辑：刘莉珺
责任校对：徐贞珍　　装帧设计：张　辉

出版发行：化学工业出版社（北京市东城区青年湖南街 13 号　邮政编码 100011）
印　　装：北京建宏印刷有限公司
787mm×1092mm　1/16　印张 14¼　字数 371 千字　2025 年 2 月北京第 1 版第 8 次印刷

购书咨询：010-64518888　　售后服务：010-64518899
网　　址：http://www.cip.com.cn
凡购买本书，如有缺损质量问题，本社销售中心负责调换。

定　　价：46.00 元

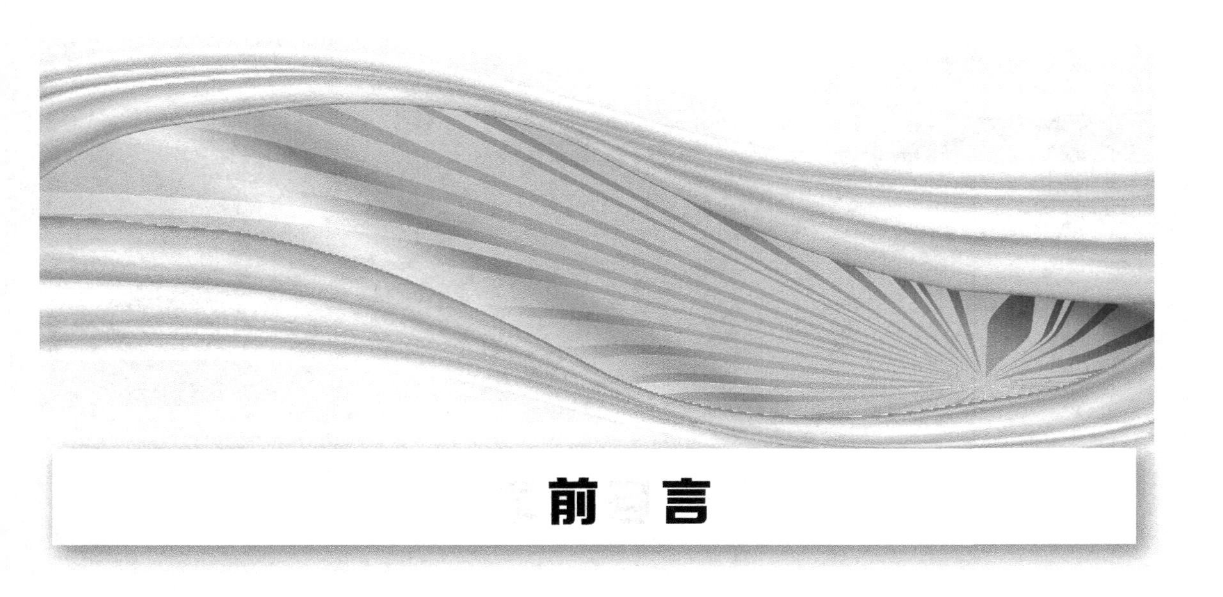

前言

随着我国经济社会的快速发展，人民群众对环境问题的认识不断深入，对良好环境的诉求日益强烈，使环境监测无论在监测内容、监测项目与频次方面，还是在监测技术方面都有更新、更广、更深的要求。环境监测起着服务民生的重要作用，可确保环境决策、环境管理科学准确。

目前，环境监测是环境科学与工程类专业的基础课之一，其应用性和实践性很强。本书的编者长期从事环境监测理论和实践教学，根据全国高校环境科学与工程类专业教学大纲中实践教学的基本要求，结合环境监测工作的实践经验，编写时着重考虑了以下几点。

（1）基础性　编写时编者充分考虑到环境类专业学生实验室基础知识的实际情况，对环境监测实验室要求、化学试剂及实验用水、器皿的洗涤、实验室安全、实验意外事故的处理常识等方面做了介绍。在了解环境质量标准的基础上，把握环境监测全过程，包括现场调查、监测计划设计、优化布点、样品采集、运送保存、分析测试、数据处理和综合评价等。

（2）适用性　实验项目的选择既符合环境类专业实践教学大纲要求，又与国家环境保护标准分析方法相适应。实验项目既有环境监测经典项目也有创新性项目，循序渐进分阶段对学生进行有针对性的训练，具有较强的可操作性。综合性和研究性实验则让学生接触环境监测领域的研究前沿，学会运用先进的大型精密仪器，提高学生的科研能力，为学生毕业论文的研究工作以及科学研究奠定基础。

（3）自主性　实训类项目的设计紧贴环境管理和环境评价实际，以使学生能独立自主完成区域环境监测工作。训练学生文献资料查阅的基本技能，收集相关环境背景资料，并结合实际情况确定实训方案；要求学生学会运用计算机软件进行环境监测数据分析和处理，并掌握绘图技能；同时还要求学生能对环境监测结果做出评价，以实验报告、课堂讨论等形式进行汇报。

参加本书编写工作的有严金龙、潘梅、杨百忍、全桂香，全书由严金龙统读定稿。在本书的编写过程中，特别感谢盐城工学院和盐城工学院环境科学与工程学院的各位老师给予的大力帮助，同时参考了国内外出版的一些教材和著作，在此向有关作者表示衷心感谢！

由于编者水平有限，不足之处在所难免，恳请读者批评指正。

编者

2014 年 3 月

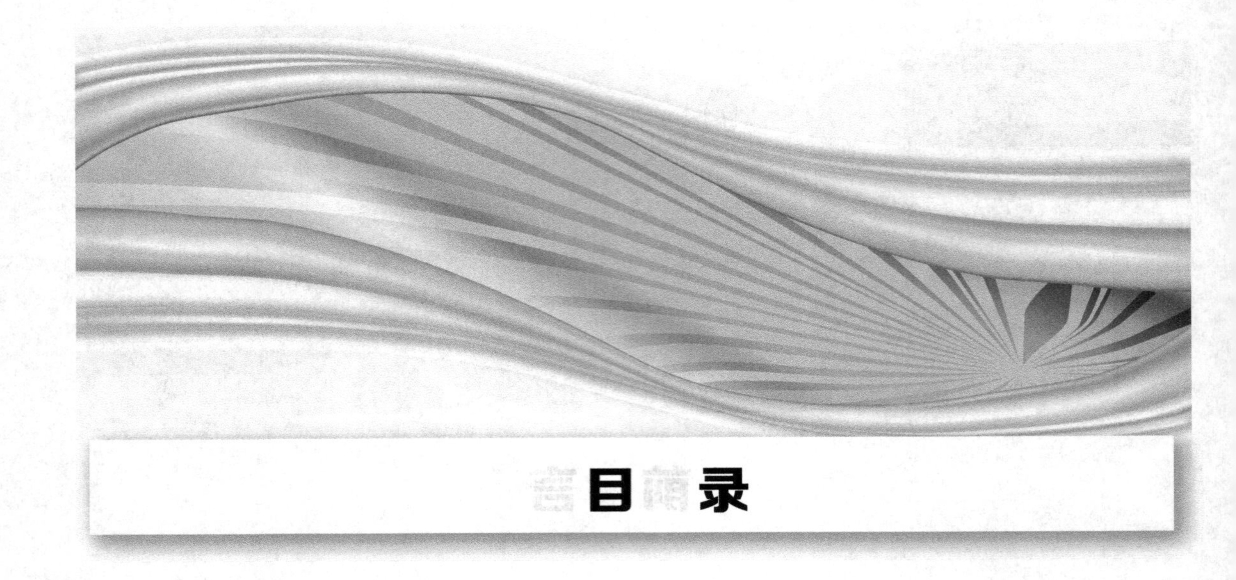

目录

第一篇　环境监测实验与实训基础知识

第一章　环境监测实验与实训的目的与要求

一、实验与实训的目的

实验与实训教学是获取新知识的源泉；是知识与能力、理论与实践相结合的关键；是训练技能、培养创新意识的重要手段，在高等教学体系中占有十分重要的地位。环境监测实验与实训是环境科学与工程及相关专业必开的一门专业核心课程，环境监测实验与实训的教学目的是使理论联系实际，在学生学习环境监测课程的基础上，安排学生利用所学知识对监测项目的监测方法做进一步的了解。目的在于通过具体实践进一步巩固课堂上所学的基础理论和仪器的基本操作技能，深入掌握环境监测的原理，通过动手操作实验设备、仪器，观察实验现象，分析整理实验结果，培养学生提出问题、分析问题、解决问题等科学研究的能力。

实验实训类型按模块进行设计，分为基础实验、综合实验和研究探索型实验实训，分阶段对学生进行各种技能的训练。通过实验实训，以期达到以下目的：

（1）通过基础性实验的训练，根据实际样品、监测项目的需要，培养学生选择分析测试方法的能力；

（2）通过实验实训使学生能够正确使用实验室常规仪器设备，了解仪器设备日常维护的方法；

（3）强化训练学生的动手能力，培养学生分析问题、解决问题的能力，使学生能够熟练完成特定分析过程，对实验中出现的现象及问题运用所学知识进行正确解释；

（4）培养学生数据处理、绘图及计算能力，同时可对测定结果进行正确评价；

（5）培养学生良好的科学素养、实事求是的态度和一定的创新意识；

（6）通过综合性研究性实验以及实训的锻炼，使学生从中学到科学研究的工作方法，养成以科学的眼光观察事物和进行学习的习惯，为以后的硕士、博士阶段的学习打下牢固的基础；

（7）学生能由浅入深，循序渐进地把环境监测应用于环境各领域；

（8）提高环境工程专业学生的综合操作技能、学生独立分析和解决具体问题的能力，为学生走上工作岗位后能独立承担环境监测任务打下坚实的基础，从而有效地缩短本专业学生的社会适应期。

二、实验与实训的要求

环境监测实验与实训实用性强，涉及的知识面宽，如化学分析、仪器分析、物理测试和生物测试等，操作要求严格，实验现象复杂多变，实验数据处理量大，对数据精密度、准确度要求高，同时影响实验成败的因素多，如环境条件的变化、仪器的精密度和稳定性、试剂的纯度和处理方法、操作者的基本技能和对实验相关知识的掌握情况等；环境监测实验与实训涵盖了水、气、固、噪声等内容的环境监测综合实验，还涉及采样点的布设、采样、样品的运输、保存和预处理、干扰的消除、多组分的同时测定或分别测定等多方面的知识。为使实验达到预期目的，特提出如下要求：

（1）全面而深刻地学习环境监测实验室基础知识（重点是安全）、学生实验守则，必须养成良好的实验习惯和科学素养；

（2）基础性实验课前，学生要做充分的预习，从实验目的、原理及步骤等角度整体把握实验内容；

（3）基础性实验课上，一定要注意实验操作的规范性，同时对所用到的仪器设备能独立操作，学生必须具备扎实的基础知识、熟练的基本操作技能，基本操作技能是综合性实验的基石；

（4）学生要学会运用计算机软件分析实验中的数据处理、绘图等基本技能；

（5）综合性研究性实验实训前，学生要掌握查阅文献资料的基本技能，进而进行相关资料的全面收集，并结合实际情况确定实验实训方案；

（6）学生能对监测结果做出评价，以实验报告、课堂讨论汇报等形式进行汇报。

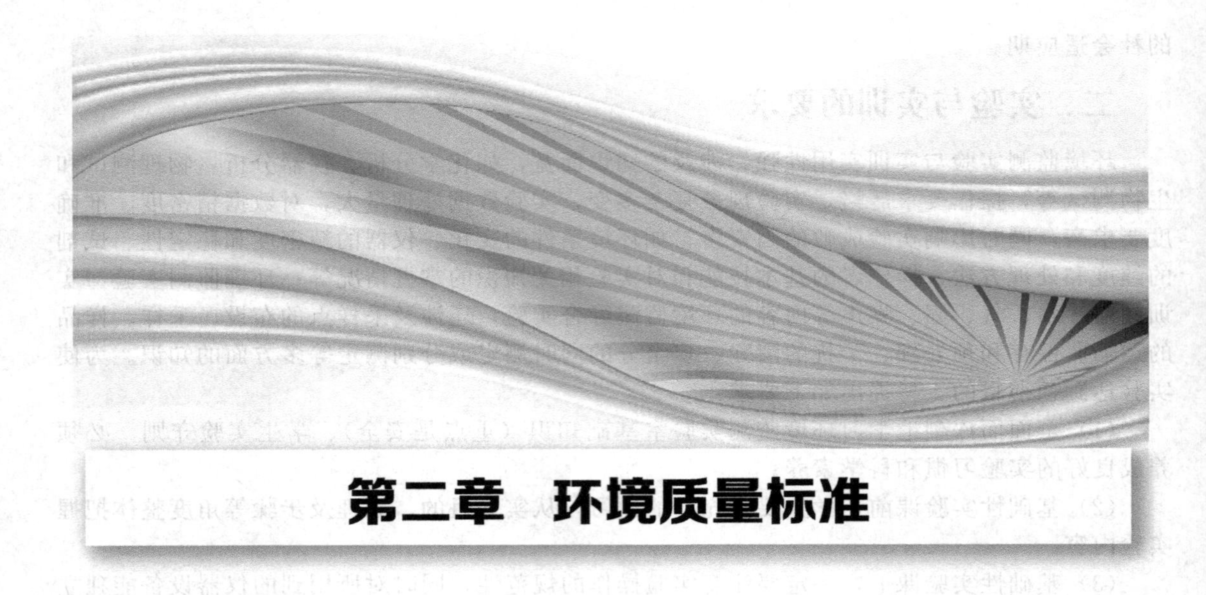

第二章　环境质量标准

一、制定环境质量标准的目的

为了保障人群健康和社会物质财富，维护生态平衡面对环境中有害物质和因素所做的限制性规定，它往往是对污染物质的最高允许含量的要求。

二、环境质量标准的分类

1. 水质量标准

水环境质量标准（Standard of Water Environmental Quality）为控制和消除污染物对水体的污染，根据水环境长期和近期目标而提出的质量标准。除制定全国水环境质量标准外，各地区还可参照实际水体的特点、水污染现状、经济和治理水平，按水域主要用途，会同有关单位共同制定地区水环境质量标准。

水环境质量标准，也称水质量标准，是指为保护人体健康和水的正常使用而对水中污染物或其他物质的最大容许浓度所做的规定。按照水体类型，可分为地面水环境质量标准、地下水环境质量标准和海水环境质量标准；按照水资源的用途，可分为生活饮用水水质标准、渔业用水水质标准、农业用水水质标准、娱乐用水水质标准、各种工业用水水质标准等；按照制定的权限，可分为国家水环境质量标准和地方水环境质量标准。

2. 大气质量标准

大气环境质量标准规定了大气环境中的各种污染物在一定的时间和空间范围内的容许含量。这类标准反映了人群和生态系统对环境质量的综合要求，也反映了社会为控制污染危害，在技术上实现的可能性和经济上可承担的能力。大气环境质量标准是大气环境保护的目标值，也是评价污染物是否达到排放标准的依据。

3. 土壤质量标准

土壤质量标准是对污染物在土壤中的最大容许含量所做的规定。土壤中污染物主要通过水、食用植物、动物进入人体，因此，土壤质量标准中所列的主要是在土壤中不易降解和危害较大的污染物。

4. 生物质量标准

生物质量标准是指对污染物在生物体内的最高容许含量所做的规定。污染物可通过大气、水、土壤、食物链或直接接触而进入生物体，危害人群健康和生态系统。

5. 声环境质量标准

声环境质量标准是为贯彻《中华人民共和国环境噪声污染防治法》，防治噪声污染，保障城乡居民正常生活、工作和学习的声环境质量所做的规定。

目前我国常用的环境质量标准如表2-1所列。

表2-1 我国常用的环境质量标准

序号	标准名称	国家标准代码
1	《地下水质量标准》	GB/T 14848—1993
2	《地表水环境质量标准》	GB 3838—2002
3	《海水水质标准》	GB 3097—1997
4	《渔业水质标准》	GB 11607—1989
5	《农田灌溉水质标准》	GB 5084—2005
6	《环境空气质量标准》	GB 3095—2012
7	《室内空气质量标准》	GB/T 18883—2002
8	《土壤环境质量标准》	GB 15618—2008
9	《声环境质量标准》	GB 3096—2008

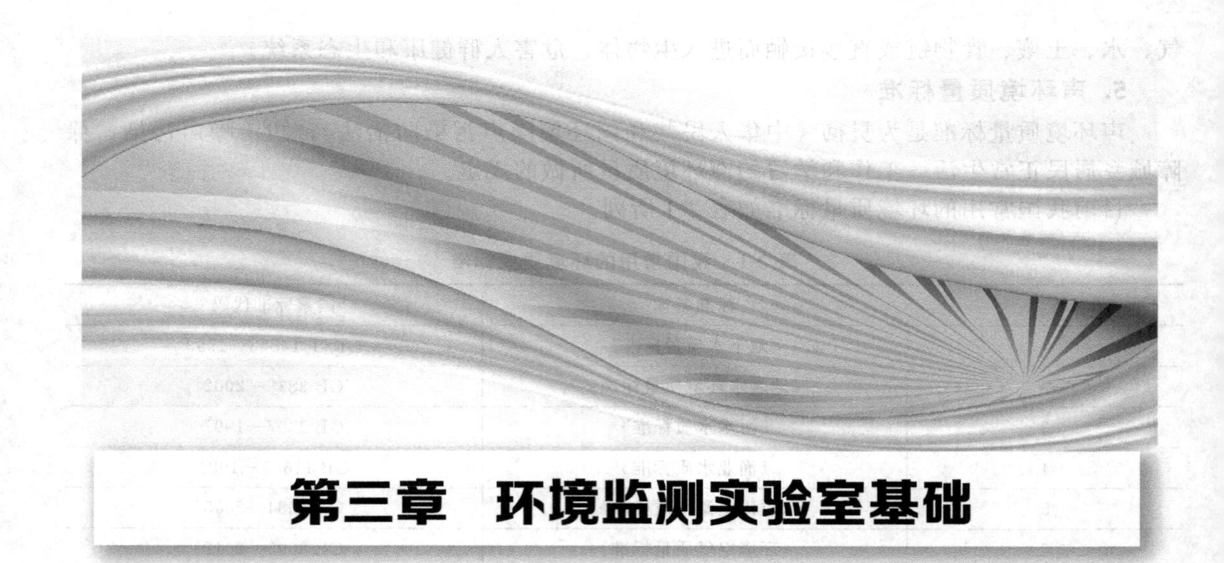

第三章　环境监测实验室基础

第一节　实验室环境

实验室环境条件直接影响分析结果的质量、分析人员的身体健康，以及工作效率和仪器设备的使用寿命。实验室周围存在污染物质会对实验结果产生影响，而实验所产生的废气废水亦可影响周围环境。因此，在建实验室时，要考虑这些因素。已建成的实验室，若不具备下述条件，则应加以改进。

一、实验楼的选址和朝向

1. 选址

实验室应该清洁、安静，因此实验楼最好与交通干线、产生废气和烟尘的工厂保持一定的距离。实验楼亦不宜建在人口稠密区，以防止实验室产生的有害气体影响周围环境。此外，实验楼周围要有适当的绿化带，以利于改善局部的微小气候、减少尘埃和降低噪声。

2. 朝向

实验楼朝向宜南北向，避免阳光反射。如果受条件限制部分实验室为东西向时，则应设置有效的遮光措施，防止阳光对仪器和试剂产生不良影响以及妨碍实验人员的操作和观察。

二、实验楼建筑结构和实验室设置

1. 实验楼建筑结构

实验楼在建筑上应能防震、防尘、防火、防潮、隔热良好，耐火等级为1～2级。实验室内部高度应保证有足够的有效空间，地面不透水。走廊宽度满足工作和安全需要，多层建筑除主楼外，应设置安全楼梯或货梯。实验室内窗户符合采光和自然通风要求，房顶、墙壁均为白色，地面需耐腐蚀，室内安装良好的供电系统，一些精密仪器需配备稳压电源。用于器皿洗涤、抽滤、回流和蒸馏、冷凝等的自来水应保证足够的水压和水量，装置各种水龙头。水槽材质耐酸、碱腐蚀，地面铺橡胶皮垫，减少玻璃器皿洗涤时的破损。

2. 实验室设置

化学分析用房要考虑安全，操作方便和避免交叉污染，危险品仓库和高压气瓶应妥善安置。有毒项目前处理分析应在良好的通风设备内完成。特殊要求实验室按其用途妥善装修。

三、实验室内布设要求

1. 一般分析室和前处理室

自然通风，安装排气扇和通风橱，具有良好的人工照明，以便夜间操作。根据实验室面积设置合适大小的实验台，高度以便于操作，通常 85cm，台面应以耐热和耐腐蚀且易于清洗干净的材质制成。

2. 大型精密仪器室

仪器用台坚固防震，并距墙一定距离，以便于检修，相同功能的仪器可合理安放在同一实验室，以充分利用空间。

3. 天平室

设置缓冲间，避免附近有振动源和阳光直射，采暖装置应与天平保持适当的距离，天平台应稳固防震，宜使用水磨石台面和橡胶垫。

四、其他要求

(1) 对温度、湿度和清洁度要求较高的实验室，操作人员应注意各种细节，如更换衣、帽、鞋等，整理时防尘。

(2) 在分析项目的安排上，注意避免相互交叉干扰。

(3) 保持实验室的整洁，注意器皿的洁净，包括实验室用的试管刷、抹布等。

(4) 进行实验时，必须着实验服，实验室内不允许放置与实验无关的物品，不进行与实验无关的活动，严禁吸烟。

第二节　实验用水

实验用水通常是指用于器皿的最后冲洗、样品稀释和试剂配制等所用的水。

一、实验用水的质量要求

实验室用水必须满足《分析实验室用水规格和试验方法》(GB 6682—2008) 要求。

实验室用水级别如下所列：

一级水：用于有严格要求的分析实验，包括对颗粒有要求的试验，如 HPLC。可通过二级水经过石英蒸馏器或离子交换处理后，经 0.20μm 微孔滤膜过滤制取。

二级水：用于无机痕量分析，如原子吸收、原子荧光、ICP 等。二级水可用多次蒸馏或离子交换等方法制取。

三级水：用于一般化学分析实验，但是不包括 COD、BOD 等的测定。三级水可用蒸馏或离子交换等方法制取。

相应级别水质具体技术指标如表 3-1 所列。

表 3-1 水质类别及相应技术指标

项 目	一级	二级	三级
pH(25℃)	—	—	5.0～7.5
电导率(25℃)/(mS/m)	≤0.01	≤0.10	≤0.50
可氧化物(以 O 计)/(mg/L)	—	≤0.08	—
吸光度(254nm,1cm 光程)	≤0.001	≤0.01	—
蒸发残渣(105℃±2℃)/(mg/L)	—	≤1.0	≤2.0
可溶性硅(以 SiO_2 计)/(mg/L)	≤0.01	≤0.02	—

注：1. 由于在一级水、二级水的纯度下，难于测定其真实的 pH 值，因此，对于一级水、二级水的 pH 值范围不做规定。

2. 由于一级水的纯度下，难于测定可氧化物质和蒸发残渣，对其限量不做规定，可用其他条件和制备方法来保证一级水的质量。

二、实验用水的制备

1. 蒸馏法

通过改变水的形态：从液态到气态再回到液态，将水和污染物分离。每一个转换过程都为纯水与污染物的分离提供了机会。蒸馏分单蒸馏和重蒸馏，在天然水或自来水没有污染的情况下，单蒸馏水就能接近纯水的纯度指标，但很难排除二氧化碳的溶入，水的电阻率很低，达不到 MΩ 级，不能满足许多新技术的需要。为了使单蒸馏水达到纯度指标，必须通过二次蒸馏，又称重蒸馏。一般情况下，经过二次蒸馏，能够除去单蒸水中的杂质，在一周时间内能够保持纯水的纯度指标不变。常见蒸馏器有玻璃蒸馏器、石英蒸馏器、亚沸蒸馏器等。

特点：简单易操作，制水量大，但只能除掉水中非挥发性杂质，且能耗高。

2. 离子交换法

离子交换树脂床能通过与 H^+ 和 OH^- 的离子交换，从水中有效去除离子。离子交换树脂是直径小于 1mm 的多孔小球，由交链的含有大量功能强大的离子交换点的不溶性聚合物制成。树脂分为阳离子树脂和阴离子树脂两种。

离子交换树脂床放在小型滤柱或大型滤筒中使用，一般使用一段时间后就要更换，此时阴阳离子交换基团已经替换了树脂中大部分 H^+ 和 OH^- 的活性点。

特点：离子交换法能除去原水中绝大部分盐、碱和游离酸；但不能完全除去有机物和非电介质。

3. 电渗析法（ED）

电渗析法是指在直流电场作用下，溶液中的荷电离子选择性地定向迁移，透过离子交换膜（离子选择性透过膜）并得以去除的一种膜分离技术。最主要的用途是由苦咸水淡化生产饮用水。

特点：电渗析法能耗低，操作简单，易于实现机械化、自动化，水的利用率高；但只能除去水的盐分，不能除掉非离子型杂质。

4. 填充床电渗析法（EDI）

EDI 把电渗析 ED 的选择性阴、阳离子交换膜间填充以特殊混合的离子交换树脂，成为填充床电渗析器，从而把电渗析器和离子交换混合床二者的优点结合起来，取长补短而形成的深度脱盐技术。即 EDI 是一项结合了离子交换树脂和离子选择性通透膜，并结合直流电去除水中离子化杂质的技术。

特点：EDI不仅能够去除工业盐，同时还能够去除其他液体杂质，比如：二氧化碳、硅石、氨水、硼，能连续不断地合成纯水和高纯水。该技术克服了离子交换树脂的局限性，特别是离子交换柱耗竭时离子杂质的释放及重填或再生离子交换柱的工作。由于系统内化学和电环境的作用抑制微生物生长，使细菌水平达到最小化；但系统性或者寿命还不是很高。

三、特殊要求的实验用水制备

（1）无氨水　阳离子交换树脂柱制得去离子水；加硫酸至 pH<2 后经蒸馏的馏出液。

（2）无酚水　加氢氧化钠至 pH>11 后经蒸馏的馏出液，即使水中酚生成不挥发的酚钠后，用全玻璃蒸馏器蒸馏制得（蒸馏前可加少量高锰酸钾溶液使水呈紫红色，再进行蒸馏）。

（3）无氧或无二氧化碳水　用纯氮通入水中吹气以去除氧或二氧化碳制得。

（4）无金属离子水　亚沸蒸馏器制备。

（5）无有机物水　碱性过锰酸钾蒸馏，蒸馏过程中保持红紫色不褪。

（6）无氯水　加入亚硫酸钠等还原剂将自来水中的余氯还原为氯离子，用附有缓冲球的全玻璃蒸馏器进行蒸馏制取。取实验用水 10mL 于试管用，加入 2～3 滴（1+1）硝酸、2～3 滴 0.1mol/L 硝酸银溶液，混匀，不得有白色沉淀出现。

（7）无砷水　一般蒸馏水或去离子水多能达到基本无砷要求。应避免使用软质玻璃（钠钙玻璃）制成的蒸馏器，进行痕量砷的分析时，应使用石英蒸馏器和聚乙烯的离子交换树脂柱管和贮水瓶。

四、实验用水的贮存

（1）贮存仪器应注意防止溶出物质可能的污染。

（2）玻璃容器可出现钾、钠等离子的溶出物。

（3）聚乙烯容器会有微量有机物溶出。

（4）乳胶管会有微量酚类化合物。

（5）容器应不定期充分洗净后使用。

（6）实验用水最好现制现用，不宜久贮。

注：一级水尽可能用前现制，不贮存。二级水和三级水经适量制备后，可盛装在预先经过处理并用同级水充分清洗过的、密闭的聚乙烯容器中，贮存于空气清新的洁净实验室内。

第三节　化学试剂

实验室提供的试剂质量，直接影响分析结果准确度。分析者应当对试剂分类、规格有所了解。分析测定时正确选用化学试剂，既能保证测定结果的准确性，也符合节约原则，而不应盲目选用高纯试剂。

一、化学试剂的分类和规格

我国的化学试剂规格按纯度和使用要求分为高纯（或称为超纯、特纯）、光谱纯、分光纯、基准、优级纯、分析纯、化学纯等七种。国家和主管部门颁布质量标准的主要是后三种，即优级纯、分析纯、化学纯。

各种规格的试剂的应用范围如下：

（1）基准试剂　基准试剂是一类用于标定滴定分析中标准溶液的标准物质，可作为滴定分析中的基准物用，也可精确称量后用直接法配制标准溶液。我国试剂标准的基准试剂（纯度标准物质）相当于C级和D级。基准试剂主成分含量一般在99.95%～100.05%，杂质略低于优级纯或与优级纯相当。

（2）优级纯　优级纯主成分含量高，杂质含量低，主要用于精密的科学研究和测定工作。

（3）分析纯　分析纯的主成分略低于优级纯，杂质含量略高，用于一般的科学研究和重要的测定工作。

（4）化学纯　化学纯品质较分析纯差，用于工厂、教学实验的一般分析工作。

（5）实验试剂　杂质含量更高，但比工业品纯度高。主要用于普通的实验和研究。

（6）高纯、光谱纯及纯度99.99%（4个9也用4N表示）以上的试剂　该类主成分含量高，杂质含量比优级纯低，且规定的检验项目多。主要用于微量及痕量分析中试样的分解及试液的制备。高纯试剂多属于通用试剂，如 HCl、$HClO_4$、NH_3、H_2O、Na_2CO_3、H_3BO_3等。

（7）分光纯试剂　分析纯试剂要求在一定的波长范围内干扰物质的吸收小于规定值。

二、化学试剂的标志

我国国家标准 GB 15346—2012《化学试剂　包装及标志》规定用不同颜色的标签来标记化学试剂的等级及门类，见表3-2。

表3-2　化学试剂的标志及应用范围

序号	级别		符号	标签颜色	应用范围
1	通用试剂	优级纯	GR	深绿色	精密分析研究
		分析纯	AR	金光红色	定性、定量
		化学纯	CP	中蓝色	一般分析
2	基准试剂		PT	深绿色	专门作为基准物用
3	生物染色剂		BS	玫红色	根据试剂说明使用

三、试剂的选用

选用试剂应综合考虑对分析结果的准确度要求，及所选方法的灵敏度、选择性、分析成本等，正确选用不同级别的试剂。因为试剂的价格与其级别关系很大，在满足实验要求的前提下，选用的试剂的级别就低不就高。

痕量分析要选用高纯或优级纯试剂，以降低空白值和避免杂质干扰，同时对所用的纯水的制取方法和仪器的洗涤方法也应有特殊的要求，化学分析可使用分析纯试剂。微量、超微量分析应选用高纯试剂。

四、化学试剂的取用规则和注意事项

1. 固体试剂的取用规则

（1）要用干净的试剂勺（药勺）取试剂。用过的试剂勺必须洗净并擦干后才能再使用，以免沾污试剂。

（2）取出试剂后应立即盖紧瓶盖，千万不能盖错瓶盖。

（3）称量固体试剂时，注意不要取多，取多的试剂不能放回原瓶，可放在指定容器中供他人使用。

（4）一般的固体试剂可以称量在干净的称量纸或表面皿上。具有腐蚀性、强氧化性、或易潮解的固体试剂不能称在纸上，不准使用滤纸来盛放称量物。

（5）有毒试剂要在教师指导下取用。

2. 液体试剂或溶液的取用规则

（1）从滴瓶中取用液体试剂时，滴管决不能触及所使用的容器器壁，以免沾污。滴管放回原瓶时不要放错。不能用滴管到试剂瓶中取用试剂。

（2）取用细口瓶中的液体溶液时，先将瓶塞反放在桌面上，不要弄脏。把试剂瓶上贴有标签的一面握在手心中，逐渐倾斜瓶子，倒出试液。试液应沿着洁净的试管壁流入试管或沿着洁净的玻璃棒注入烧杯。取出所需量后，逐渐竖起瓶子，把瓶口剩余的一滴试液碰到试管或烧杯中去，以免液滴沿着瓶子外壁流下。

（3）定量使用时可根据要求分别使用量筒（杯）或移液管。取多的试液不能倒回原瓶，可倒入指定容器内供他人使用。

（4）在夏季由于室温高，试剂瓶中易冲出气液，最好把瓶子在冷水中浸一段时间再打开瓶塞。取完试剂后要盖紧塞子，不可盖错瓶塞。

（5）如果需要嗅试剂的气味时，可将瓶口远离鼻子，用手在试剂瓶上方扇动，使空气流吹向自己而闻出其味。绝不可去品尝试剂。

第四节　环境监测实验中器皿的洗涤

在环境监测分析工作中，必须使用洁净的器皿，否则器皿中的杂质会影响实验的进行及测定的准确性。对实验所用的各种器皿进行洗涤并洗净，不仅是一项必须做的实验前的准备工作，也是一项技术性的工作。器皿洗涤是否符合要求，对检验结果的准确和精密度均有影响。

一、实验室常用的洗涤液（剂）

实验室中用于洗涤各种类型仪器的洗涤液（剂）种类很多，现将有关知识介绍如下。

1. 合成洗涤剂

生活中经常用到的洗洁精、餐洗剂和洗衣粉等，是洗涤仪器时首选的洗涤剂，具有较强的去污能力，能将玻璃仪器壁上的一般油污洗净，而且使用安全。

（1）用途　只用于洗涤较少的、一般性油脂沾污的器皿的外壁及瓶口较大可用刷子刷洗内壁的玻璃器皿。对于一些重油污及难洗涤的油污，应采用其他洗涤剂洗涤。

（2）配制　用热水配成1%～2%的水溶液，若用洗衣粉，则可配成5%的热水溶液。

（3）使用方法　先用自来水冲洗玻璃仪器，查看一下仪器的洁净程度，在油污较少时，用刷子蘸取配好的洗衣粉或稀释好的洗洁精、餐洗剂等刷洗玻璃仪器，然后再用自来水冲洗仪器，检查仪器是否洗净。若器壁不挂水珠，用少量蒸馏水刷洗三次，以除去自来水中带来的杂质，控干水备用。

（4）安全及注意事项　现配现用。

2. 洗液

洗液主要用于洗涤被无机物沾污的器皿，它对有机物和油污的去污能力也较强，常用来洗涤一些小口、管细等形状特殊的器皿，如吸管、容量瓶等。

实验室中常用的洗液如表 3-3 所示。

表 3-3 常用洗液的配制及使用

洗液名称	配制方法	用途和用法	注意事项
铬酸洗液	称 20.00g 工业重铬酸钾，研细后加 40mL 水，加热溶解。冷却后，沿玻璃棒慢慢加入 360mL 浓硫酸，边加边搅拌，冷却后，转移至小瓶中备用	用于去除器壁残留油污和微量有机物，用途最广。用少量洗液刷洗或浸泡一夜，洗液可重复使用	① 具有强腐蚀性，防止烧伤皮肤和衣物；② 用毕回收，可反复使用，贮存时瓶塞要盖紧，以防吸水失效；③ 如该液转变成绿色，则失效，可加入浓硫酸后继续使用；④ 洗涤废液经处理解毒方可排放
碱性乙醇洗液	6.00g 氢氧化钠溶于 6.00g 水中，加入 50mL 95% 乙醇。装瓶	用于洗涤被油脂或有机物沾污的器皿。浸泡、刷洗	① 应贮于胶塞瓶中，久贮易失效；② 防止挥发，防火
碱性洗液	氢氧化钠 10%水溶液	水溶液加热（可煮沸）使用，其去油效果较好	煮的时间太长会腐蚀玻璃，一般不得超过 20min
碱性高锰酸钾洗液	4.00g 高锰酸钾溶于少量水中，加入 10.00g 氢氧化钠，再加水至 100mL，装瓶	用于洗涤油污、有机物	① 浸泡后器壁上会残留二氧化锰棕色污迹，再用浓盐酸或草酸洗液、硫酸亚铁、亚硫酸钠等还原剂去除；② 洗液不应在所洗的器皿中长期存留
纯酸洗液	（1＋1）、（1＋3）或（1＋9）等的盐酸或硝酸	用于除去微量的离子（除去 Hg，Pb 等重金属杂质）	常法洗净的器皿浸泡于纯酸洗液中 24h
磷酸钠洗液	57.00g 磷酸钠，28.50g 油酸钠，溶于 470mL 水中，装瓶	清洗玻璃器皿上的残留物	浸泡数分钟后再刷洗
硝酸-过氧化氢洗液	15%～20%硝酸加等体积的 5%过氧化氢	特殊难洗的化学污物	久存易分解，应现用现配。存于棕色瓶中
碘-碘化钾洗液	1.00g 碘和 2.00g 碘化钾混合研磨，溶于少量水中，再加水至 100mL	用于洗涤硝酸银的褐色残留污物	
有机溶剂	如苯、乙醚、丙酮、酒精、二氯乙烷、氯仿等	用于洗涤油污，可溶于该溶剂的有机物	① 注意毒性、可燃性；② 用过的废溶剂应回收，蒸馏后仍可继续使用
草酸洗液	取 5.00～10.00g 草酸溶于 100mL 水中，加入少量浓盐酸	用于洗涤 $KMnO_4$ 洗液洗涤后在玻璃器皿上产生的 MnO_2 污渍	必要时可加热使用
乙醇、浓硝酸（不可事先混合）	于器皿内加入不多于 2mL 的乙醇，加入 4mL 浓硝酸，静置片刻，乙醇和浓硝酸会立即发生激烈反应，放出大量热及二氧化氮，反应停止后再用水冲洗	用一般方法很难洗净的少量残留有机物可用此法	操作应在通风橱中进行，不可塞住器皿，防止烧伤皮肤和着火

二、洗涤实验和采样器皿的步骤及注意事项

1. 常法洗涤

玻璃瓶和塑料瓶首先用水和清洗剂清洗，以除去灰尘和油垢，再用自来水冲洗干净，最后用去离子水充分荡洗三次。

2. 特殊洗涤方法

器皿首先用水和洗涤剂清洗，以除去灰尘和油污，并用自来水冲净，再分别按特殊要求处理。

(1) 用于盛装背景值调查样品的器皿，用10%盐酸浸泡8h以后，还需要用（1+1）硝酸浸泡3～4d，沥去酸液后用自来水漂洗干净，再用去离子水充分荡洗三次。为去除黏附在器皿上的微量金属，可用EDTA-氨水进行处理，然后用硝酸进行处理。

(2) 测铬的样品器皿只能用10%的硝酸浸洗，不能用盐酸或铬酸洗液浸洗。

(3) 测汞的样品器皿可用（1+3）硝酸充分荡洗并静置数小时，然后依次用自来水和去离子水漂洗干净。

3. 注意事项

(1) 使用荧光分析时，玻璃器皿应避免使用洗衣粉洗涤（因洗衣粉中含有荧光增白剂，会给分析结果带来误差）。

(2) 塑料瓶清洗时要注意其受热易变形、易被硬物划伤及对许多有机溶剂敏感的特点。

(3) 不能用洗液洗涤含有乙醚的仪器，以免发生猛烈爆炸事故。

(4) 如不慎将洗液洒在皮肤、衣物或实验台上，应立即用水冲洗，以免腐蚀。

第五节　实验室安全常识

实验室是学习研究的重要场所。在实验室中经常会接触到各种化学药品和各种仪器，经常与毒性很强、有腐蚀性、易燃烧和具有爆炸性的化学药品直接接触，使用易碎的玻璃和瓷质器皿以及在煤气、水、电等高温电热设备的环境下进行紧张而细致的工作，这潜藏着发生着火、爆炸、中毒、烧伤、割伤、触电等事故的危险性。所以实验者必须掌握实验室的安全防护知识。

一、化学药品的正确使用和安全防护

1. 防毒

大多数化学药品都有不同程度的毒性。有毒化学药品可通过呼吸道、消化道和皮肤进入人体而使人发生中毒现象。分别对几种常见的有害药品的防护知识介绍如下。

(1) 氰化物和氢氰酸　氰化物和氢氰酸如氰化钾、氰化钠、丙烯腈等均系烈性毒品，进入人体50.00mg即可致死。甚至与皮肤接触经伤口进入人体，即可引起严重中毒。这些氰化物遇酸生成氢氰酸气体，易被人体吸入而中毒。在使用氰化物时严禁用手直接接触，大量使用这类药品时，应戴上口罩和橡皮手套。含有氰化物的废液，严禁倒入酸缸。应先加入硫酸亚铁使之转变为毒性较小的亚铁氰化物，然后倒入水槽，再用大量水冲洗原贮放药品的器皿和水槽。

(2) 汞和汞的化合物　汞是易挥发的物质，在人体内会积累起来，容易引起慢性中毒。高汞盐（如$HgCl_2$）0.10～0.30g可致人死命；在室温下，汞的蒸气压为0.0012mm Hg（1mm Hg=133.322Pa，下同），比安全浓度标准大100倍。使用汞时，不能直接露于空气中，其上应加水或其他液体覆盖；任何剩余量的汞均不能倒入下水槽中；贮存汞的器皿必须是结实厚壁容器，且器皿应放在瓷盘上；盛装汞的器皿应远离热源；如果汞掉在地上、台面或水槽中，应尽量用吸管把汞珠收集起来，再用能与汞形成汞齐的金属片（Zn、Cu、Sn等）在汞落处多次扫过，最后用硫黄粉覆盖；实验室应通风良好；手上有伤口，切勿触摸汞的可溶性化合物如氯化汞、硝酸汞等剧毒物品，实验中应避免碰到损坏的金属汞的仪器（如使用温度计、压力计、汞电极等）。

（3）砷的化合物　单质砷和砷的化合物都有剧毒，常用的是三氧化二砷（砒霜）和亚砷酸钠。这类物质的中毒一般因口服引起。当用盐酸和粗锌粒制备氢气时，也会产生少量的砷化氢剧毒气体，应加以注意。一般将产生的氢气通过高锰酸钾溶液洗涤后再使用，砷的解毒剂是二巯丙醇，通过肌肉注射即可解毒。

（4）硫化氢　硫化氢是毒性极强的气体，有恶臭鸡蛋味，它能麻痹人的嗅觉，以至逐渐不闻其臭，因此特别危险。使用硫化氢和用酸分解硫化物时，应在通风橱中进行。

（5）一氧化碳　煤气中含有一氧化碳，使用煤炉和煤气时应提高警惕，防止中毒。煤气中毒，轻者会头痛、眼花、恶心，重者会昏迷。中毒后应立即打开房间窗子，把中毒者移出中毒房间，使其呼吸新鲜空气，必要时进行人工呼吸，注意保暖，及时送医院救治。

（6）有机化合物　很多有机化合物毒性很强，它们作为溶剂，用量大，而且多数沸点很低，蒸气浓，能穿过皮肤进入人体，容易引起中毒，特别是慢性中毒，应避免直接与皮肤接触。所以使用时应特别注意和加强防护。常用的有毒的有机化合物如苯、二硫化碳、硝基苯、苯胺、甲醇等，其中苯、四氯化碳、乙醚、硝基苯等蒸气经常吸入会使人嗅觉减弱，必须高度警惕。

（7）溴　为棕红色液体，易蒸发成红色蒸气，对眼睛有强烈的刺激催泪作用，会损伤眼睛、气管、肺部，触及皮肤，轻者剧烈灼痛，重者溃烂，长久不愈，因此使用时应戴橡皮手套。

（8）氢氟酸　氢氟酸和氟化氢都有剧毒、强腐蚀性。灼伤肌体，轻者剧痛难忍，重者使肌肉腐烂，渗入组织，如不及时抢救，就会造成死亡，因此在使用氢氟酸时应特别注意，操作必须在通风橱中进行，并戴橡皮手套。废液用适量石灰处理。

其他遇到的有毒、腐蚀性的无机物还很多，如磷、铍的化合物，铅盐，浓硝酸、碘蒸气等，使用时都应加以注意，使用有毒气体（如 H_2S、Cl_2、Br_2、NO_2、HCl、HF）应在通风橱中进行操作；剧毒药品如汞盐、镉盐、铅盐等应妥善保管；实验操作要规范，离开实验室要洗手。

2. 防火

防止煤气管、煤气灯漏气，使用煤气后一定要把阀门关好；乙醚、酒精、丙酮、二硫化碳、苯等有机溶剂易燃，实验室不得存放过多，切不可倒入下水道，以免集聚引起火灾；金属钠、钾、铝粉、电石、黄磷以及金属氢化物要注意使用和存放，尤其不宜与水直接接触；万一着火，应冷静判断情况，采取适当措施灭火；可根据不同情况，选用水、沙、泡沫、CO_2 或 CCl_4 灭火器灭火。

3. 防爆

化学药品的爆炸分为支链爆炸和热爆炸。氢、乙烯、乙炔、苯、乙醇、乙醚、丙酮、乙酸乙酯、一氧化碳、水煤气和氨气等可燃性气体与空气混合至爆炸极限，一旦有热源诱发，极易发生支链爆炸；过氧化物、高氯酸盐、叠氮铅、乙炔铜、三硝基甲苯等易爆物质，受震或受热可能发生热爆炸。

对于防止支链爆炸，主要是防止可燃性气体或蒸气散失在室内空气中，应保持室内通风良好。当大量使用可燃性气体时，应严禁使用明火和可能产生电火花的电器；对于预防热爆炸，强氧化剂和强还原剂必须分开存放，使用时轻拿轻放，远离热源。

4. 防灼伤

除了高温以外，液氮、强酸、强碱、强氧化剂、溴、磷、钠、钾、苯酚、醋酸等物质都会灼伤皮肤；应注意不要让皮肤与之接触，尤其防止溅入眼中。

二、仪器设备使用安全和用电安全

1. 人身安全防护，安全用电

实验室常用电为频率 50Hz，220V 的交流电。人体通过 1mA 的电流，便有发麻或针刺的感觉，10mA 以上人体肌肉会强烈收缩，25mA 以上则呼吸困难，就有生命危险；直流电对人体也有类似的危险。

为防止触电，应做到以下几点：修理或安装电器时，应先切断电源；使用电器时，手要干燥；电源裸露部分应有绝缘装置，电器外壳应接地线；不能用试电笔去试高压电；不能用双手同时触及电器，防止触电时电流通过心脏；一旦有人触电，应首先切断电源，然后抢救。

2. 仪器设备的安全用电

一切仪器应按说明书装接适当的电源，需要接地的一定要接地；若是直流电器设备，应注意电源的正负极，不要接错；若电源为三相，则三相电源的中性点要接地，这样万一触电时可降低接触电压；接三相电动机时要注意与正转方向是否符合，否则，要切断电源，对调相线；接线时应注意接头要牢，并根据电器的额定电流选用适当的连接导线；接好电路后应仔细检查无误后，方可通电使用；仪器发生故障时应及时切断电源。

3. 使用高压容器的安全防护

化学实验常用到高压储气钢瓶和一般受压的玻璃仪器，使用不当，会导致爆炸，需掌握有关常识和操作规程。

气体钢瓶的识别（颜色相同的要看气体名称）可见表 3-4。

表 3-4　实验室常用压缩气体及气体钢瓶的标志

内装气体名称	外表涂料颜色	字样	字样颜色	横条颜色
氧气	天蓝	氧	黑	—
氢气	深绿	氢	红	红
氮气	黑	氮	黄	棕
氩气	灰	氩	绿	—
压缩空气	黑	压缩空气	白	—
石油气体	灰	石油气体	红	红
硫化氢	白	硫化氢	红	—
二氧化硫	黑	二氧化硫	白	黄
二氧化碳	黑	二氧化碳	黄	—
光气	草绿	光气	红	红

4. 高压气瓶的安全使用

高压气瓶必须专瓶专用，不得随意改装；高压气瓶应放置在阴凉、干燥、远离热源的地方，易燃气体的气瓶应与明火距离大于 5m；氢气瓶应与明火隔离；高压气瓶的搬运要轻要稳，放置要牢靠；各种气压表一般不得混用；氧气瓶严禁油污，注意手、扳手或衣服上的油污；气瓶内气体不可用尽，以防倒灌；开启气门时应站在气压表的一侧，实验者决不准将头或身体对准高压气瓶的总阀，以防万一阀门或气压表冲出伤人。

5. 使用辐射源仪器的安全防护

化学实验室的辐射，主要是指X射线，长期反复接受X射线照射，会导致疲倦，记忆力减退，头痛，白细胞降低等。

防护的方法就是避免身体各部位（尤其是头部）直接受到X射线照射，操作时需要屏蔽时，屏蔽物常用铅、铅玻璃等。

6. 小常识

(1) 凡有害或有刺激性气体发生的实验应在通风橱内进行，加强个人防护，不得把头部伸进通风橱内。

(2) 腐蚀和刺激性药品，如强酸、强碱、氨水、过氧化氢、冰醋酸等，取用时尽可能戴上橡皮手套和防护眼镜，倾倒时，切勿直对容器口俯视，吸取时，应该使用橡皮球。开启有毒气体容器时应戴防毒面具。禁用裸手直接拿取上述物品。

(3) 不使用无标签（或标志）容器盛放的试剂、试样。

(4) 实验中产生的废液、废物应集中处理，不得任意排放；酸、碱或有毒物品溅落时，应及时清理及除毒。

(5) 往玻璃管上套橡皮管（塞）时，管端应烧圆滑，并用水或甘油浸湿橡皮管（塞）内部，用布裹手，以防玻璃管破碎割伤手。尽量不要使用薄壁玻管。

(6) 若不慎将浓酸和浓碱溅在身体上，应用水彻底冲洗表面直到皮肤上无残留的化合物为止。肥皂有利于去除化合物。若不慎少量溅在实验台和地面，必须及时用湿抹布擦洗干净，换掉所用被污染的衣服，在更换过程中小心再次污染。

第六节　实验室中意外事故的处理常识

实验室中都备有小药箱，以备发生意外事故的紧急救助。

(1) 割伤（玻璃或铁器刺伤等）　先把碎玻璃从伤处挑出，如轻伤可用生理盐水或硼酸溶液擦洗伤处，涂上紫药水（或红汞水），必要时撒些消炎粉，用绷带包扎。伤势较重时，则先用酒精在伤口周围擦洗消毒，再用纱布按住伤口压迫止血，立即送医院治疗。

(2) 烫伤　可用10%的$KMnO_4$溶液擦洗灼伤处，轻伤涂以玉树油、正红花油、鞣酸油膏、苦味酸溶液均可。重伤撒上消炎粉或烫伤药膏，用油纱绷带包扎，送医院治疗，切勿用冷水冲洗。

(3) 磷烧伤　用1%硫酸铜、1%硝酸银或浓高锰酸钾溶液处理伤口后，送医院治疗。

(4) 受强酸腐伤　先用大量水冲洗，然后擦上碳酸氢钠油膏。如受氢氟酸腐伤，应迅速用水冲洗，再用5%苏打溶液冲洗，然后浸泡在冰冷的饱和硫酸镁溶液中半小时，最后敷以硫酸镁26%、氧化镁6%、甘油18%、水和盐酸普鲁卡因1.2%配成的药膏（或甘油和氧化镁2∶1悬浮剂涂抹，用消毒纱布包扎），伤势严重时，应立即送医院急救。如果酸溅入眼内时，首先用大量水冲眼，然后用3%的碳酸氢钠溶液冲洗，最后用清水洗眼。

(5) 受强碱腐伤　立即用大量水冲洗，然后用1%柠檬酸或硼酸溶液洗。如果碱液溅入眼内时，除用大量水冲洗外，再用饱和硼酸溶液冲洗，最后滴入蓖麻油。

(6) 吸入溴、氯等有毒气体　可吸入少量酒精和乙醚的混合蒸气以解毒，同时应到室外呼吸新鲜空气。

(7) 触电事故　应立即拉开电闸，截断电源，尽快地利用绝缘物（干木棒、竹竿）将触电者与电源隔离。

（8）化学品进入眼睛的处理　①必须立即紧急处理，用大量清水冲洗眼球，并送眼科医生处理；②可用一次性吸管吸生理盐水或使用洗眼装置冲洗眼睛，冲水时要将两眼张开，一面冲水一面转动眼球至少15min，越早将药品清洗出来，眼睛受害程度越小。

（9）衣服着火时紧急处理　①不可奔跑，可用防火毯或实验衣包裹身体灭火；②可在较大空地上翻滚以便灭火；③可用安全淋洗设备冲洗或用灭火器灭火。

如果事故严重，应立即送医院救治。

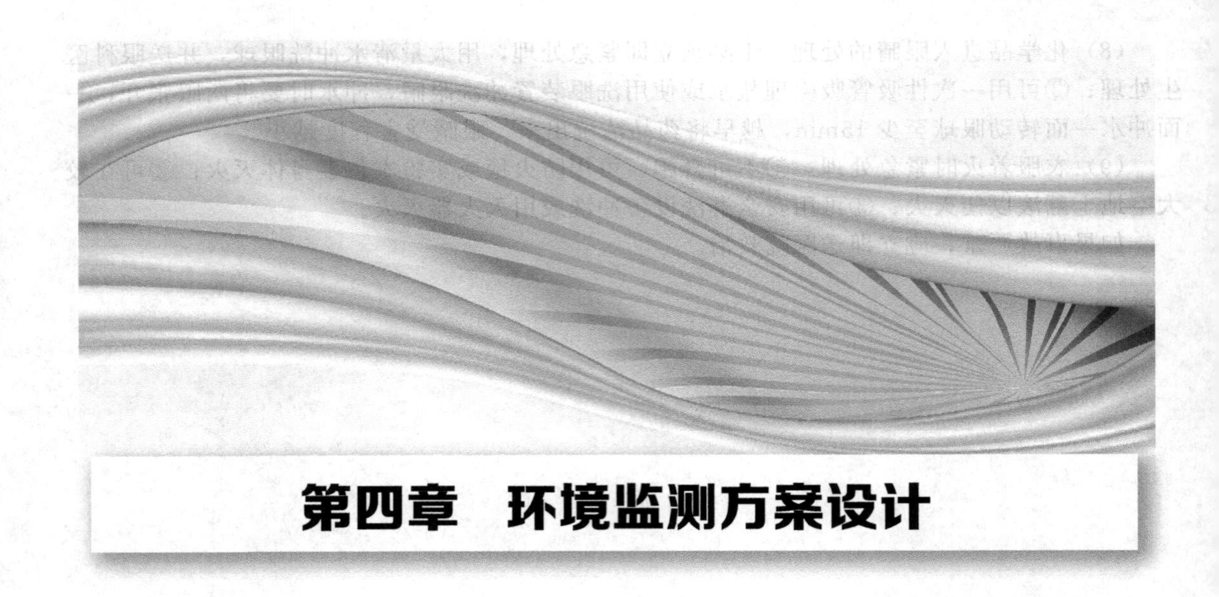

第四章　环境监测方案设计

第一节　水质监测方案的制订

一、地面水质监测方案的制订

（一）基础资料的收集

在制订监测方案之前，应尽可能完备地收集欲监测水体及所在区域的有关资料，主要有以下几方面。

（1）水体的水文、气候、地质和地貌资料。如水位、水量、流速及流向的变化；降雨量、蒸发量及历史上的水情；河流的宽度、深度、河床结构及地质状况；湖泊沉积物的特性、间温层分布、等深线等。

（2）水体沿岸城市分布、工业布局、污染源及其排污情况、城市给排水情况等。

（3）水体沿岸的资源现状和水资源的用途；饮用水源分布和重点水源保护区；水体流域土地功能及近期使用计划等。

（4）历年的水质资料等。

（二）监测断面和采样点的设置

在对调查研究结果和有关资料进行综合分析的基础上，根据监测目的和监测项目，并考虑人力、物力等因素确定监测断面和采样点。

1. 监测断面的设置原则

在水域的下列位置应设置监测断面。

（1）有大量废水排入河流的主要居民区、工业区的上游和下游。

（2）湖泊、水库、河口的主要入口和出口。

（3）饮用水源区、水资源集中的水域、主要风景游览区、水上娱乐区及重大水力设施所在地等功能区。

（4）较大支流汇合口上游和汇合后与干流充分混合处；入海河流的河口处；受潮汐影响的河段和严重水土流失区。

(5) 国际河流出入国境线的出入口处。

(6) 应尽可能与水文测量断面重合，并要求交通方便，有明显岸边标志。

2. 河流监测断面的设置

(1) 河流监测断面的设置原则

① 在确定的调查范围的两端应布设断面；

② 调查范围内重点保护水域、重点保护对象附近水域应设断面；

③ 水文特征突然变化处（支流汇入处）、水质急剧变化处（污水排入处）、重点水工构建物（取水口、桥梁涵洞）、水文站附近应设断面。

④ 对于江、河水系或某一河段，要求设置三种断面，即对照断面、控制断面和削减断面。

a. 对照断面　对照断面为了解流入监测河段前的水体水质状况而设置。这种断面应设在河流进入城市或工业区以前的地方，避开各种废水、污水流入或回流处。一个河段一般只设一个对照断面。有主要支流时可酌情增加。

b. 控制断面　控制断面为评价、监测河段两岸污染源对水体水质影响而设置。控制断面的数目应根据城市的工业布局和排污口分布情况而定。断面的位置与废水排放口的距离应根据主要污染物的迁移转化规律，河水流量和河道水力学特征确定。一般设在排污口下游500～1000m处。

c. 削减断面　削减断面是指河流受纳废水和污水后，经稀释扩散和自净作用，使污染物浓度显著下降，其左、中、右三点浓度差异较小的断面，通常设在城市或工业区最后一个排污口下游1500m以外的河段上。水量小的小河流应视具体情况而定。

(2) 河流断面上采样点的布设

① 断面垂线的确定　见表4-1。

表4-1　河流监测垂线的设置方法

水面宽	断面垂线数量及位置
<50m时	只设一条中泓垂线
50～100m时	在左右近岸有明显水流处各设一条垂线
100～1000m时	设左中右三条垂线(中泓左右近岸有明显水流处)
>1500m时	至少要设置5条等距离采样垂线

注：较宽的河口应酌情增加垂线数。

在利用以上规律布设垂线时，河流的断面必须是矩形或接近于矩形，如果断面形状十分不规则，应结合主流线的位置，适当调整垂线的位置或数目。

② 采样点的布设　见表4-2。

表4-2　河流采样点设置的方法

水深	采样点数量及位置
≤5m时	只在水面下0.3～0.5m处设一个采样点
5～10m时	在水面下0.3～0.5m处和河底以上约0.5m处各设一个采样点
10～50m时	设三个采样点,即水面下0.3～0.5m处一点,河底以上约0.5m处一点,1/2水深处一点
>50m时	应酌情增加采样点数

注：1. 三级的小河不论河水深浅，只在一条垂线上一个点取样。
2. 当水深小于等于1m时，应在水深的1/2处采样。
3. 河流冰封季节，应在冰面下0.5m处采样。

3. 湖泊、水库监测断面的设置

对不同类型的湖泊水库应区别对待。为此，首先应判断湖、库是单一水体还是复杂水体；考虑汇入湖、库的河流数量，水体的径流量、季节变化或动态变化，沿岸污染源分布及污染物扩散与自净规律、生态环境特点等，然后再按照以下原则确定监测断面的位置。

(1) 湖泊、水库监测断面的设置原则

① 在进出湖泊水库的河流汇合处分别设置监测断面。

② 以各功能区（如城市和工厂的排污口、饮用水源、风景游览区和排灌站等）为中心，在其辐射线上设置弧形监测断面。

③ 在湖库中心，深浅水区，滞流区，不同鱼类的回游产卵区，水生生物经济区等设置监测断面。

④ 受污染物影响较大的重要湖泊、水库，应在污染物主要输送路线上设置控制断面。

(2) 湖泊、水库采样点位的确定　对于湖库监测断面上采样点位置和数目的确定方法和河流相同。如果存在间温层，应先测定不同水深处的水温溶解氧等参数，确定成层情况后再确定垂线上采样点的位置。

监测断面和采样点的位置确定后，其所在位置应该有固定而明显的岸边天然标志。如果没有天然标志物，则应设置人工标志物，如竖石柱打木桩等。每次采样要严格以标志物为准，使采样的样品取自同一位置上，以保证样品的代表性和可比性。

可考虑用方格布点法设采样点。

① 垂线布设　见表 4-3 与表 4-4。

表 4-3　大型湖泊水库垂线布设

污水排放量 $<50000m^3/d$	一级 $1\sim2.5km^2$
	二级 $1.5\sim3.5km^2$
	三级 $2\sim4km^2$
污水排放量 $>50000m^3/d$	一级 $3\sim6km^2$
	二级、三级 $4\sim7km^2$

表 4-4　小型湖泊水库垂线布设

污水排放量 $<50000m^3/d$	一级 $0.5\sim1.5km^2$
	二级、三级 $1\sim2km^2$
污水排放量 $>50000m^3/d$	$0.5\sim1.5km^2$

② 采样位置　见表 4-5。

表 4-5　湖泊、水库不同水深采样位置的确定

采样水体水深	采样位置
$<5m$	水面下 0.5m 处，但距底不应小于 0.5m
5～10m	水面下 0.5m 处，距底 0.5m 处各取一个点
10～15m	水面下 0.5m 处，水深 10m 处，距底 0.5m 处各取一个点
$>15m$	水面下 0.5m 处，斜温层上下，距底 0.5m 处各取一个点

(三) 采样时间和采样频率的确定

为使采集的水样具有代表性，能够反应水质在时间和空间上的变化规律，必须确定合理的采样时间和采样频率，一般原则如下：

(1) 对于较大水系干流和中小河流全年采样不少于6次；采样时间为丰水期、枯水期和贫水期，每期采样两次。流经城市工业区污染较重的河流游览水域饮用水源地全年采样不少于12次；采样时间为每月一次或视具体情况选定。底泥每年在枯水期采样一次。

(2) 潮汐河流全年在丰水期、枯水期和贫水期采样，每期采样两天，分别在大潮期和小潮期进行，每次应采集当天涨、退潮水样分别测定。

(3) 排污渠每年采样不少于三次。

(4) 设有专门监测站的湖库，每月采样一次，全年不少于12次。其他湖泊、水库全年采样两次，枯水期、丰水期各一次。有废水排入污染较重的湖库，应酌情增加采样次数。

(5) 背景断面每年采样一次。

可以看到进行地表水体监测时，必须从宏观、中观、微观三个层次来考虑。

宏观定位：在一条河流上确定要监测的河段；

中观定位：在确定的河段上再确定要采样的断面（对照断面、控制断面、消减断面）；

微观定位：在各自的断面上确定采样点位。

二、水污染源监测方案的制订

水污染源包括工业废水源、医院污水源和生活污水源等。

在制订监测方案时，首先要进行调查研究，收集有关资料，查清用水情况、废水或污水的类型、主要污染物及排污去向和排放量，车间、工厂或地区的排污口数量及位置，废水处理情况，是否排入江、河、湖、海，流经区域是否有渗坑等。然后进行综合分析，确定监测项目、监测点位，选定采样时间和频率、采样和监测方法及技术，制订质量保证程序、措施和实施计划等。

(一) 采样点的设置

1. 工业废水

(1) 在车间或车间设备废水排放口设置采样点监测第一类污染物　这类污染物主要有汞、镉、砷、铅的无机化合物，六价铬的无机化合物及有机氯化合物和强致癌物质等。

(2) 在工厂废水总排放口布设采样点监测第二类污染物　这类污染物主要有悬浮物、硫化物、挥发酚、氰化物、有机磷化合物、石油类、铜、锌、氟的无机化合物、硝基苯类、苯胺类等。

(3) 已有废水处理设施的工厂，在处理设施的排放口布设采样点。为了解废水处理效果，可在进出口分别设置采样点。

(4) 在排污渠道上，采样点应设在渠道较直，水量稳定，上游无污水汇入的地方。

2. 城市污水（生活污水和医院污水等）

(1) 城市污水管网　在一个城市的主要排污口或总排污口设点采样，如城市污水干管的不同位置，污水进入水体的排放口，非居民生活排水支管接入城市污水干管的检查井。

(2) 城市污水处理厂　在污水处理厂的污水进、出口处设点采样。

(二) 采样时间和频率

工业废水的污染物含量和排放量常随工艺条件及开工率的不同而有很大差异，故采样时间、周期和频率的选择是一个比较复杂的问题。

由于废水的性质和排放特点各不相同，因此无论是天然水水质还是工业企业废水和城市生活污水的水质在不同时间里也往往是有变化的。采样时间和频率的选取主要也应根据分析的目的和排污的均匀程度来定。一般说来，采样次数越多的混合水样，结果更加准确，即真实代表性越好。为了使水样有代表性，就要根据分析目的和现场实际情况来选定采样的方式。通常，水样采集的方式有瞬时水样、平均混合水样、平均比例混合水样等。

一般情况下，可在一个生产周期内每隔 0.5h 或 1h 采样 1 次，将其混合后测定污染物的平均值。如果取几个生产周期（如 3～5 个周期）的废水监测，可每隔 2h 取样 1 次。

对于排污情况复杂，浓度变化的废水，采样时间间隔要缩短，有时需要 5～10min 采样 1 次，这种情况最好使用连续自动采样装置。

对于水质和水量变化比较稳定或排放规律性较好的废水，待找出污染物浓度在生产周期内的变化规律后，采样频率可大大降低，如每月采样测定 2 次。

城市排污管道大多数受纳 10 个以上工厂排放的废水，由于在管道内废水已进行了混合，故在管道出水口，可每隔 1h 采样 1 次，连续采集 8h，也可连续采集 24h，然后将其混合制成混合样，测定各污染组分的平均浓度。

我国《环境监测技术规范》中对向国家直接报送数据的废水排放源规定：

工业废水每年采样监测 2～4 次；

生活污水每年采样监测 2 次，春夏季各 1 次；

医院污水每年采样监测 4 次，每季度 1 次。

三、地下水监测方案的制订

储存在土壤和岩石空隙（孔隙、裂隙、溶隙）中的水统称地下水。地下水埋藏在地层的不同深度，相对地面水而言，其流动性和水质参数的变化比较缓慢。地下水质监测方案的制订过程与地面水基本相同。

1. 调查研究和收集资料

（1）收集、汇总监测区域的水文、地质、气象等方面的有关资料和以往的监测资料。例如，地质图、剖面图、测绘图、水井的成套参数、含水层、地下水补给、径流和流向，以及温度、湿度、降水量等。

（2）调查监测区域内城市发展、工业分布、资源开发和土地利用情况，尤其是地下工程规模、应用等；了解化肥和农药的施用面积和施用量；查清污水灌溉、排污、纳污和地面水污染现状。

（3）测量或查知水位、水深，以确定采水器和泵的类型，所需费用和采样程序。

（4）在完成以上调查的基础上，确定主要污染源和污染物，并根据地区特点与地下水的主要类型把地下水分成若干个水文地质单元。

2. 采样点的布设

由于地质结构复杂，使地下水采样点的布设也变得复杂。地下水一般呈分层流动，侵入地下水的污染物、渗滤液等可沿垂直方向运动，也可沿水平方向运动；同时，各深层地下水（也称承压水）之间也会发生串流现象。因此，布点时不但要掌握污染源分布、类型和污染物扩散条件，还要弄清地下水的分层和流向等情况。通常布设两类采样点，即对照监测井和控制监测井群。监测井可以是新打的，也可利用已有的水井。

对照监测井设在地下水流向的上游不受监测地区污染源影响的地方。

控制监测井设在污染源周围不同位置，特别是地下水流向的下游方向。渗坑、渗井和堆渣区的污染物，在含水层渗透性较大的地方易造成带状污染，此时可沿地下水流向及其垂直方向分别设采样点；在含水层渗透小的地方易造成点状污染，监测井宜设在近污染源处。污灌区等面状污染源易造成块状污染，可采用网格法均匀布点。排污沟等线状污染源，可在其流向两岸适当地段布点。

3. 采样时间和采样频率的确定

对于常规性监测，要求在丰水期和枯水期分别采样测定；有条件的地区根据地方特点，可按四季采样测定；已建立长期观测点的地方可按月采样测定。一般每一采样期至少采样监测一次；对饮用水源监测点，每一采样期应监测两次，其间隔至少10d；对于有异常情况的监测井，应酌情增加采样监测次数。

监测方案其他内容同地表水监测方案。

第二节　土壤质量监测方案的制订

一、监测目的

1. 土壤质量现状监测

监测土壤质量标准要求根据测定的项目，能判断土壤是否被污染及污染水平，并预测其发展变化趋势。

2. 土壤污染事故监测

调查分析引起土壤污染的主要污染物，确定污染的来源、范围和程度，为行政主管部门采取对策提供科学依据。

3. 污染物土地处理的动态监测

在进行污水、污泥土地利用、固体废物的土地处理过程中，对残留的污染物进行定点长期动态监测，既能充分利用土地的净化能力，又可防止土壤污染。

4. 土壤背景值调查

通过分析测定土壤中某些元素的含量，确定这些元素的背景值水平和变化。

二、资料的收集

(1) 收集包括监测区域的交通图、土壤图、地质图、大比例尺地形图等资料，供制作采样工作图和标注采样点位用。

(2) 收集包括监测区域土类、成土母质等土壤信息资料。

(3) 收集工程建设或生产过程对土壤造成影响的环境研究资料。

(4) 收集造成土壤污染事故的主要污染物的毒性、稳定性以及如何消除等资料。

(5) 收集土壤历史资料和相应的法律（法规）。

(6) 收集监测区域工农业生产及排污、污灌、化肥农药施用情况的资料。

(7) 收集监测区域气候资料（温度、降水量和蒸发量）、水文资料。

(8) 收集监测区域遥感与土壤利用及其演变过程方面的资料等。

三、监测项目与监测频次

监测项目分常规项目、特定项目和选测项目；监测频次与其相应。

(1) 常规项目　原则上为GB 15618《土壤环境质量标准》中所要求控制的污染物。

(2) 特定项目　GB 15618《土壤环境质量标准》中未要求控制的污染物，但根据当地环境污染状况，确认在土壤中积累较多、对环境危害较大、影响范围广、毒性较强的污染物，或者污染事故对土壤环境造成严重不良影响的物质，具体项目由各地自行确定。

（3）选测项目　一般包括新纳入的在土壤中积累较少的污染物、由于环境污染导致土壤性状发生改变的土壤性状指标以及生态环境指标等，由各地自行选择测定。

土壤监测项目与监测频次见表4-6。监测频次原则上按表4-6执行，常规项目可按当地实际适当降低监测频次，但不可低于5年1次，选测项目可按当地实际适当提高监测频次。

表4-6　土壤监测项目与监测频次

项目类别		监测项目	监测频次
常规项目	基本项目	pH、阳离子交换量	每3年一次 农田在夏收或秋收后采样
	重点项目	镉、铬、汞、砷、铅、铜、锌、镍、六六六、滴滴涕	
特定项目(污染事故)		特征项目	及时采样，根据污染物变化趋势决定监测频次
选测项目	影响产量项目	全盐量、硼、氟、氮、磷、钾等	每3年监测一次 农田在夏收或秋收后采样
	污水灌溉项目	氰化物、六价铬、挥发酚、烷基汞、苯并[a]芘、有机质、硫化物、石油类等	
	持久性有机污染物(POPs)与高毒类农药	苯、挥发性卤代烃、有机磷农药、有机氯农药(PCB)、多环芳烃(PAH)等	
	其他项目	结合态铝(酸雨区)、硒、钒、氧化稀土总量、钼、铁、锰、镁、钙、钠、铝、硅、放射性比活度等	

四、采样点的布设

通过充分调查，选择监测区域，确定代表性地段、代表性面积，然后布置一定量的采样地点，进行采样。

1. 布设原则

（1）合理地划分采样单元。

在进行土壤监测时往往面积比较大，需要划分成若干个采样单元，同时在不受污染源影响的地方选择对照采样单元，同一单元的差别要尽量减少。

（2）对于土壤污染监测，哪里有污染就在哪里布点。

污染较重的地区布点要密些，一般根据土壤污染发生原因来考虑布点多少。

① 大气污染物引起　布点以污染源为中心，据当地风向、风速及污染强度等因素来确定。

② 城市污水或被污染的河水灌溉农田引起　采样点应根据水流的路径和距离来考虑。

③ 化肥、农药引起　均匀布点。

④ 综合污染型　采用综合放射状、均匀、带状布点法。

（3）采样点不能设在田边、沟边、路边、肥堆边及水土流失严重或表层土被破坏处。

2. 采样点数量

根据监测目的、区域范围大小及其环境状况等因素确定。一般每个采样单元最少设3个采样点。

单个采样单元内采样点数可按下式估算：

$$n=\left(\frac{st}{d}\right)^2 \tag{4-1}$$

式中　n——每个采样单元布设的最少采样点数；

s——样本相对标准偏差，即变异系数；

t——置信因子，当置信水平为95%时，t值为1.96；

d——允许偏差，当规定抽样精度不低于80%时，d取0.2。

3. 采样点布设方法

(1) 对角线布点法　适用于面积较小、地势平坦的污水灌溉或污染河水灌溉的田块。布点法，即在田块的进水口向对角线引一直线，将对角线划为若干等份（一般3～5等份），在等分点采样。

(2) 梅花形布点法　适用于面积较小、地势平坦、土壤物质和污染程度较均匀的地块。中心点设在两对角线相交处。采样点设5～10个。

(3) 棋盘式布点法　适用于中等面积、地势平坦、地形完整开阔的地块，一般设10个以上分点。该法也适用于受固体废物污染的土壤，应设20个以上分点。

(4) 蛇形布点法　适用于面积较大、地势不很平坦、土壤不够均匀的田块，布设采样点数目较多。

(5) 放射状布点法　适用于大气污染型土壤。布点方法为以大气污染源为中心，采用放射状布点法。布点密度由中心起由密渐稀，在同一密度圈内均匀布点。此外，在大气污染源主导风下风方向（根据玫瑰风向图判定此处的主导风向）适当延长监测距离和布点数量。

(6) 网格布点法　适用于地形平缓的地块。在交叉点或方格中心布点，适用于农用化学物质污染型土壤、土壤背景值调查。

注：对于综合污染型土壤，还可以采用两种以上布点方法相结合的方法。

五、监测方法

包括土壤样品预处理方法和分析测定方法。

分析测定常用原子吸收分光光度法、分光光度法、原子荧光法、气相色谱法、电化学分析法及化学分析法等。

选择分析方法的原则：

① 标准方法（即仲裁方法），按土壤环境质量标准中选配的分析方法；

② 权威部门规定或推荐的方法；

③ 自选等效方法，但应做标准样品验证或比对实验，其检出限、准确度、精密度不低于相应的通用方法要求水平或待测物准确定量的要求。

六、土壤监测质量控制

土壤监测质量控制包括实验用分析仪器、量器、试剂、标准物质及监测人员基本素质的质量保证，实验室内部质量控制，实验室质量控制，监测结果的数据处理要求等。

第三节　大气质量监测方案的制订

大气污染监测方案的程序为：首先要根据监测目的进行调查研究，收集必要的基础资料，然后经过综合分析，确定监测项目，设计布点网络，选定采样频率、采样方法和监测技术，建立质量保证程序和措施，提出监测结果报告要求及进度计划等。

一、监测目的

(1) 通过对大气环境中主要污染物质进行定期或连续的监测，判断大气质量是否符合国家制定的大气质量标准，并为编写大气环境质量状况评价报告提供数据。

（2）为研究大气质量的变化规律和发展趋势，开展大气污染的预测预报工作提供依据。

（3）为政府部门执行有关环境保护法规，开展环境质量管理，环境科学研究及修订大气环境质量标准提供基础资料和依据。

二、资料的收集

（1）污染源分布及排放情况　弄清污染源类型、数量、位置、排放的主要污染物及排放量、所用原料、燃料及消耗量等。另外，区别高低烟囱形成污染源的大小，一次污染物与二次污染物应区别清楚。

（2）气象资料　气象对污染物在大气中的扩散、输送及变化情况有影响。

要收集监测区域的风向、风速、气温、气压、降水量、日照时间、相对湿度、温度的垂直梯度和逆温层底部高度等资料。

（3）地形资料　地形对当地的风向、风速和大气稳定情况等有影响，因此，是设置监测网点时应考虑的重要因素。

（4）土地利用和功能分区情况　这也是设置监测网点时应考虑的重要因素之一。不同功能区的污染状况是不同的，如工业区、商业区、混合区、居民区等污染状况各不相同。

（5）人口分布及人群健康情况　环境保护的目的是维护自然的生态平衡，保护人群的健康。因此，掌握监测区域的人口分布，居民和动植物受大气污染危害情况及流行性疾病等资料，对制订监测方案，分析判断监测结果是有益的。

（6）监测区域以往的大气监测资料　供参考。

三、监测项目

大气中的污染物质多种多样，应根据优先监测的原则，选择那些危害大、涉及范围广、已建立成熟测定方法，并有标准可比的项目进行监测。

四、监测网点的布设

监测网点的布设方法有经验法、统计法和模式法等。一般经验法用得较多。

1. 布设采样点的原则和要求

（1）采样点应选择不同污染物及其同种污染物高、中、低不同浓度的地方。

（2）按工业密集的程度，人口密集的程度，城市和郊区增设采样点或减少采样点。

（3）采样点要选择开阔地带，要选择风向的上风口。

（4）采样点的高度由监测目的而定，一般为离地面1.5～2m，常规监测采样口高度应据地面3～15m，或设置于屋顶。

（5）采样点的设置条件要尽可能一致或标准化，使获得的监测数据具有可比性。

2. 采样点数目

一般都是按城市人口多少设置城市大气地面自动监测站（点）的数目。

3. 布点方法

布点方法有以下几种。

（1）功能区布点法　多用于区域性常规监测。先将监测区域划分为工业区、商业区、居住区、工业和居住混合区、交通稠密区、清洁区等，再根据具体污染情况和人力、物力条件，在各功能区分别设置相应数量的采样点。

（2）网格布点法　适用于污染源较分散的地区，如调查面源。对城市环境规划和管理有重要意义。

(3) 同心圆布点法　适用于多个污染源组成的污染群，且大污染源较集中的地区。对调查点源较合适。

(4) 扇形布点法　适用于孤立的高架点源，且主导风向明显的地区。上风向应设对照点。

五、采样时间和采样频率

采样时间：每次采样从开始到结束所经历的时间。

采样频率：在一定时间内的采样次数。

采样时间和采样频率要根据监测目的、污染物分布特征、分析方法灵敏度等因素确定。

在《大气环境质量标准》中，要求测定日平均浓度和最大一次浓度。若采用人工采样测定，应满足下列要求。

(1) 应在采样点受污染最严重的时期采样测定。

(2) 最高日平均浓度全年至少监测 20d；最大一次浓度样品不得少于 25 个。

(3) 每日监测次数不少于 3 次。

六、采样方法和仪器

根据大气污染物的存在状态、浓度、物理化学性质及监测方法的不同，要求选用不同的采样方法和仪器。

七、监测方法

根据污染物的存在状态、浓度、理化性质选择监测方法。

在大气污染监测中，目前应用最多的方法是分光光度法和气相色谱法。

选择分析方法的原则：

① 标准方法，主要分为国家标准方法、行业标准方法；

② 权威部门规定或推荐的方法；

③ 自选等效方法。

第四节　室内空气质量监测方案的制订

一、监测目的确定原则

(1) 选择标准中要求控制的监测项目。

(2) 选择室内装饰装修材料有害物质限量标准中要求控制的监测项目。

(3) 选择人们日常活动可能产生的污染物。

(4) 依据室内装饰情况选择可能产生的污染物。

(5) 所选监测项目应有国家或行业标准分析方法、行业推荐的方法。

二、监测布点

1. 布点原则

采样点位的数量根据室内面积大小和现场情况而确定（见表 4-7），要能正确反映室内空气污染物的污染程度。

表 4-7 采样点位数

室内面积	采样数量
$<50m^2$	设 1～3 个点
$50～100m^2$	设 3～5 个点
$>100m^2$	至少设 5 个点

2. 布点方式

多点采样时应按对角线或梅花式均匀布点，应避开通风口，离墙壁距离应大于 0.5m，离门窗距离应大于 1m。

三、采样

1. 采样点的高度

原则上与人的呼吸带高度一致，一般相对高度 0.5～1.5m 之间。也可根据房间的使用功能，人群的高低以及在房间立、坐或卧时间的长短，来选择采样高度。有特殊要求的可根据具体情况而定。

2. 采样时间及频次

经装修的室内环境，采样应在装修完成 7d 以后进行。一般建议在使用前采样监测。年平均浓度至少连续或间隔采样 3 个月，日平均浓度至少连续或间隔采样 18h；8h 平均浓度至少连续或间隔采样 6h；1h 平均浓度至少连续或间隔采样 45min。

3. 封闭时间

监测应在对外门窗关闭 12h 后进行。对于采用集中空调的室内环境，空调应正常运转。有特殊要求的可根据现场情况及要求而定。

4. 采样方法

根据污染物在室内空气中存在状态，选用合适的采样方法和仪器，用于室内的采样器的噪声应小于 50dB(A)。具体方法应按各个污染物检验方法中规定的方法和操作步骤进行。

(1) 筛选法采样　采样前应关闭门窗 12h，采样时关闭门窗，至少采样 45min。

(2) 累积法采样　当采用筛选法采样达不到本标准要求时，必须采用累积法（按年平均、日平均、8h 平均）的要求采样。

四、监测方法

首先选用评价标准中指定的分析方法，在没有指定方法时，应选择国家标准分析方法、行业标准方法，也可采用行业推荐方法。

五、质量保证措施

(1) 气密性检查　有动力采样器在采样前应对采样系统气密性进行查，不得漏气。

(2) 流量校准　采样系统流量要能保持恒定，采样前和采样后要用一级皂膜流量计校准采样系统进气流量，误差不得超过 5%。

(3) 采用采样器流量校准　在采样器正常使用状态下，用一级皂膜流量计校准采样器的刻度，校准 5 个点，绘制流量标准曲线。记录校准时的大气压力和温度。

(4) 空白检验　在一批现场采样中，应留有两个采样管不采样，并按其他样品一样对待，作为采样过程中空白检验，若空白检验超过控制范围，则这批样品作废。

(5) 仪器使用前，应按仪器说明书对仪器进行检验和标定。

(6) 在计算浓度时应用下式将体积换算成标准状态下的体积：

$$V_0 = V \times \frac{T_0}{T} \times \frac{p}{p_0} \tag{4-2}$$

式中 V_0——换算成标准状态下的采样体积，L；

V——采样体积，L；

T_0——标准状态的热力学温度，$T_0=273\text{K}$；

T——采样时采样点现场的温度（t）与标准状态的热力学温度之和，$T=(t+273)\text{K}$；

p——标准状态下的大气压力，$p=101.3\text{kPa}$；

p_0——采样时采样点的大气压力，kPa。

每次平行采样，测定之差与平均值比较相对偏差不超过20%。

第五节 噪声监测方案的制订

一、区域声环境监测

1. 区域监测的目的

(1) 评价整个城市环境噪声总体水平。

(2) 分析城市声环境状况的年度变化规律和变化趋势。

2. 城市区域监测的点位设置

(1) 参照GB 3096附录B中声环境功能区普查监测方法，将整个城市建成区划分成多个等大的正方形网格（如1000m×1000m)，对于未连成片的建成区，正方形网格可以不衔接。网格中水面面积或无法监测的区域（如：禁区）面积为100%及非建成区面积大于50%的网格为无效网格。整个城市建成区有效网格总数应多于100个。

(2) 在每一个网格的中心布设1个监测点位。若网格中心点不宜测量（如水面、禁区、马路行车道等)，应将监测点位移动到距离中心点最近的可测量位置进行测量。测点位置要符合GB 3096中测点选择一般户外的要求。监测点位高度距地面为1.2～4.0m。

(3) 监测点位基础信息主要包含区面积，网格边长，网格代码，测点经纬度，测点参照物，网格覆盖人口（万人）及功能区代码等。

3. 区域监测的频次、时间与测量量

(1) 昼间监测每年1次，监测工作应在昼间正常工作时段内进行，并应覆盖整个工作时段。

(2) 夜间监测每五年1次，在每个五年规划的第三年监测，监测从夜间起始时间开始。

(3) 监测工作应安排在每年的春季或秋季，每个城市监测日期应相对固定，监测应避开节假日和非正常工作日。

(4) 每个监测点位测量10min的等效连续A声级L_{eq}（简称：等效声级)，记录累积百分声级L_{10}、L_{50}、L_{90}、L_{max}、L_{min}和标准偏差（SD)。

4. 区域监测的结果与评价

(1) 监测数据内容应含L_{eq}，记录累积百分声级L_{10}、L_{50}、L_{90}、L_{max}、L_{min}和标准偏差(SD)。记录并统计结果。

（2）计算整个城市环境噪声总体水平。将整个城市全部网格测点测得的等效声级分昼间和夜间，按式（4-3）进行算术平均运算，所得到的昼间平均等效声级 $\overline{S}_d$ 和夜间平均等效声级 $\overline{S}_n$ 代表该城市昼间和夜间的环境噪声总体水平。

$$\overline{S}=\frac{1}{n}\sum_{i=1}^{n}L_i \tag{4-3}$$

式中 $\overline{S}$——城市区域昼间平均等效声级（$\overline{S}_d$）或夜间平均等效声级（$\overline{S}_n$），dB(A)；

L_i——第 i 个网格测得的等效声级，dB(A)；

n——有效网格总数。

（3）城市区域环境噪声总体水平按表 4-8 进行评价。

表 4-8　城市区域环境噪声总体水平等级划分　　单位：dB(A)

等级	一级	二级	三级	四级	五级
昼间平均等效声级($\overline{S}_d$)	≤50.0	50.1～55.0	55.1～60.0	60.1～65.0	≥65.0
夜间平均等效声级($\overline{S}_n$)	≤40.0	40.1～45.0	45.1～50.0	50.1～55.0	≥55.0

城市区域环境噪声总体水平等级“一级”至“五级”可分别对应评价为“好”“较好”“一般”“较差”和“差”。

二、道路交通声环境监测

1. 道路交通监测的目的

（1）反映道路交通噪声源的噪声强度。

（2）分析道路交通噪声声级与车流量、路况等的关系及变化规律。

（3）分析城市道路交通噪声的年度变化规律和变化趋势。

2. 道路交通监测的点位设置

（1）选点原则

① 能反映城市建成区内各类道路（城市快速路、城市主干路、城市次干路、含轨道交通走廊的道路及穿过城市的高速公路等）交通噪声排放特征。

② 能反映不同道路特点（考虑车辆类型、车流量、车辆速度、路面结构、道路宽度、敏感建筑物分布等）交通噪声排放特征。

③ 道路交通噪声监测点位数量：巨大、特大城市≥100 个；大城市≥80 个；中等城市≥50个；小城市≥20 个。一个测点可代表一条或多条相近的道路。根据各类道路的路长比例分配点位数量。

（2）测点选在路段两路口之间，距任一路口的距离大于 50m，路段不足 100m 的选路段中点，测点位于人行道上距路面（含慢车道）20cm 处，监测点位高度距地面为 1.2～6.0m。测点应避开非道路交通源的干扰，传声器指向被测声源。

（3）监测点位基础信息内容应包括：点代码、测点名称、测点经度、测点纬度、测点参照物、路段名称、路段起止点、路段长度（m）、路幅宽度（m）、道路等级及路段覆盖人口（万人）等。

3. 道路交通监测的频次、时间与测量量

（1）昼间监测每年 1 次，监测工作应在昼间正常工作时段内进行，并应覆盖整个工作时段。

（2）夜间监测每五年 1 次，在每个五年规划的第三年监测，监测从夜间起始时间开始。

（3）监测工作应安排在每年的春季或秋季，每个城市监测日期应相对固定，监测应避开节假日和非正常工作日。

（4）每个测点测量 20min 等效声级 L_{eq}，记录累积百分声级 L_{10}、L_{50}、L_{90}、L_{max}、L_{min} 和标准偏差（SD），分类（大型车、中小型车）记录车流量。

4. 道路交通监测的结果与评价

（1）监测数据应包含 L_{10}、L_{50}、L_{90}、L_{max}、L_{min}，并统计监测结果。

（2）将道路交通噪声监测的等效声级采用路段长度加权算术平均法，按式（4-4）计算城市道路交通噪声平均值。

$$\overline{L}=\frac{1}{l}\sum_{i=1}^{n}(l_iL_i) \tag{4-4}$$

式中 $\overline{L}$——道路交通昼间平均等效声级（$\overline{L}_d$）或夜间平均等效声级（$\overline{L}_n$），dB(A)；

l——监测的路段总长 $l=\sum_{i=1}^{n}l_i$，m；

L_i——第 i 测点代表的路段长度，m；

n——第 i 测点测得的等效声级，dB(A)。

（3）道路交通噪声平均值的强度级别按表 4-9 进行评价。

表 4-9 道路交通噪声强度等级划分 单位：dB(A)

等级	一级	二级	三级	四级	五级
昼间平均等效声级($\overline{L}_d$)	≤68.0	68.1～70.0	70.1～72.0	72.1～74.0	≥74.0
夜间平均等效声级($\overline{L}_n$)	≤58.0	58.1～60.0	60.1～62.0	62.1～64.0	≥64.0

道路交通噪声强度等级“一级”至“五级”可分别对应评价为“好”“较好”“一般”“较差”和“差”。

三、功能区声环境监测

1. 功能区监测的目的

（1）评价声环境功能区监测点位的昼间和夜间达标情况。

（2）反映城市各类功能区监测点位的声环境质量随时间的变化状况。

2. 功能区监测的点位设置

（1）功能区监测采用 GB 3096 附录 B 中定点监测法。

（2）按照 GB 3096 附录 B 中普查监测法，各类功能区粗选出其等效声级与该功能区平均等效声级无显著差异，能反映该类功能区声环境质量特征的测点若干个，再根据如下原则确定本功能区定点监测点位。

① 能满足监测仪器测试条件，安全可靠。

② 监测点位能保持长期稳定。

③ 能避开反射面和附近的固定噪声源。

④ 监测点位应兼顾行政区划分。

⑤ 4 类声环境功能区选择有噪声敏感建筑物的区域。

（3）功能区监测点位数量：巨大、特大城市≥20 个，大城市≥15 个，中等城市≥10 个，小城市≥7 个。各类功能区监测点位数量比例按照各自城市功能区面积比例确定。

（4）监测点位距地面高度 1.2m 以上。

（5）监测点位基础信息应包含测点经度、测点纬度、测点高度（m）、测点参照物及功能区代码。

3. 功能区监测的频次、时间与测量量

（1）每年每季度监测 1 次，各城市每次监测日期应相对固定。

（2）每个监测点位每次连续监测 24h，记录小时等效声级 L_{eq}、小时累积百分声级 L_{10}、L_{50}、L_{90}、L_{max}、L_{min}和标准偏差（SD）。

（3）监测应避开节假日和非正常工作日。

4. 功能区监测的结果与评价

（1）监测数据应记录 L_{10}、L_{50}、L_{90}、L_{max}、L_{min}和标准偏差（SD），并统计监测结果。

（2）将某一功能区昼间连续 16h 和夜间 8h 测得的等效声级分别进行能量平均，按式（4-5）和式（4-6）计算昼间等效声级和夜间等效声级。

$$L_{\mathrm{d}} = 10\lg\left(\frac{1}{16}\sum_{i=1}^{16}10^{0.1L_{\mathrm{i}}}\right) \tag{4-5}$$

$$L_{\mathrm{n}} = 10\left(\frac{1}{8}\sum_{i=1}^{8}10^{0.1L_{\mathrm{i}}}\right) \tag{4-6}$$

式中 L_{d}——昼间等效声级，dB(A)；

L_{n}——夜间等效声级，dB(A)；

L_{i}——昼间或夜间小时等效声级，dB(A)。

（3）各监测点位昼、夜间等效声级，按 GB 3096 中相应的环境噪声限值进行独立评价。

（4）各功能区按监测点次分别统计昼间、夜间达标率。

5. 功能区声环境质量时间分布图

（1）以每一小时测得的等效声级为纵坐标、时间序列为横坐标，绘制得出 24h 的声级变化图形，用于表示功能区监测点位环境噪声的时间分布规律。

（2）同一点位或同一类功能区绘制总体时间分布图时，小时等效声级采用对应小时算术平均的方法计算。

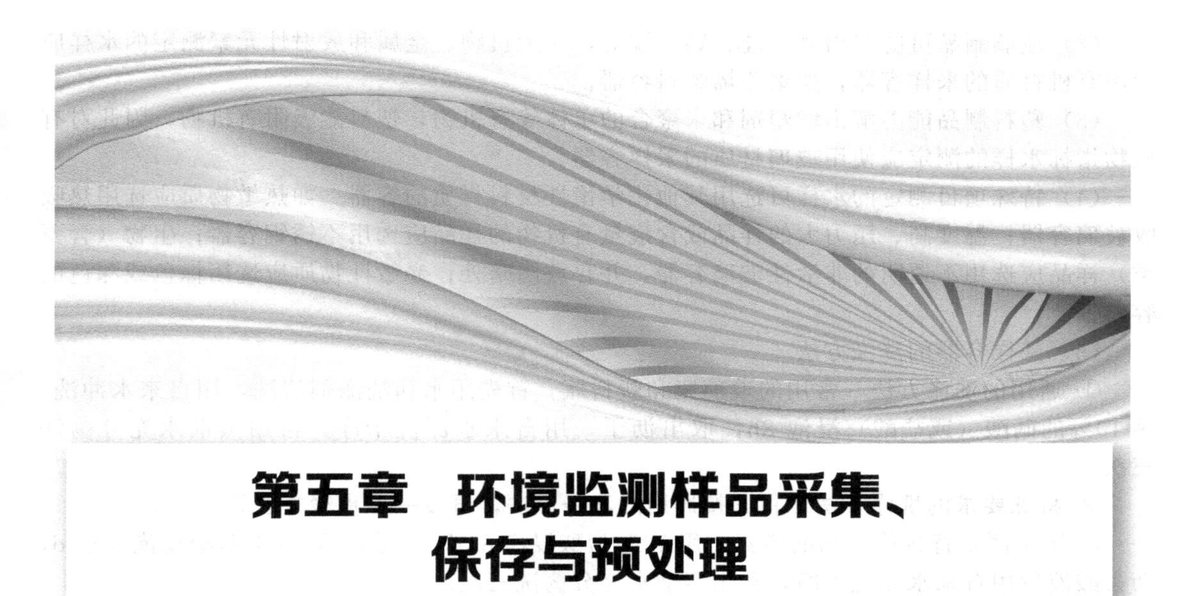

第五章　环境监测样品采集、保存与预处理

第一节　水样采集、保存与预处理

一、关于水样采集与保存的标准

1. 国际标准

《水质采样技术指导》(ISO 56672 ： 1982)

《水质采样样品保存和管理技术指导》(ISO 56673 ： 1985)

2. 国内标准

《水质采样方案设计技术规定》(GB 495—2009)

《水质采样技术指导》(HJ 494—2009)

《水质采样样品的保存和管理技术规定》(GB 493—2009)

《生活饮用水标准检验方法》(GB/T 5750—2006)

二、水样采集和保存的主要原则

(1) 必须具有足够的代表性。水样中各种组分的含量必须能反映采样水体的真实情况，监测数据能真实代表某种组分在该水体中的存在状态和水质状况，为了得到具有真实代表性的水样，就必须在具有代表性的时间、地点，并按照规定的采样方法采集有效样品。

(2) 不能受到任何意外的污染。

三、采样容器要求和洗涤原则

(1) 一般要求采样容器应根据待测组分的特性选择合适的采样容器。采样容器不能是新的污染源，容器的材质应化学稳定性强，且不应与水样中组分发生反应，容器壁不应吸收或吸附待测组分。采样容器应可适应环境温度的变化，抗震性能强。有机物和某些微生物检测用的样品容器不能用橡胶塞，碱性的液体样品不能用玻璃塞。

(2) 玻璃制品可能溶出硼、硅、钙、镁等，对无机物、金属和放射性元素测定的水样应使用有机材质的采样容器，如聚乙烯塑料容器。

(3) 塑料制品能溶解出增塑剂和未聚合的单体等有机物，塑料能吸附有机物，因此对有机物指标水样的测定应使用玻璃材质的采样容器。

(4) 特殊项目测定的水样可选用其他化学惰性材料材质的容器。如热敏物质应选用热吸收玻璃容器；温度高、压力大的样品或含痕量有机物的样品应选用不锈钢容器；生物（含藻类）样品应选用不透明的非活性玻璃容器，并存放阴暗处；光敏性物质应选用棕色或深色的容器。

(5) 采样容器的洗涤方法

① 通用的洗涤方法　常用的玻璃瓶和塑料瓶，首先用水和洗涤剂清洗，用自来水冲洗，用10%的硝酸（或盐酸）浸泡 8h，取出沥干，用自来水漂洗干净，再用蒸馏水充分荡洗三次。

② 特殊要求的洗涤方法　首先按通用的洗涤方法，再按一下步骤方法处理。

a. 用于测定背景值样品的容器　用10%盐酸浸泡 8h 后，还需用 1∶1 硝酸浸泡 3～4d，沥去酸液后用自来水漂洗干净，再用蒸馏水充分荡洗三次。

b. 测铬的样品容器　只能用10%硝酸泡洗，不能用铬酸或盐酸洗液泡洗。

c. 测总汞的样品容器　用 1∶3 硝酸充分荡洗放置数小时，然后依次用自来水、蒸馏水漂洗干净。

d. 细菌用监测容器洗涤方法　用洗涤剂和热水彻底洗刷瓶和瓶盖，用蒸馏水洗 1～2 次，再用牛皮纸将瓶塞与瓶颈包好，再用高温或高压灭菌。

e. 测油类的容器　用广口玻璃瓶作容器，按一般通用洗涤方法洗涤后，还要用萃取剂（如石油醚等）彻底荡洗三次。

f. 测定有机物指标的采样容器：用重铬酸钾洗液浸泡 24h，然后用自来水冲洗干净，用蒸馏水淋洗干净后置烘箱内 180℃烘 4h，冷却后再用纯化过的已烷、石油醚冲洗数次。

四、水样的采集

（一）地面水样的采集

1. 采样前的准备

采样前，要根据监测项目的性质和采样方法的要求，选择适宜材质的盛水容器和采样器，并清洗干净，此外，还需准备好交通工具，交通工具常使用船只。对采样器具的材质要求化学性能稳定，大小和形状适宜，不吸附欲测组分，容易清洗并可反复使用。

2. 采样方法和采样器（或采水器）

采集表层水时，可用桶、瓶等容器直接采取。一般将其沉至水面下 0.3～0.5m 处采集。

采集深层水时，可使用带重锤的采样器沉入水中采集。将采样容器沉降至所需深度（可从绳上的标度看出），上提细绳打开瓶塞，待水样充满容器后提出。对于水流急的河段，宜采用急流采样器，它是将一根长钢管固定在铁框上，管内装一根橡胶管，其上部用夹子夹紧，下部与瓶塞上的短玻璃管相连，瓶塞上另有一长玻璃管通至采样瓶底部。采样前塞紧橡胶塞，然后沿船身垂直伸入要求水深处，打开上部橡胶管夹，水样即沿长玻璃管流入样品瓶中，瓶内空气由短玻璃管沿橡胶管排出。这样采集的水样也可用于测定水中溶解性气体，因为它是与空气隔绝的。

测定溶解气体（如溶解氧）的水样，常用双瓶采样器采集。将采样器沉入要求水深处后，打开上部的橡胶管夹，水样进入小瓶（采样瓶）并将空气驱入大瓶，从连接大瓶短玻璃管的橡胶管排出，直到大瓶中充满水样，提出水面后迅速密封。

此外，还有多种结构较复杂的采样器，例如，深层采水器、电动采水器、自动采水器、连续自动定时采水器等。

3. 水样的类型

（1）瞬时水样　瞬时水样是指在某一时间和地点从水体中随机采集的分散水样。当水体水质稳定，或其组分在相当长的时间或相当大的空间范围内变化不大时，瞬时水样具有很好的代表性；当水体组分及含量随时间和空间变化时，就应隔时、多点采集瞬时样，分别进行分析，摸清水质的变化规律。

（2）混合水样　混合水样是指在同一采样点于不同时间所采集的瞬时水样的混合水样，有时称“时间混合水样”，以与其他混合水样相区别。这种水样在观察平均浓度时非常有用，但不适用于被测组分在贮存过程中发生明显变化的水样。

（3）综合水样　把不同采样点同时采集的各个瞬时水样混合后所得到的样品称综合水样。是获得平均浓度的重要方式。这种水样在某些情况下更具有实际意义。例如，当为几条废水河、渠建立综合处理厂时，以综合水样取得的水质参数作为设计的依据更为合理。

（二）废水样品的采集

1. 采样方法

（1）浅水采样　可用容器直接采集，或用聚乙烯塑料长把勺采集。

（2）深层水采样　可使用专制的深层采水器采集，也可将聚乙烯筒固定在重架上，沉入要求深度采集。

（3）自动采样　采用自动采样器或连续自动定时采样器采集。例如，自动分级采样式采水器，可在一个生产周期内，每隔一定时间将一定量的水样分别采集在不同的容器中；自动混合采样式采水器可定时连续地将定量水样或按流量比采集的水样汇集于一个容器内。

2. 废水样类型

（1）瞬时废水样　对于生产工艺连续、稳定的工厂，所排放废水中的污染组分及浓度变化不大，瞬时水样具有较好的代表性。对于某些特殊情况，如废水中污染物质的平均浓度合格，而高峰排放浓度超标，这时也可间隔适当时间采集瞬时水样，并分别测定，将结果绘制成浓度-时间关系曲线，以得知高峰排放时污染物质的浓度；同时也可计算出平均浓度。

（2）平均废水样　由于工业废水的排放量和污染组分的浓度往往随时间起伏较大，为使监测结果具有代表性，需要增大采样和测定频率，但这势必增加工作量，此时比较好的办法是采集平均混合水样或平均比例混合水样。前者系指每隔相同时间采集等量废水样混合而成的水样，适于废水流量比较稳定的情况；后者系指在废水流量不稳定的情况下，在不同时间依照流量大小按比例采集的混合水样。有时需要同时采集几个排污口的废水样，并按比例混合，其监测结果代表采样时的综合排放浓度。

（三）地下水样的采集

从监测井中采集水样常利用抽水机设备。启动后，先放水数分钟，将积留在管道内的杂质及陈旧水排出，然后用采样容器接取水样。对于无抽水设备的水井，可选择适合的专用采水器采集水样。

对于自喷泉水，可在涌水口处直接采样。

对于自来水，也要先将水龙头完全打开，放水数分钟，排出管道中积存的死水后再采样。

地下水的水质比较稳定，一般采集瞬时水样，即能有较好的代表性。

五、水样的运输和保存

各种水质的水样，从采集到分析的过程，由于物理的、化学的和生物的作用，会发生各种变化。微生物的新陈代谢活动和化学作用能引起水样组分和浓度的变化，如好氧微生物的活动会使水样中的有机物发生变化，CO_2含量的变化，会影响 pH 值和总碱度的测定值，悬浮物在采样器、水样容器表面上产生的胶体吸附现象或溶解性物质被溶出等，都会使水样的组分发生变化，为尽可能地降低水样的物理、化学和生物的变化，必须在采样时针对水样的不同情况和待测物的特性实施保护措施。防止碰撞、破损、丢失，并力求缩短运输时间，最大限度地降低水样水质变化，尽快将水样送至实验室进行分析。

1. 水样的运输

对采集的每一个水样，都应做好记录，并在采样瓶上贴好标签，运送到实验室。在运输过程中，应注意以下几点。

（1）要塞紧采样容器口塞子，必要时用封口胶、石蜡封口（测油类的水样不能用石蜡封口）。

（2）为避免水样在运输过程中因振动、碰撞导致损失或沾污，最好将水样瓶装箱，并用泡沫塑料或纸条挤紧。

（3）需冷藏的样品，应配备专门的隔热容器，放入制冷剂，将样品瓶置于其中。

（4）冬季应采取保温措施，以免冻裂样品瓶。

2. 水样的保存方法

目前水样保存的方法只限于冷藏（冷冻）和加入化学保存剂。常用水样的保存方法及保存期见表 5-1。

表 5-1　常用水样的保存方法及保存期

序号	监测项目	保存条件、贮存温度和固定剂	可保存时间	采样体积/mL	容器	备注
1	色度		12h	200	G	应尽快测定
2	pH 值		12h	250	P,G	最好现场测定
3	电导率		12h	250	P,G	应尽快测定
4	悬浮物	低温 0～4℃	14d	200	P,G	应尽快测定
5	碱度	低温 0～4℃	12h	500	G,P	
6	酸度	低温 0～4℃	12h	500	G,P	
7	COD	加硫酸至 pH<2	2d	100	G	
8	高锰酸盐指数	低温 0～4℃	2d	500	G	
9	溶解氧	低温 0～4℃	12h	250	G	应尽快测定 最好现场测定
10	BOD_5	低温 0～4℃	12h	250	溶氧瓶	
11	氟化物	低温 0～4℃	14d	250	P	
12	氯化物	低温 0～4℃	30d	250	G,P	
13	硫酸根	低温 0～4℃	30d	250	G,P	
14	活性磷酸盐	低温 0～4℃	48h	250	G,P	
15	总磷	加硫酸至 pH≤2	24h	250	G,P	
16	氨氮	加硫酸至 pH≤2	24h	250	G,P	

续表

序号	监测项目	保存条件、贮存温度和固定剂	可保存时间	采样体积/mL	容器	备注
17	亚硝酸盐氮	低温 0～4℃	24h	250	G,P	
18	硝酸盐氮	低温 0～4℃	24h	250	G,P	
19	总氮	加硫酸至 pH≤2	7d	250	G,P	
20	硫化物	1L 水样加 NaOH 至 pH=9，加入 5%抗坏血酸 5mL 和饱和 EDTA 3mL	24h	250	G,P	现场固定
21	氰化物	加 NaOH 至 pH≥9	12h	250	G,P	现场固定
22	硼	1L 水样中加浓硝酸 10mL	14d	250	P	
23	六价铬	加氢氧化钠至 pH=8～9	14d	250	G,P	
24	锰、铁	1L 水样中加浓硝酸 10mL	14d	250	G,P	
25	铜、锌	1L 水样中加浓硝酸 10mL	14d	250	P	
26	铅、镉、镍	1L 水样中加浓硝酸 10mL	14d	250	G,P	
27	砷	加硫酸至 pH≤2	14d	250	G,P	
28	油类	加盐酸至 pH≤2	7d	500	G,P	
29	挥发酚	加磷酸至 pH≤2 1L 水样中加 1.00g 硫酸铜	24h	1000	G	
30	阴离子表面活性剂		24h	250	G,P	
31	苯胺类		24h	200	G	
32	硝基苯类		24h	100	G	
33	细菌总数	0～4℃	当天	250	G	
34	大肠杆菌	0～4℃	当天	250	G	

注：1. 表中容器一列，P 指聚乙烯塑料瓶，G 指硬质玻璃瓶。

2. 应当注意，加入的保存剂不能干扰以后的测定；保存剂的纯度最好是优级纯的，还应作相应的空白试验，对测定结果进行校正。

六、水样的预处理

环境水样所含组分复杂，并且多数污染组分含量低，存在形态各异，所以在分析测定之前，往往需要进行预处理，以得到欲测组分适合测定方法要求的形态、浓度和消除共存组分干扰的试样体系。

(一) 水样的消解

当测定含有机物水样中的无机元素时，需进行消解处理。消解处理的目的是破坏有机物，溶解悬浮性固性，将各种价态的欲测元素氧化成单一高价态或转变成易于分离的无机化合物。消解后的水样应清澈、透明、无沉淀。消解水样的方法有湿式消解法和干式分解法(干灰化法)。

1. 湿式消解法

(1) 硝酸消解法　对于较清洁的水样，可用硝酸消解。其方法要点是取混匀的水样50～200mL 于烧杯中，加入 5～10mL 浓硝酸，在电热板上加热煮沸，蒸发至小体积，试液应清澈透明，呈浅色或无色，否则，应补加硝酸继续消解。蒸至近干，取下烧杯，稍冷后加 2% HNO_3 (或 HCl) 20mL，温热溶解可溶盐。若有沉淀，应过滤，滤液冷至室温后于 50mL

容量瓶中定容，备用。

（2）硝酸-高氯酸消解法　两种酸都是强氧化性酸，联合使用可消解含难氧化有机物的水样。方法要点是取适量水样于烧杯或锥形瓶中，加5～10mL硝酸，在电热板上加热、消解至大部分有机物被分解。取下烧杯，稍冷，加2～5mL高氯酸，继续加热至开始冒白烟，如试液呈深色，再补加硝酸，继续加热至冒浓厚白烟将尽（不可蒸至干涸）。取下烧杯冷却，用2% HNO_3溶解，如有沉淀，应过滤，滤液冷至室温定容备用。因为高氯酸能与羟基化合物反应生成不稳定的高氯酸酯，有发生爆炸的危险，故先加入硝酸，氧化水样中的羟基化合物，稍冷后再加高氯酸处理。

（3）硝酸-硫酸消解法　两种酸都有较强的氧化能力，其中硝酸沸点低，而硫酸沸点高，二者结合使用，可提高消解温度和消解效果。常用的硝酸与硫酸的比例为5∶2。消解时，先将硝酸加入水样中，加热蒸发至小体积，稍冷，再加入硫酸、硝酸，继续加热蒸发至冒大量白烟，冷却，加适量水，温热溶解可溶盐，若有沉淀，应过滤。为提高消解效果，常加入少量过氧化氢。

该方法不适用于处理测定易生成难溶硫酸盐组分（如铅、钡、锶）的水样。

（4）硫酸-磷酸消解法　两种酸的沸点都比较高，其中，硫酸氧化性较强，磷酸能与一些金属离子如Fe^{3+}等络合，故二者结合消解水样，有利于测定时消除Fe^{3+}等离子的干扰。

（5）硫酸-高锰酸钾消解法　该方法常用于消解测定汞的水样。高锰酸钾是强氧化剂，在中性、碱性、酸性条件下都可以氧化有机物，其氧化产物多为草酸根，但在酸性介质中还可继续氧化。消解要点是取适量水样，加适量硫酸和5%高锰酸钾，混匀后加热煮沸，冷却，滴加盐酸羟胺溶液破坏过量的高锰酸钾。

（6）多元消解方法　为提高消解效果，在某些情况下需要采用三元以上酸或氧化剂消解体系。例如，处理测总铬的水样时，用硫酸、磷酸和高锰酸钾消解。

（7）碱分解法　当用酸体系消解水样造成易挥发组分损失时，可改用碱分解法，即在水样中加入氢氧化钠和过氧化氢溶液，或者氨水和过氧化氢溶液，加热煮沸至近干，用水或稀碱溶液温热溶解。

2. 干灰化法

干灰化法又称高温分解法。其处理过程是取适量水样于白瓷或石英蒸发皿中，置于水浴上蒸干，移入马福炉内，于450～550℃灼烧到残渣呈灰白色，使有机物完全分解除去。取出蒸发皿，冷却，用适量2% HNO_3（或HCl）溶解样品灰分，过滤，滤液定容后供测定。

本方法不适用于处理测定易挥发组分（如砷、汞、镉、硒、锡等）的水样。

（二）富集与分离

当水样中的欲测组分含量低于分析方法的检测限时，就必须进行富集或浓缩；当有共存干扰组分时，就必须采取分离或掩蔽措施。富集和分离往往是不可分割、同时进行的。常用的方法有过滤、挥发、蒸馏、溶剂萃取、离子交换、吸附、共沉淀、色谱、低温浓缩等，要结合具体情况选择使用。

1. 挥发和蒸发浓缩

挥发分离法是利用某些污染组分挥发度大，或者将欲测组分转变成易挥发物质，然后用惰性气体带出而达到分离的目的。例如，用冷原子荧光法测定水样中的汞时，先将汞离子用氯化亚锡还原为原子态汞，再利用汞易挥发的性质，通入惰性气体将其带出并送入仪器测定；用分光光度法测定水中的硫化物时，先使之在磷酸介质中生成硫化氢，再用惰性气体载入乙酸锌-乙酸钠溶液吸收，从而达到与母液分离的目的；测定废水中的砷时，将其转变成砷化氢气体（H_3As），用吸收液吸收后供分光光度法测定。

蒸发浓缩是指在电热板上或水浴中加热水样，使水分缓慢蒸发，达到缩小水样体积，浓缩欲测组分的目的。

2. 蒸馏法

蒸馏法是利用水样中各污染组分具有不同的沸点而使其彼此分离的方法。测定水样中的挥发酚、氰化物、氟化物时，均需先在酸性介质中进行预蒸馏分离，测定水中的氨氮时，需在微碱性介质中进行预蒸馏分离。

3. 溶剂萃取法

（1）原理　溶剂萃取法是基于物质在不同的溶剂相中分配系数不同，而达到组分的富集与分离的。

（2）类型

① 有机物的萃取　分散在水相中的有机物质易被有机溶剂萃取，利用此原理可以富集分散在水样中的有机污染物质。例如，用4-氨基安替比林分光光度法测定水样中的挥发酚时，当酚含量低于0.05mg/L，则水样经蒸馏分离后需再用三氯甲烷进行萃取浓缩；用紫外光度法测定水中的油和用气相色谱法测定有机农药（六六六、DDT）时，需先用石油醚萃取等。

② 无机物的萃取　由于有机溶剂只能萃取水相中以非离子状态存在的物质（主要是有机物质），而多数无机物质在水相中均以水合离子状态存在，故无法用有机溶剂直接萃取。为实现用有机溶剂萃取，需先加入一种试剂，使其与水相中的离子态组分相结合，生成一种不带电、易溶于有机溶剂的物质。该试剂与有机相、水相共同构成萃取体系。根据生成可萃取物类型的不同，可分为螯合物萃取体系、离子缔合物萃取体系、三元络合物萃取体系和协同萃取体系等。在环境监测中，螯合物萃取体系用得较多。

螯合物萃取体系是指在水相中加入螯合剂，与被测金属离子生成易溶于有机溶剂的中性螯合物，从而被有机相萃取出来。例如，用分光光度法测定水中的Cd^{2+}、Hg^{2+}、Zn^{2+}、Pb^{2+}、Ni^{2+}、Bi^{2+}等，双硫腙（螯合剂）能使上述离子生成难溶于水的螯合物，可用三氯甲烷（或四氯化碳）从水相中萃取后测定，三者构成双硫腙-三氯甲烷-水萃取体系。

4. 离子交换法

离子交换是利用离子交换剂与溶液中的离子发生交换反应进行分离的方法。离子交换剂可分为无机离子交换剂和有机离子交换剂，目前广泛应用的是有机离子交换剂，即离子交换树脂。

用离子交换树脂进行分离的操作程序如下。

（1）交换柱的制备　如分离阳离子，则选择强酸性阳离子交换树脂。首先将其在稀盐酸中浸泡，以除去杂质并使之溶胀和完全转变成H式，然后用蒸馏水洗至中性，装入充满蒸馏水的交换柱中；注意防止气泡进入树脂层。需要其他类型的树脂，均可用相应的溶液处理。如用NaCl溶液处理强酸性树脂，可转变成Na型；用NaOH溶液处理强碱性树脂，可转变成OH型等。

（2）交换　将试液以适宜的流速倾入交换柱，则欲分离离子从上到下一层层地发生交换过程。交换完毕，用蒸馏水洗涤，洗下残留的溶液及交换过程中形成的酸、碱或盐类等。

（3）洗脱　将洗脱溶液以适宜速度倾入洗净的交换柱，洗下交换在树脂上的离子，达到分离的目的。对阳离子交换树脂，常用盐酸溶液作为洗脱液；对阴离子交换树脂，常用盐酸溶液、氯化钠或氢氧化钠溶液作洗脱液。对于分配系数相近的离子，可用含有机络合剂或有机溶剂的洗脱液，以提高洗脱过程的选择性。

5. 共沉淀法

共沉淀系指溶液中一种难溶化合物在形成沉淀过程中，将共存的某些痕量组分一起载带沉淀出来的现象。共沉淀现象在常量分离和分析中是力图避免的，但却是一种分离富集微量组分的手段。例如，在形成硫酸铜沉淀的过程中，可使水样中浓度低至 0.02μg/L 的 Hg^{2+} 共沉淀出来。

共沉淀的原理基于表面吸附、形成混晶、异电核胶态物质相互作用及包藏等。

(1) 利用吸附作用的共沉淀分离　该方法常用的载体有 $Fe(OH)_3$、$Al(OH)_3$、$Mn(OH)_2$ 及硫化物等。由于它们是表面积大、吸附力强的非晶形胶体沉淀，故吸附和富集效率高。例如，分离含铜溶液中的微量铝，仅加氨水不能使铝以 $Al(OH)_3$ 沉淀析出，若加入适量 Fe^{3+} 和氨水，则可利用生成的 $Fe(OH)_3$ 沉淀作载体，吸附 $Al(OH)_3$ 转入沉淀，与溶液中的 $Cu(NH_3)_4^{2+}$ 分离；用吸光光度法测定水样中的 Cr^{6+} 时，当水样有色、浑浊、Fe^{3+} 含量低于 200mg/L 时，可于 pH 8～9 条件下用氢氧化锌作共沉淀剂吸附分离干扰物质。

(2) 利用生成混晶的共沉淀分离　当欲分离微量组分及沉淀剂组分生成沉淀时，如具有相似的晶格，就可能生成混晶而共同析出。例如，硫酸铅和硫酸锶的晶形相同，如分离水样中的痕量 Pb^{2+}，可加入适量 Sr^{2+} 和过量可溶性硫酸盐，则生成 $PbSO_4$-$SrSO_4$ 的混晶，将 Pb^{2+} 共沉淀出来。有资料介绍，以 $SrSO_4$ 作载体，可以富集海水中亿万分之一的 Cd^{2+}。

(3) 用有机共沉淀剂进行共沉淀分离　有机共沉淀剂的选择性较无机沉淀剂高，得到的沉淀也较纯净，并且通过灼烧可除去有机共沉淀剂，留下欲测元素。例如，在含痕量 Zn^{2+} 的弱酸性溶液中，加入硫氰酸铵和甲基紫，由于甲基紫在溶液中电离成带正电荷的大阳离子 B^+，它们之间发生如下共沉淀反应：

$$Zn^{2+} + 4SCN^- \longrightarrow Zn(SCN)_4^{2-}$$

$$2B^+ + Zn(SCN)_4^{2-} \longrightarrow B_2Zn(SCN)_4 \text{(形成缔合物)}$$

$$B^+ + SCN^- \longrightarrow BSCN\downarrow \text{(形成载体)}$$

$B_2Zn(SCN)_4$ 与 BSCN 发生共沉淀，因而将痕量 Zn^{2+} 富集于沉淀之中。又如，痕量 Ni^{2+} 与丁二酮肟生成螯合物，分散在溶液中，若加入丁二酮肟二烷酯（难溶于水）的乙醇溶液，则析出固相的丁二酮肟二烷酯，便将丁二酮肟镍螯合物共沉淀出来。丁二酮肟二烷酯只起载体作用，称为惰性共沉淀剂。

6. 吸附法

吸附是利用多孔性的固体吸附剂将水样中一种或数种组分吸附于表面，以达到分离的目的。常用的吸附剂有活性炭、氧化铝、分子筛、大网状树脂等。被吸附富集于吸附剂表面的污染组分，可用有机溶剂或加热解吸出来供测定。

第二节　底泥和沉积物样品的采集、保存与预处理

水、底质和水生生物组成了一个完整的水环境体系。底泥能记录给定水环境的污染历史，反映难降解物质的积累情况，以及水体污染的潜在危险。底泥的性质对水质、水生生物有着明显的影响，是天然水是否被污染及污染程度的重要标志。所以，底泥样品的采集监测是水环境监测的重要组成部分。

一、采样

1. 断面设置

底泥监测断面的设置原则与水质监测断面相同，其位置应尽可能与水质监测断面相重合，以便于将沉积物的组成及其物理化学性质与水质监测情况进行比较。

2. 采样频次

由于底质比较稳定，受水文、气象条件影响较小，故采样频率远较水样低，一般每年枯

水期采样1次，必要时可在丰水期增采1次。

3. 采样量

底泥样品采集量视监测项目、目的而定，一般为1.00～2.00kg，如样品不易采集或测定项目较少时，可予酌减。

4. 采样方法

采集表层底泥样品一般采用挖式（抓式）采样器或锥式采样器。前者适用于采样量较大的情况，后者适用于采样量少的情况。管式泥芯采样器用于采集柱状样品，以供监测底泥中污染物质的垂直分布情况。如果水域水深小于3m，可将竹竿粗的一端削成尖头斜面，插入床底采样。当水深小于0.6m时，可用长柄塑料勺直接采集表层底泥。

二、样品的制备、预处理及保存

1. 制备

（1）脱水

① 阴凉、通风处自然风干　适用待测组分稳定的样品。

② 离心分离　适用待测组分易挥发和易发生变化的样品。

③ 真空冷冻干燥　适用各种样品（特别是对光、热、空气不稳定的）。

④ 无水硫酸钠脱水　适用含油类等有机物的样品。

（2）筛分　脱水干燥后的样品置于硬质白纸板上，用玻璃棒压散，剔除砾石及动植物残体，过0.84mm（20目）筛，四分法缩量至所需量，玛瑙研钵或碎样机研磨至全部样品过0.177～0.074mm（80～200目）筛，装入棕色广口瓶中，贴上标签，冷冻保存备用。

注：测金属元素试样，用尼龙材质网筛；测有机物试样，用铜材质网筛；测汞、砷等易挥发元素及低价铁、硫化物等时，不能用碎样机粉碎，且仅通过0.177mm筛孔。

2. 样品预处理

（1）分解

① 硝酸（或王水）-氢氟酸-高氯酸分解法　也称全量分解法，适用于测定底泥中元素含量水平及随时间变化和空间分布的样品分解。

② 硝酸分解法　可溶解出由于水解和悬浮物吸附而沉淀的大部分重金属，适用于了解受污染的状况。

③ 水浸取法　适用于了解底泥中重金属向水体释放情况的样品分解。

（2）有机污染物的提取　测定底泥（沉积物）中的有机污染物、受热后不稳定的组分以及进行组分形态分析时，需要采用提取方法。

提取溶剂常用有机溶剂、水和酸。

测定底泥中的有机污染物，称取适量底泥放入锥形瓶中，放在振荡器上，用振荡提取法提取。对于农药、苯并[*a*]芘等含量低的污染物，常用索氏提取器提取法、超声波提取法、超临界流体提取法、微波辅助提取法（MAE）等。

第三节　土壤样品采集、保存与预处理

一、土壤样品的采集与加工管理

土壤样品的采集和处理是土壤分析工作的一个重要环节，采集有代表性的样品，是测定结果能如实反映土壤环境状况的先决条件。实验室工作者只能对来样的分析结果负责，如果送来的样品不符合要求，那么任何精密仪器和熟练的分析技术都将毫无意义。因此，分析结果能否说明问题，关键在于样品的采集和处理。

（一）土壤样品的采集

1. 土壤样品的类型、采样深度及采样量

（1）混合样品　一般了解土壤污染状况时采集混合样品，即将一个采样单元内各采样分点采集的土样混合均匀制成。

对种植一般农作物的耕地，只需采集 0～20cm 耕作层土壤；对于种植果林类农作物的耕地，采集 0～60cm 耕作层土壤。

（2）剖面样品　了解土壤污染深度时采集剖面样品，按土壤剖面层次分层采样。

剖面规格一般为长 1.5m、宽 0.8m、深 1.0m，每个剖面采集 A、B、C 三层土样。过渡层（AB、BC）一般不采样。当地下水位较高时，挖至地下水初露时止。现场记录实际采样深度，如 0～20cm、50～65cm、80～100cm。在各层次典型中心部位自下而上采样，切忌混淆层次、混合采样。

在山地土壤土层薄的地区，B 层发育不完整时，只采 A、C 层样。

干旱地区剖面发育不完整的土壤，采集表层（0～20cm）、中土层（50cm）和底土层（100cm）附近的样品。

2. 采样时间和频率

一般土壤在农作物收获期采样测定，必测项目一年测定一次，其他项目 3～5 年测定一次。

3. 采样量及注意事项

（1）填写土壤样品标签、采样记录、样品登记表。1 份放入样品袋内，1 份扎在袋口。

（2）测定重金属的样品，尽量用竹铲、竹片直接采集样品。

4. 土壤样品的代表性和采样误差的控制

土壤的不均一性是造成采样误差的最主要原因。

土壤是固、气、液三相组成的分散体系，各种外来物进入土壤后流动、迁移、混合较难，所以采集的样品往往具有局限性。一般情况下，采样误差要比分析误差高得多。为保证样品的代表性，必须采取以下两个技术措施控制采样误差。

（1）采样前要进行现场勘察和有关资料的收集，根据土壤类型、肥力等级和地形等因素将研究范围划分为若干个采样单元，每个采样单元的土壤要尽可能均匀一致。

（2）要保证有足够多的采样点，使之能充分代表采样单元的土壤特性。采样点的多少，取决于研究范围的大小，研究对象的复杂程度和试验研究所要求的精密度等因素。采样点设置过少，所采样品的偶然性增加，缺乏足够的代表性；采样点设置过多，则增大了采样的工作量，浪费了人力、物力和财力。

（二）样品加工与管理

1. 样品加工处理

制成满足分析要求的土壤样品；测定不稳定的项目用新鲜土样（如游离挥发酚、NH_3-N、NO_3-N、Fe^{2+}）；测定多数稳定项目用风干土样。程序如下。

（1）土样的风干需要用风干土样，因为风干的土样较易混匀，重复性和准确性都较好。风干的方法为将采回的土样倒在盘中，趁半干状态把土块压碎，除去植物残根等杂物，铺成

薄层并经常翻动，在阴凉处使其慢慢风干。

（2）磨碎与过筛风干后的土样，用有机玻璃（或木棒）碾碎后过 2mm 塑料（尼龙）筛，除去 2mm 以上的砂砾和植物残体（若砂砾量多时应计算其占土样的百分比）。留下的样品进一步磨细过 0.25mm 孔径的塑料（尼龙）筛，充分拌匀后装瓶备用。

2. 样品管理

建立严格的管理制度和岗位责任制，按照规定的方法和程序工作，认真按要求做好各项记录。

风干土样存于阴凉、干燥的样品库内；新鲜土壤样品保存见表 5-2。

表 5-2 新鲜土壤样品的保存条件和保存时间

测试项目	容器材质	温度/℃	可保存时间/d	备注
金属（汞和六价铬除外）	聚乙烯、玻璃	<4	180	
汞	玻璃	<4	28	
砷	聚乙烯、玻璃	<4	180	
六价铬	聚乙烯、玻璃	<4	1	
氰化物	聚乙烯、玻璃	<4	2	
挥发性有机物	玻璃（棕色）	<4	7	采样瓶装满装实并密封
半挥发性有机物	玻璃（棕色）	<4	10	采样瓶装满装实并密封
难挥发性有机物	玻璃（棕色）	<4	14	

二、土壤样品的预处理

根据测定项目不同，选择不同的预处理方法。

1. 土壤样品分解

破坏土壤的矿物晶格和有机质，使待测元素进入试样溶液中。

（1）酸分解法　酸分解法又称消解法，是测定土壤中重金属常选用的方法。常用混合酸消解体系，必要时加入氧化剂或还原剂加速消解反应。

（2）碱熔分解法　将土壤样品与碱混合，在高温下熔融，使样品分解。

（3）高压釜密闭分解法　将用水润湿、加入混合酸并摇匀的土样放入密封的聚四氟乙烯坩埚内，置于耐压的不锈钢套筒中，放在烘箱内加热（一般不超过 180℃）分解。

（4）微波炉加热分解法　将土壤样品和混合酸放入聚四氟乙烯容器中，置于微波炉内加热使试样分解。

2. 土壤样品提取方法

测定土壤中的有机污染物、受热后不稳定的组分以及进行组分形态分析时，需要采用提取方法。

提取溶剂常用有机溶剂、水和酸。

（1）有机污染物的提取　测定土壤中的有机污染物，一般用新鲜土样。称取适量土样放入锥形瓶中，放在振荡器上，用振荡提取法提取。对于农药、苯并［*a*］芘等含量低的污染物，常用索氏提取器提取法。

（2）无机污染物的提取　土壤中易溶无机物组分、有效态组分可用酸或水浸取。

3. 净化（分离）和浓缩

消除干扰、浓缩待测成分常用净化方法有色谱法、蒸馏法等；浓缩方法有 K-D 浓缩器法、蒸发法等。

第四节 大气样品的采集及保存

一、直接采样法

适用于大气中被测组分浓度较高或监测方法灵敏度高的情况，这时不必浓缩，只需用仪器直接采集少量样品进行分析测定即可。此法测得的结果为瞬时浓度或短时间内的平均浓度。

常用容器有注射器、塑料袋、采气管、真空瓶等。

1. 玻璃注射器采样

常用100mL注射器采集有机蒸气样品。采样时，先用现场气体抽洗2～3次，然后抽取100mL，密封进气口，带回实验室分析。样品存放时间不宜长，一般当天分析完。气相色谱分析法常采用此法取样。取样后，应将注射器进气口朝下，垂直放置，以使注射器内压略大于外压。

2. 塑料袋采样

应选不吸附、不渗漏，也不与样气中污染组分发生化学反应的塑料袋，如聚四氟乙烯袋、聚乙烯袋、聚氯乙烯袋和聚酯袋等，还有用金属薄膜作衬里（如衬银、衬铝）的塑料袋。

采样时，先用二联球打进现场气体冲洗2～3次，再充满样气，夹封进气口，带回实验室尽快分析。

3. 采气管采样

采气管容积一般为100～1000mL。采样时，打开两端旋塞，用二联球或抽气泵接在管的一端，迅速抽进比采气管容积大6～10倍的欲采气体，使采气管中原有气体被完全置换出，关上旋塞，采气管体积即为采气体积。

4. 真空瓶采样

真空瓶是一种具有活塞的耐压玻璃瓶，容积一般为500～1000mL。采样前，先用抽真空装置把采气瓶内气体抽走，使瓶内真空度达到133Pa，之后，便可打开旋塞采样，采完即关闭旋塞，抽真空时，应将采气瓶放于厚布袋中，以防采气瓶炸裂伤人。为防止漏气，活塞应涂渍耐真空油脂。

采样体积为：

$$V_s = V_b \times \frac{p_1 - p_2}{p_1} \tag{5-1}$$

式中 V_s——实际采样体积，mL；

V_b——集气瓶容积，mL；

p_1——采样点采样时的大气压力，kPa；

p_2——集气瓶内的剩余压力，kPa。

二、富集（浓缩）采样法

富集（浓缩）采样法：是使大量的样气通过吸收液或固体吸收剂得到吸收或阻留，使原来浓度较小的污染物质得到浓缩，以利于分析测定的采样方法。

富集（浓缩）采样法适用于大气中污染物质浓度较低（10^{-9}～10^{-6}）的情况。采样时间一般较长，测得结果可代表采样时段的平均浓度，更能反映大气污染的真实情况。

具体采样方法包括溶液吸收法、固体阻留法、液体冷凝法、自然积集法等。

1. 溶液吸收法

溶液吸收法是采集大气中气态、蒸气态及某些气溶胶态污染物质的常用方法。

采样时，用抽气装置将欲测空气以一定流量抽入装有吸收液的吸收管（瓶），使被测物质的分子阻留在吸收液中，以达到浓缩的目的。采样结束后，倒出吸收液进行测定，根据测得的结果及采样体积计算大气中污染物的浓度。

吸收效率主要决定于吸收速度和样气与吸收液的接触面积。

（1）吸收液的选择原则

① 与被采集的物质发生不可逆化学反应快或对其溶解度大；

② 污染物质被吸收液吸收后，要有足够的稳定时间，以满足分析测定所需时间的要求；

③ 污染物质被吸收后，应有利于下一步分析测定，最好能直接用于测定；

④ 吸收液毒性小，价格低，易于购买，并尽可能回收利用。

（2）常用吸收管

① 气泡式吸收管　适用于采集气态和蒸气态物质，不宜采气溶胶态物质。

② 冲击式吸收管　适宜采集气溶胶态物质和易溶解的气体样品，而不适用于气态和蒸气态物质的采集。管内有一尖嘴玻璃管作冲击器。

③ 多孔筛板吸收管（瓶）　多孔筛板吸收管（瓶）是在内管出气口熔接一块多孔性的砂芯玻板，当气体通过多孔玻板时，一方面被分散成很小的气泡，增大了与吸收液的接触面积；另一方面被弯曲的孔道所阻留，然后被吸收液吸收。所以多孔筛板吸收管既适用于采集气态和蒸气态物质，也适于气溶胶态物质。

2. 填充柱阻留法（固体阻留法）

填充柱是用一根6～10cm长，内径3～5mm的玻璃管或塑料管，内装颗粒状填充剂制成的。采样时，让气样以一定流速通过填充柱，则欲测组分因吸附、溶解或化学反应而被阻留在填充剂上，达到浓缩采样的目的。采样后，通过加热解吸、吹气或溶剂洗脱，使被测组分从填充剂上释放出来测定。

根据填充剂阻留作用的原理，可分为吸附型、分配型和反应型三种类型。

（1）吸附型填充柱　所用填充剂为颗粒状固体吸附剂，如活性炭、硅胶、分子筛、氧化铝、素烧陶瓷、高分子多孔微球等多孔性物质，对气体和蒸气吸附力强。

（2）分配型填充剂　所用填充剂为表面涂有高沸点有机溶剂（如甘油异十三烷）的惰性多孔颗粒物（如硅藻土、耐火砖等），适于对蒸气和气溶胶态物质（如六六六、DDT、多氯联苯等）的采集。气样通过采样管时，分配系数大的或溶解度大的组分阻留在填充柱表面的固定液上。

（3）反应型填充柱　其填充柱是由惰性多孔颗粒物（如石英砂、玻璃微球等）或纤维状物（如滤纸、玻璃棉等）表面涂渍能与被测组分发生化学反应的试剂制成的。也可用能与被测组分发生化学反应的纯金属（如金、银、铜等）丝毛或细粒作填充剂。采样后，将反应产物用适宜溶剂洗脱或加热吹气解吸下来进行分析。

固体阻留法优点如下。

① 用固体采样管可以长时间采样，测得大气中日平均或一段时间内的平均浓度值；溶液吸收法则由于液体在采样过程中会蒸发，采样时间不宜过长。

② 只要选择合适的固体填充剂，对气态、蒸气态和气溶胶态物质都有较高的富集效率，而溶液吸收法一般对气溶胶吸收效率要差些。

③ 浓缩在固体填充柱上的待测物质比在吸收液中稳定时间要长，有时可放置几天或几

周也不发生变化。

综上，固体阻留法是大气污染监测中具有广阔发展前景的富集方法。

3. 滤料阻留法

将过滤材料（滤纸、滤膜等）放在采样夹上，用抽气装置抽气，则空气中的颗粒物被阻留在过滤材料上，称量过滤材料上富集的颗粒物质量，根据采样体积，即可计算出空气中颗粒物的浓度。

常用滤料：纤维状滤料，如定量滤纸、玻璃纤维滤膜（纸）、氯乙烯滤膜等；筛孔状滤料，如微孔滤膜、核孔滤膜、银薄膜等。各种滤料由不同的材料制成，性能不同，适用的气体范围也不同。

4. 低温冷凝法

借制冷剂的制冷作用使空气中某些低沸点气态物质被冷凝成液态物质，以达到浓缩的目的。适用于大气中某些沸点较低的气态污染物质，如烯烃类、醛类等。

常用制冷剂：冰、干冰、冰-食盐、液氯-甲醇、干冰-二氯乙烯、干冰-乙醇等。

优点：效果好、采样量大、利于组分稳定。

5. 自然积集法

利用物质的自然重力、空气动力和浓差扩散作用采集大气中的被测物质，如自然降尘量、硫酸盐化速率、氟化物等大气样品的采集。

优点：不需动力设备，简单易行，且采样时间长，测定结果能较好反映大气污染情况。

三、采样仪器

直接采样法采样时用采气管、塑料袋、真空瓶即可。富集法需使用采样仪器。采样仪器主要由收集器、流量计和采样动力三部分组成。

(1) 收集器　如大气吸收管（瓶）、填充柱、滤料采样夹、低温冷凝采样管等。

(2) 流量计　是测量气体流量的仪器，流量是计算采集气样体积必知的参数。当用抽气泵作抽气动力时，通过流量计的读数和采样时间可以计算所采空气的体积。

常用的流量计有：孔口流量计、转子流量计和限流孔。均需定期校正。

(3) 采样动力　应根据所需采样流量、采样体积、所用收集器及采样点的条件进行选择。一般要求抽气动力的流量范围较大，抽气稳定，造价低，噪声小，便于携带和维修。

四、样品保存

采集的样品应放在不与被测污染物产生化学反应的玻璃或其他容器内，容器要密封并注明样品编号。采集好的样品应尽快分析。如不能及时分析，应采取密封、避光、冷藏等措施保存。不同污染物保存时间不尽相同。

第五节　生物样品的采集与制备

采集前应对所采集对象做必要的调查，选出采样区和对照采样区，在采样区内再划出和固定一些有代表性和生长典型的小区。根据采样的次数及每次采样的数量决定采样布点。

一、植物样品的采集与制备

（一）植物样品采集原则

(1) 代表性　代表性系指采集代表一定范围污染情况的植株为样品。选择一定数量的能代表大多数情况的植株作为样品，采集时，不要选择田埂、地边及离田埂地边 2m 范围以内的样品。

（2）典型性　典型性系指所采集的植株部位要能充分反映通过监测所要了解的情况。采样部位要能反应所要了解的情况，不能将植株各部位任意混合。

（3）适时性　适时性系指在植物不同生长发育阶段，施药、施肥前后，适时采样监测，以掌握不同时期的污染状况和对植物生长的影响。根据研究需要，在植物不同生长发育阶段，定期采样，以便了解污染物的影响情况。

（二）植物样品采样

根据研究对象在选好的样区内分别采集不同生物样的根、茎、叶、果等植物的不同部位。

1. 粮食作物

由于粮食作物生长的不均一性，一般采用多点取样，避开田边 2m，按梅花形（适用于采样单元面积小的情况）或“S”形采样法采样。在采样区内采取 10 个样点的样品组成一个混合样。采样量根据监测项目而定，籽实样品一般 1.00kg 左右，装入纸袋或布袋。要采集完整植株样品可以稍多些，约 2.00kg，用塑料纸包扎好。

2. 水果样品

平坦果园采样时，可采用对角线法布点采样，由采样区的一角向另一角引一对角线，在此线上等距离布设采样点，采样点多少根据采样区域面积、地形及监测目的确定。山地果园应按不同海拔高度均匀布点，采样点一般不应少于 10 个。对于树形较大的果树，采样时应在果树的上、中、下、内、外部及果实着生方位（东南西北）均匀采摘果实。

将各点采摘的果品进行充分混合，按四分法缩分，根据检验项目要求，最后分取所需份数，每份 1.00kg 左右，分别装入袋内，粘贴标签，扎紧袋口。水果样品采摘时要注意树龄、长势、载果数量等。

3. 蔬菜样品

蔬菜品种繁多，可大致分成叶菜、根菜、瓜果三类，按需要确定采样对象。

菜地采样可按对角线或“S”形法布点，采样点不应少于 10 个，采样量根据样本个体大小确定，一般每个点的采样量不少于 1.00kg。从多个点采集的蔬菜样，按四分法进行缩分，其中个体大的样本，如大白菜等可采用纵向对称切成 4 份或 8 份，取其 2 份的方法进行缩分，最后分取 3 份，每份约 1.00kg，分别装入塑料袋，粘贴标签，扎紧袋口。

如需用鲜样进行测定，采样时最好连根带土一起挖出，用湿布或塑料袋装，防止萎蔫。对一般旱作物，若采集样品为根部，在抖掉其附着在根上的泥土时，须注意不损失其根毛部位，以尽量保持根系的完整。

（三）植物样品制备

1. 鲜样的制备

新鲜样品主要用于分析植物中容易挥发、转化或降解的污染物（如挥发酚、氰、亚硝酸盐等）、营养成分（如维生素、氨基酸、糖、植物碱等）以及多汁的瓜、果、蔬菜等样品。鲜样品如需短期保存，必须在冰箱中冷藏，以抑制其变化。分析时将洗净的鲜样剪碎混匀后立即称样，放入瓷研钵中与适当溶剂（或再加石英砂）共研磨，进行浸提测定。主要步骤如下。

（1）将样品用清水、去离子水洗净，晾干或拭干。

（2）将晾干的鲜样切碎、混匀，称取100.00g于电动高速组织捣碎机的捣碎杯中，加适量蒸馏水或去离子水，开动捣碎机捣碎1～2min，制成匀浆。对含水量大的样品，如熟透的西红柿等，捣碎时可以不加水；对含水量少的样品，可以多加水。

（3）对于含纤维多或较硬的样品，如禾本科植物的根、茎秆、叶子等，可用不锈钢刀或剪刀切（剪）成小片或小块，混匀后在研钵中加石英砂研磨。

2. 干样的制备

分析植物中稳定的污染物，如金属元素、非金属元素或有机农药等，一般用风干样品。洗净的鲜样必须尽快干燥，以减少化学和生物的变化。如果延迟过久，细胞的呼吸和霉菌的分解都会消耗组织的干物质而致改变各成分的含量，蛋白质也会裂解成较简单的含氮化合物。杀酶要有足够的高温，但烘干的温度不能太高，以防止组织外部结成干壳而阻碍内部水分的蒸发，而且高温还可能引起组织的热分解或焦化。

（1）分析用的植物鲜样要分两步干燥，通常先将鲜样在80～90℃烘箱（最好用鼓风烘箱）中烘15～30min（松软组织烘15min，致密坚实的组织烘30min），然后，降温至60～70℃，逐尽水分。时间须视鲜样水分含量而定，12～24h。粮食籽实样品应及时晒干脱粒，充分混匀后用四分法缩分至所需量。需要洗涤时，注意时间不宜过长并及时风干。

（2）将风干或烘干的样品去除灰尘、杂物，用剪刀剪碎（或先剪碎再烘干），再用磨碎机磨碎。谷类作物的种子样品如稻谷等，应先脱壳再粉碎。

（3）将粉碎好的样品过筛。一般要求通过1mm的筛孔即可，有的分析项目要求通过0.25mm的筛孔。制备好的样品贮存于磨口玻璃广口瓶或聚乙烯广口瓶中备用。

注：1. 测定重金属元素含量时，不要使用能造成污染的器械。

2. 样品在粉碎和贮存过程中又将吸收一些空气中的水分，所以在精密分析工作中，称样前还须将粉状样品在65℃（12～24h）或90℃（2h）再次烘干，一般常规分析则不必。

二、动物样品的采集与制备

（一）生物材料的采集

在实验动物功能评价中，需要采集的生物样品主要是血液和尿液及组织脏器，它是反映受试物的生物学效应和物质在体内代谢情况的最为重要的途径。

1. 血液

2. 尿液

3. 毛发和指甲

4. 组织和内脏器官

采集组织和内脏器官后，应放在组织捣碎机中捣碎、混匀，制成浆状鲜样备用。

5. 水污染指示生物

水污染指示生物主要有：浮游生物、着生生物、底栖动物、鱼类和微生物等。

（二）动物样品的贮存与处理

（1）血浆和血清　采血后及时分离（2h），短期4℃，长期－20℃。

（2）尿样　应立即测定，否则需加防腐剂置冰箱保存。

（3）唾液：在4℃下保存，往往需要在取样时测定pH值。

注：生物样品保存总的原则　临时解冻，解冻的样品一次测完，不能反复冷冻→解冻→冷冻；样品应以小体积分装存放。

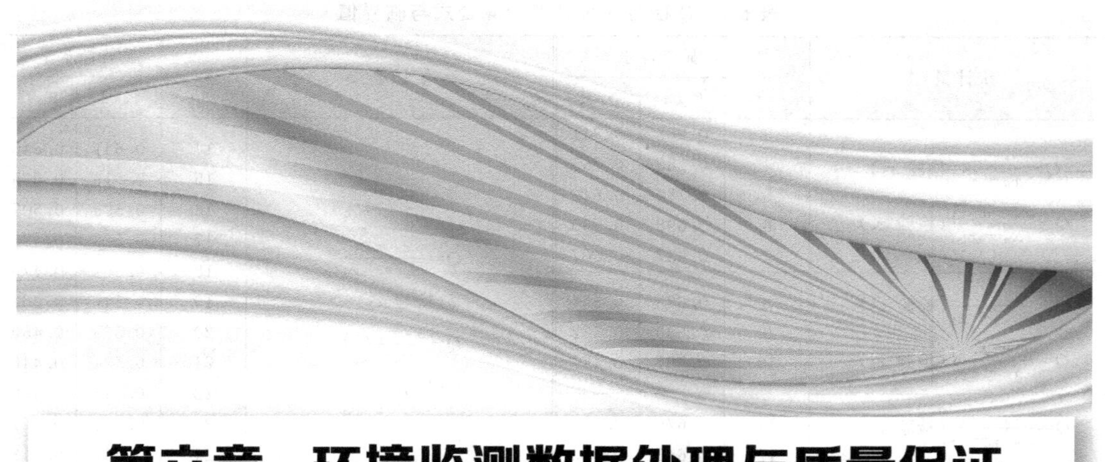

第六章　环境监测数据处理与质量保证

环境监测中所得到的数据，是描述和评价环境质量的基本依据。由于监测系统的条件限制以及操作人员的技术水平，测试值与真值之间存在差异；环境污染的流动性、变异性以及与时空因素关系，使某一区域的环境质量由许多因素综合决定。比如描述某一河流的环境质量，必须对整条河流按规定布点，以一定频率测定，根据大量数据综合才能反映其环境质量，且数据均需通过统计处理。

一、监测数据处理

1. 有效数字及数据修约

有效数据修约规则是：四舍六入五考虑，五后非零则进一，五后皆零视奇偶，五前为偶应舍去，五前为奇则进一。

2. 可疑数据处理

可疑数据：可能会歪曲试验结果，但尚未经检验断定其是离群数据的测量数据；一组监测数据的个别值与其他值相差较大，多组监测数据中个别组数据的平均值与其他组的平均值相差较大，这种与其他有明显差别的数据称为可疑数据。可疑数据会显著地影响监测结果评价，既不能轻易保留，也不能随意舍弃，应对它进行检验。

对可疑数据要进行统计检验。

Dixon（狄克逊检验）：适于一组测量值的一致性检验和剔除离群值。

（1）将一组测量数据从小到大顺序排列为 x_1、x_2、x_3、…、x_n，x_1 和 x_n 分别为最小可疑值和最大可疑值；

（2）计算 Q 值　根据测定次数 n 及表 6-1 中的公式，计算 Q 值；

（3）查表得 Q_x　在表 6-1 中查得临界值 Q_x；

（4）判断分析　将计算值 Q 与临界值 Q_x 比较。

表 6-1 Q 检验的统计量计算公式与临界值

统计量	n	显著性水平 α	
		0.01	0.05
$Q=\frac{x_2-x_1}{x_n-x_1}$(检验 x_1) $Q=\frac{x_n-x_{n-1}}{x_n-x_1}$(检验 x_n)	3	0.988	0.941
	4	0.889	0.765
	5	0.780	0.642
	6	0.698	0.560
	7	0.637	0.507
$Q=\frac{x_2-x_1}{x_{n-1}-x_1}$(检验 x_1) $Q=\frac{x_n-x_{n-1}}{x_n-x_2}$(检验 x_n)	8	0.683	0.554
	9	0.635	0.512
	10	0.597	0.477
$Q=\frac{x_3-x_1}{x_{n-1}-x_1}$(检验 x_1) $Q=\frac{x_n-x_{n-2}}{x_n-x_2}$(检验 x_n)	11	0.679	0.576
	12	0.642	0.546
	13	0.615	0.521
$Q=\frac{x_3-x_1}{x_{n-2}-x_1}$(检验 x_1) $Q=\frac{x_n-x_{n-2}}{x_n-x_3}$(检验 x_n)	14	0.641	0.546
	15	0.616	0.525
	16	0.595	0.507
	17	0.577	0.490
	18	0.561	0.475
	19	0.547	0.462
	20	0.535	0.450
	21	0.524	0.440
	22	0.514	0.430
	23	0.505	0.421
	24	0.497	0.413
	25	0.489	0.406

二、监测数据的统计与分析

(一) 回归与相关分析

1. 回归分析

如果 x、y 之间呈直线趋势，则可用一条直线来描述：

$$a=\frac{\sum_{i=1}^{n}x_i^2\sum_{i=1}^{n}y_i-\left(\sum_{i=1}^{n}x_i\right)\left(\sum_{i=1}^{n}x_iy_i\right)}{n\sum_{i=1}^{n}x_i^2-\left(\sum_{i=1}^{n}x_i\right)^2}=\bar{y}-b\bar{x} \tag{6-1}$$

$$b=\frac{\sum_{i=1}^{n}(x_iy_i)-\frac{1}{n}\left(\sum_{i=1}^{n}x_i\right)\left(\sum_{i=1}^{n}y_i\right)}{\sum_{i=1}^{n}x_i^2-\frac{1}{n}\left(\sum_{i=1}^{n}x_i\right)^2} \tag{6-2}$$

式中，截距 a 和斜率 b 均为常数。

2. 相关分析

(1) 相关系数计算

$$r=\frac{\sum_{i=1}^{n}(x_iy_i)-\frac{1}{n}\left(\sum_{i=1}^{n}x_i\right)\left(\sum_{i=1}^{n}y_i\right)}{\sqrt{\left[\sum x_i^2-\frac{1}{n}\left(\sum x_i\right)^2\right]\left[\sum y_i^2-\frac{1}{n}\left(\sum y_i\right)^2\right]}} \tag{6-3}$$

r 值介于－1～1 之间，即 $-1\leqslant r\leqslant 1$。其物理意义见图 6-1。

(2) r 的物理意义

① $0\leqslant r\leqslant 1$ 时，x 和 y 两变量间为正相关，同时增加或同时减小，r 越趋近于 1，x、y 间相关性越好，反之越差；$r=1$ 时，为完全正相关，所有实验点均应落在回归直线上。

② $-1\leqslant r<0$ 时，x 和 y 两变量间为负相关，呈相反的变化趋势，y 随 x 的增大而减小，r 越趋近于－1，相关性越好；$r=-1$ 时，两变量之间为完全负相关。

③ $r=0$ 时，两变量之间不相关。

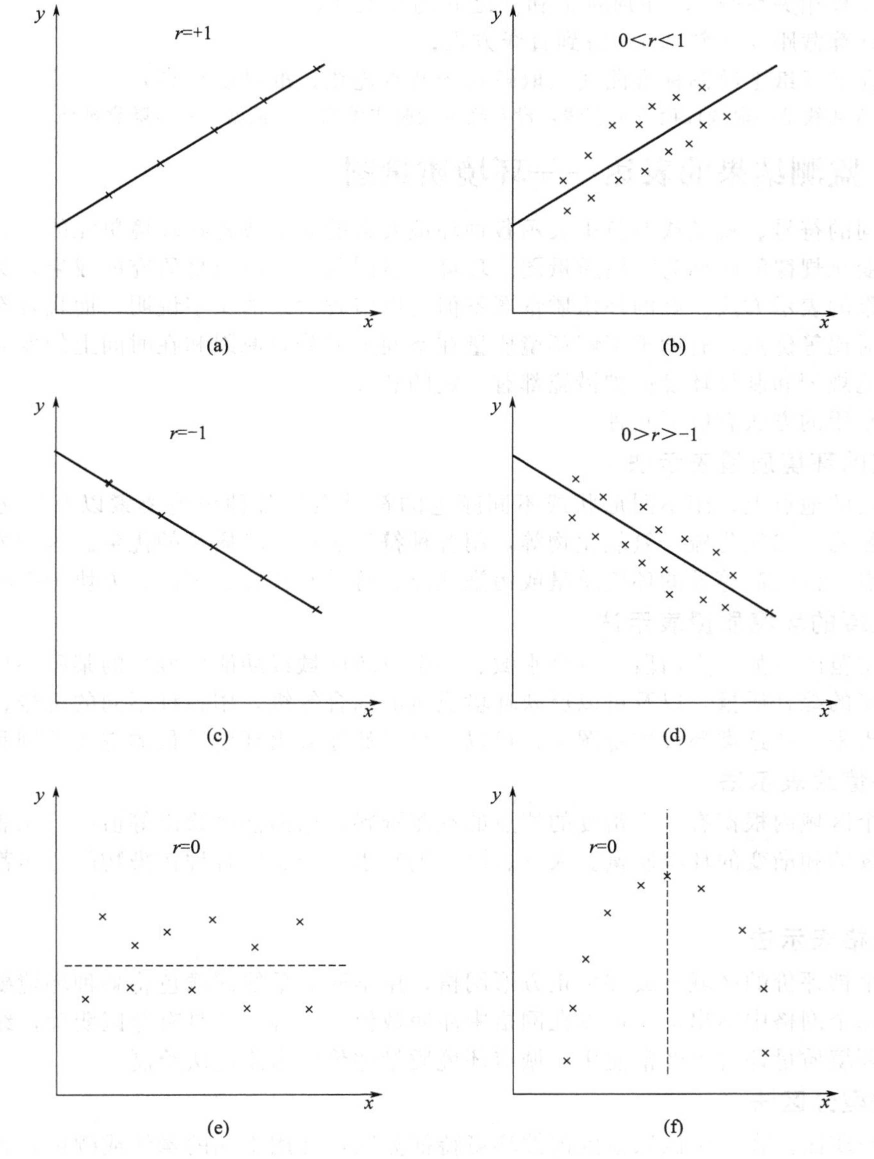

图 6-1　相关系数物理意义图

（二）标准曲线的绘制

1. 绘制要求

（1）绘制标准曲线的分析步骤应与样品分析相同，而且不少于 5 个实验点。

（2）标准曲线的斜率常随环境因素（如实验室温度）及试剂批号、贮存时间等实验条件的改变而发生变化，因此样品测定与标准曲线同时操作最为理想，否则应在测定样品的同时，平行测定零浓度和中等浓度的标准溶液各两份，取平均值并做空白校正后于原标准曲线上的相应点核对。

2. 绘制过程

（1）将实验数据列表并计算，求出 x_i^2、y_i^2、x_iy_i 及相应的加和值；

(2) 计算相关系数 r，并判断 x 和 y 之间的相关性；

(3) 计算截距 a 和斜率 b，得到直线方程；

(4) 在坐标纸上绘制标准曲线（取较远的两点连线，准确度较高）。

注：标准曲线是一段线段而不是直线，没有经过检验或无充分的依据，不能随意延伸。

三、监测结果的表达——环境质量图

用不同的符号、线条或颜色来表示各种环境要素的质量或各种环境单元的综合质量的分布特征和变化规律的图称为环境质量图。环境质量图既是环境质量研究的成果，又是环境质量评价结果的表示方法。好的环境质量图不但可以节省大量的文字说明，而且具有直观、可以量度和对比等优点，有助于了解环境质量在空间上的分布原因和在时间上的发展趋向。这对进行环境规划和制订环境保护措施都有一定的意义。

目前常用的方法有以下几种。

1. 点的环境质量表示法

在确定的地点上，用不同形状或不同颜色的符号表示各种环境要素以及与之有关的事物，如颗粒物、二氧化硫、氮氧化物等，用各种符号表示环境质量的优劣。这种方法多用来表示监测点、污染源等处的环境质量或污染状况。符号有长柱、圆圈、方块等多种。

2. 区域的环境质量表示法

将规定范围（如一个河段、一个水域、一个行政区域或功能区域）的某种环境要素的质量，或环境的综合质量，以及可以反映环境质量的综合等级，用各种不同的符号、线条或颜色等表示出来。从这类环境质量图上，可以一目了然地看出环境质量的空间差别和变化。

3. 等值线表示法

在一个区域内根据有一定密度的测点的观测资料，用内插法绘出等值线，来表示在空间分布上连续的和渐变的环境质量。大气、海（湖）水、土壤中各种污染物的分布都可用这种方法表示。

4. 网格表示法

把一个被评价的区域分成许多正方形网格，用不同的晕线或颜色将各种环境要素按评定的级别在每个网格中标出，还可以在网格中注明数值。这种方法具有分区明确，统计方便等特点，在环境质量评价中经常使用。城市环境质量评价图多用此法绘制。

5. 类型分区法

又称底质法。在一个区域范围内按环境特征分区，并用不同的晕线或颜色将各分区的环境特征显示出来。这种方法常用来编制环境功能分区图、环境区划图、环境保护规划图等。

四、实验室的质量控制和质量保证

1. 准确度

准确度的评价方法有两种：一种是通过分析标准物质，由所得结果来确定数据的准确度（标准物质对比分析）；另一种是加标回收法，该法是目前实验室中最常用而方便的确定准确度的方法，一般应为样品数量的 10%～20%。

(1) 标准物质对比分析　标准物质（或质控样）的结果是经权威部门定值的有准确测定值的样品，它可以检查分析测试的准确性。使用时，可以是明码样，也可以是密码样。

(2) 加标回收法　在测定样品时，于同一样品中加入一定量的标准物质进行测定，将测定结果扣除样品的测定值，计算其回收率。计算公式为：

$$回收率=[(加标试样测定值-试样测定值)/加标量]\times 100\%$$

在做加标回收试验时应注意：

① 加标物形态应该和待测物形态相同；

② 加标量要合适，应尽量与样品中待测物含量相等或接近，一般为试样含量的0.5～2倍，且加标后的测定值不应超出方法测定上限；

③ 加标液的体积应很小，一般不超过所取试样体积的1%，浓度宜较高，在一批试样中，一般随机抽取10%～20%的试样进行加标回收测定。

2. 精密度

精密度是指用一特定的分析方法在受控条件下重复分析均一样品所得测定值的一致程度，它反映分析方法或测量系统存在的随机误差的大小。

(1) 平行性　平行性是指在同一实验室中，当分析人员、分析设备及分析时间都相同时，用同一分析方法对同一样品进行双份或多份平行测定结果之间的符合程度。

(2) 重复性　重复性是指在同一实验室内，当分析人员、分析设备及分析时间中的任一项不相同时，用同一分析方法对同一样品进行两次或多次独立测定所得结果之间的符合程度。

(3) 再现性　再现性是指在不同实验室中，当分析人员、分析设备及分析时间都不相同时用同一分析方法对同一样品进行测定，获得的单个结果之间的一致程度。

3. 灵敏度

分析方法的灵敏度是指某方法对单位浓度或单位量的待测物质的变化所引起的响应量变化的程度，可以用仪器的响应量或其他指示量与对应的待测物质的浓度或量之比来描述。如分光光度法常以校准曲线的斜率来度量灵敏度。

$$A=kc+a \tag{6-4}$$

式中　A——仪器的响应量；

c——待测物质的浓度；

a——校准曲线的截距；

k——方法的灵敏度，k 值越大，说明该方法的灵敏度越高。

4. 空白试验

空白试验又叫空白测定，是指用蒸馏水代替试样的测定，其所加试剂和操作步骤与试样测定完全相同。

5. 校准曲线

校准曲线是用于描述待测物质的浓度或量与相应的测量仪器的响应量或其他指示量之间定量关系的曲线。

6. 检出限

检出限为某一特定分析方法在给定的可靠程度内可从样品中检出待测物质的最小浓度或最小量。

下面简要介绍几种常用检出限的规定。

(1) 在分光光度法中，一般以扣除空白值后与0.010吸光度相对应的浓度值为检出限。

(2) 气相色谱中最小检出量系指检测器恰能产生与噪声相区别的响应信号时所需进入色谱柱的物质的最小量。一般认为恰能辨别的响应信号应为仪器噪声的两倍。

7. 测定限

测定限为定量范围的两端，分为测定上限与测定下限。

（1）测定上限　在测定误差能满足预定要求的前提下，用该方法能准确测定待测物质的最大浓度或量，称为该方法的测定上限。

（2）测定下限　在测定误差能满足预定要求的前提下，用该方法能准确测定待测物质的最小浓度或量，称为该方法的测定下限。

最佳测定范围也称有效测定范围，是指在测定误差能满足预定要求的前提下，该测定方法的测定下限至测定上限之间的浓度范围。

方法适用范围是指某一特定方法检测下限至检测上限之间的浓度范围。显然，最佳测定范围应小于方法适用范围。

第二篇　环境监测基础性实验

第七章 大气环境监测

实验1 大气中一氧化碳的测定

（非色散红外吸收法）

一、实验目的和要求

（1）掌握非色散红外吸收法的原理和测定一氧化碳的技术。

（2）学会本实验中仪器的使用与维护。

二、实验原理

一氧化碳对以 4.5μm 为中心波段的红外辐射具有选择性吸收，在一定的浓度范围内，其吸光度与一氧化碳浓度呈线性关系，故根据气样的吸光度可确定一氧化碳的浓度。

水蒸气、悬浮颗粒物干扰一氧化碳的测定。测定时，气样需经硅胶、无水氯化钙过滤管除去水蒸气，经玻璃纤维滤膜除去颗粒物。

三、试剂与仪器

1. 试剂

（1）高纯氮气：99.99%。

（2）变色硅胶。

（3）无水氯化钙。

（4）霍加拉特管。

（5）一氧化碳标准气。

2. 仪器

（1）非色散红外一氧化碳分析仪。

（2）记录仪 0～10mV。

（3）聚乙烯塑料采气袋、铝箔采气袋或衬铝塑料采气袋。

（4）弹簧夹。

（5）双联球。

四、方法步骤

1. 采样

用双联球将现场空气抽入采气袋内，洗 3～4 次，采气 500mL，夹紧进气口。

2. 测定步骤

（1）启动和调零　开启电源开关，稳定 1～2h，将高纯氮气连接在仪器进气口，通入氮气校准仪器零点。也可以用经霍加拉特管（加热至 90～100℃）净化后的空气调零。

（2）校准仪器　将一氧化碳标准气连接在仪器进气口，使仪表指针指示满刻度的 95%。重复 2～3 次。

（3）样品测定　将采气袋连接在仪器进气口，则样气被抽入仪器中，由指示表直接指示出一氧化碳的浓度（μL/L）。

五、数据记录与处理

$$CO(mg/m^3) = 1.25c \tag{7-1}$$

式中　c——实测空气中一氧化碳浓度，（μL/L）；

1.25——一氧化碳浓度从 μL/L 换算为标准状态下质量浓度（mg/m^3）的换算系数。

六、注意事项

（1）仪器启动后，必须预热，稳定一定时间再进行测定。仪器具体操作按仪器说明书规定进行。

（2）空气样品应经硅胶干燥，玻璃纤维滤膜过滤后再进入仪器，以消除水蒸气和颗粒物的干扰。

（3）仪器接上记录仪，将空气连续抽入仪器，可连续监测空气中一氧化碳浓度的变化。

七、思考题

1. 本实验原理是什么？
2. 使用非色散红外一氧化碳分析仪应注意什么问题？

实验 2　大气中二氧化硫的测定

（甲醛吸收-副玫瑰苯胺分光光度法）

一、实验目的和要求

（1）了解大气污染物的布点采样方法和原理。

（2）掌握大气采样器的构造及工作原理。

（3）掌握盐酸副玫瑰苯胺分光光度法测定大气中 SO_2 浓度的分析原理及操作技术。

二、实验原理

二氧化硫被甲醛缓冲溶液吸收后，生成稳定的羟甲基磺酸加成化合物。在样品溶液中加入氢氧化钠使加成化合物分解，释放出二氧化硫与副玫瑰苯胺（简称 PRA）作用，生成紫红色化合物，用分光光度计在 577nm 处进行测定。

本标准的主要干扰物为氮氧化物、臭氧及某些重金属元素。采样后放置一段时间可使臭氧自行分解；加入氨磺酸钠溶液可消除氮氧化物的干扰；吸收液中加入磷酸及环已二胺四乙酸二钠盐可以消除或减少某些金属离子的干扰。10mL 样品溶液中含有 50.00μg 钙、镁、铁、镍、镉、铜等金属离子及 5.00μg 二价锰离子时，对本方法测定不产生干扰。当 10mL 样品溶液中含有 10.00μg 二价锰离子时，可使样品的吸光度降低 27%。

三、试剂与仪器

1. 试剂

(1) 碘酸钾（KIO_3）优级纯，经 110℃干燥 2h。

(2) 氢氧化钠溶液，$c(NaOH)=1.5mol/L$　称取 6.00g NaOH，溶于 100mL 水中。

(3) 环已二胺四乙酸二钠溶液，$c(CDTA\text{-}2Na)=0.05mol/L$　称取 1.82g 反式 1,2-环已二胺四乙酸（简称 CDTA），加入 1.5mol/L 氢氧化钠溶液 6.5mL，用水稀释至 100mL。

(4) 甲醛缓冲吸收贮备液　吸取 36%～38%的甲醛溶液 5.5mL，0.05mol/L CDTA-2Na 溶液 20.00mL；称取 2.04g 邻苯二甲酸氢钾，溶于少量水中；将三种溶液合并，再用水稀释至 100mL，贮于冰箱可保存 1 年。

(5) 甲醛缓冲吸收使用液　用水将甲醛缓冲吸收液贮备液稀释 100 倍而成，临用时现配。

(6) 氨磺酸钠溶液，$\rho(NaH_2NSO_3)=6.00g/L$　称取 0.60g 氨磺酸（H_2NSO_3H）置于 100mL 烧杯中，加入 4.0mL 1.5mol/L 氢氧化钠，用水搅拌至完全溶解后稀释至 100mL，摇匀。此溶液密封可保存 10d。

(7) 碘贮备液，$c\left(\frac{1}{2}I_2\right)=0.10mol/L$　称取 12.70g 碘（I_2）于烧杯中，加入 40.00g 碘化钾和 25mL 水，搅拌至完全溶解，用水稀释至 1000mL，贮存于棕色细口瓶中。

(8) 碘溶液，$c\left(\frac{1}{2}I_2\right)=0.010mol/L$　量取碘贮备液 50mL，用水稀释至 500mL，贮于棕色细口瓶中。

(9) 淀粉溶液，$\rho=5.00g/L$　称取 0.50g 可溶性淀粉于 150mL 烧杯中，用少量水调成糊状，慢慢倒入 100mL 沸水，继续煮沸至溶液澄清，冷却后贮于试剂瓶中。

(10) 碘酸钾基准溶液，$c\left(\frac{1}{6}KIO_3\right)=0.1000mol/L$　准确称取 3.5667g 碘酸钾溶于水，移入 1000mL 容量瓶中，用水稀释至标线，摇匀。

(11) 盐酸溶液，$c(HCl)=1.2mol/L$　量取 100mL 浓盐酸，用水稀释至 1000mL。

(12) 硫代硫酸钠标准贮备液，$c(Na_2S_2O_3)=0.10mol/L$　称取 25.00g 硫代硫酸钠（$Na_2S_2O_3 \cdot 5H_2O$），溶于 1000mL 新煮沸但已冷却的水中，加入 0.20g 无水碳酸钠，贮于棕色细口瓶中，放置一周后备用。如溶液呈现混浊，必须过滤。

标定方法：吸取三份 20.00mL 0.1000mol/L 碘酸钾基准溶液分别置于 250mL 碘量瓶中，加 70mL 新煮沸但已冷却的水，加 1.00g 碘化钾，振摇至完全溶解后，加 10mL 1.2mol/L 盐酸溶液，立即盖好瓶塞，摇匀；于暗处放置 5min 后，用 0.10mol/L 硫代硫酸钠标准溶液滴定溶液至浅黄色，加 2mL 5.00g/L 淀粉溶液，继续滴定至蓝色刚好褪去为终点。硫代硫酸钠标准溶液的摩尔浓度按式（7-2）计算：

$$c_1=\frac{0.1000\times 20.00}{V} \tag{7-2}$$

式中　c_1——硫代硫酸钠标准溶液的摩尔浓度，mol/L；

V——滴定所耗硫代硫酸钠标准溶液的体积，mL。

(13) 硫代硫酸钠标准溶液，$c(Na_2S_2O_3)=0.01mol/L\pm0.00001mol/L$ 取50.0mL硫代硫酸钠贮备液置于500mL容量瓶中，用新煮沸但已冷却的水稀释至标线，摇匀。

(14) 乙二胺四乙酸二钠盐（EDTA-2Na）溶液，$\rho=0.50g/L$ 称取0.25g乙二胺四乙酸二钠盐（$C_{10}H_{14}N_2O_8Na_2\cdot 2H_2O$）溶于500mL新煮沸但已冷却的水中。临用时现配。

(15) 亚硫酸钠溶液，$\rho(Na_2SO_3)=1.00g/L$：称取0.20g亚硫酸钠（Na_2SO_3），溶于200mL 0.50g/L EDTA-2Na溶液中，缓缓摇匀以防充氧，使其溶解。放置2～3h后标定。此溶液每毫升相当于320.00～400.00μg二氧化硫。

标定方法如下。

① 取6个250mL碘量瓶（A_1、A_2、A_3、B_1、B_2、B_3），分别加入50.0mL 0.010mol/L碘溶液。在A_1、A_2、A_3内各加入25mL水，在B_1、B_2内加入25.00mL 1.00g/L亚硫酸钠溶液盖好瓶盖。

② 立即吸取2.00mL 1.00g/L亚硫酸钠溶液加到一个已装有40～50mL甲醛缓冲吸收贮备液的100mL容量瓶中，并用甲醛缓冲吸收贮备液稀释至标线，摇匀。此溶液即为二氧化硫标准贮备溶液，在4～5℃下冷藏，可稳定6个月。

③ 紧接着再吸取25.00mL 1.00g/L亚硫酸钠溶液加入B_3内，盖好瓶塞。

④ A_1、A_2、A_3、B_1、B_2、B_3六个瓶子于暗处放置5min后，用硫代硫酸钠标准溶液滴定至浅黄色，加5mL 5.00g/L淀粉指示剂，继续滴定至蓝色刚刚消失。平行滴定所用硫代硫酸钠溶液的体积之差应不大于0.05mL。

二氧化硫标准贮备溶液的质量浓度由公式（7-3）计算：

$$\rho=\frac{(\overline{V_0}-\overline{V})c_2\times32.02\times10^3}{25.00}\times\frac{2.00}{100} \tag{7-3}$$

式中 ρ——二氧化硫标准贮备溶液的质量浓度，μg/mL；

$\overline{V}_0$——空白滴定所用硫代硫酸钠标准溶液的体积，mL；

V_0——样品滴定所用硫代硫酸钠标准溶液的体积，mL；

c_2——硫代硫酸钠标准溶液的浓度，mol/L。

(16) 二氧化硫标准溶液，$\rho(Na_2SO_3)=1.00\mu g/mL$ 用甲醛缓冲吸收使用液将二氧化硫标准贮备溶液稀释成每毫升含1.00μg二氧化硫的标准溶液。此溶液用于绘制标准曲线，在4～5℃下冷藏，可稳定1个月。

(17) 盐酸副玫瑰苯胺（pararosaniline，简称PRA，即副品红或对品红）贮备液 $\rho=0.20g/100mL$。

(18) 副玫瑰苯胺溶液，$\rho=0.050g/100mL$ 吸取25.00mL副玫瑰苯胺贮备液于100mL容量瓶中，加30mL 85%的浓磷酸，12mL浓盐酸，用水稀释至标线，摇匀，放置过夜后使用。避光密封保存。

(19) 盐酸-乙醇清洗液 由三份（1+4）盐酸和一份95%乙醇混合配制而成，用于清洗比色管和比色皿。

2. 仪器

(1) 分光光度计。

(2) 多孔玻板吸收管 10mL多孔玻板吸收管，用于短时间采样；50mL多孔玻板吸收管，用于24h连续采样。

(3) 恒温水浴 0～40℃，控制精度为±1℃。

(4) 具塞比色管 10mL，用过的比色管和比色皿应及时用盐酸-乙醇清洗液浸洗，否则红色难以洗净。

(5) 空气采样器　用于短时间采样的普通空气采样器，流量范围 0.1～1L/min，应具有保温装置。用于 24h 连续采样的采样器应具备有恒温、恒流、计时、自动控制开关的功能，流量范围 0.1～0.5L/min。

四、分析步骤

1. 采样

(1) 短时间采样　用内装 10mL 吸收液的 U 形多孔玻板吸收管以 0.5L/min 的流量采样。采样时吸收液温度保持在 23～29℃范围。

(2) 24h 采样　用内装 50mL 吸收液的多孔玻板吸收瓶以 0.2～0.3L/min 的流量连续采样。采样时吸收液温度保持在 23～29℃范围。

(3) 现场空白　将装有吸收液的采样管带到采样现场，除了不采气之外，其他环境条件与样品相同。

注：1. 样品采集、运输和贮存过程中应避免阳光照射。

2. 放置在室（亭）内的 24h 连续采样器，进气口应连接符合要求的空气质量集中采样管路系统，以减少二氧化硫进入吸收瓶前的损失。

2. 标准曲线的绘制

取 14 支 10mL 具塞比色管，分成 A、B 两组，每组各 7 支，分别对应编号。A 组按表 7-1 配制校准溶液系列。

表 7-1　二氧化硫校准系列

项目	0	1	2	3	4	5	6
二氧化硫标准溶液/mL	0.00	0.50	1.00	2.00	5.00	8.00	10.00
甲醛缓冲吸收液/mL	10.00	9.50	9.00	8.00	5.00	2.00	0.00
二氧化硫含量/μg	0.00	0.50	1.00	2.00	5.00	8.00	10.00

在 A 组各管中分别加入 0.5mL 6.00g/L 氨磺酸钠溶液和 0.5mL 1.5mol/L 氢氧化钠溶液，混匀。

在 B 组各管中分别加入 1.00mL 0.050g/100mL PRA 溶液。

将 A 组各管的溶液迅速地全部倒入对应编号并盛有 PRA 溶液的 B 组各管中，立即加塞混匀后放入恒温水浴装置中显色。在波长 577nm 处，用 10mm 比色皿，以水为参比测量吸光度。以空白校正后各管的吸光度为纵坐标，以二氧化硫的质量浓度（μg/10mL）为横坐标，用最小二乘法建立校准曲线的回归方程。

显色温度与室温之差不应超过 3℃。根据季节和环境条件按表 7-2 选择合适的显色温度与显色时间。

表 7-2　显色温度与显色时间

显色温度/℃	10	15	20	25	30
显色时间/min	40	25	20	15	5
稳定时间/min	35	25	20	15	10
试剂空白 A_0	0.03	0.035	0.04	0.05	0.06

3. 样品的测定

(1) 样品溶液中若有浑浊物，应离心分离除去。

(2) 采样后样品放置 20min，以使臭氧分解。

(3) 短时间采样，将吸收管中的样品溶液全部移入 10mL 比色管中，用少量甲醛缓冲吸收使用液洗涤吸收管，洗液并入比色管中并稀释至标线。加 0.50mL 氨磺酸钠溶液，混匀，放置 10min 以去除氮氧化物的干扰，以下步骤同标准曲线。

(4) 连续 24h 采样，将吸收瓶中的样品溶液全部移入 50mL 比色管（或容量瓶）中，用少量甲醛缓冲吸收使用液洗涤吸收瓶后再倒入容量瓶（或比色管）中，并用甲醛缓冲吸收使用液稀释至标线。加 0.50mL 6.00g/L 氨磺酸钠溶液，混匀，放置 10min 以去除氮氧化物的干扰，以下步骤同标准曲线。

五、数据记录与处理

$$\rho=\frac{(A-A_0-a)}{bV_s}\times\frac{V_t}{V_a} \tag{7-4}$$

式中 ρ——空气中二氧化硫的质量浓度，mg/m^3；

A——样品溶液的吸光度；

A_0——试剂空白溶液的吸光度；

b——校准曲线的斜率，吸光度·10mL/μg；

a——校准曲线的截距（一般要求小于 0.005）；

V_t——样品溶液的总体积，mL；

V_a——测定时所取样品溶液的体积，mL；

V_s——换算成标准状态下（101.325kPa，273K）的采样体积，L。

六、注意事项

(1) 采样时应检查采样系统的气密性、流量、温度等。

(2) 要根据采样季节选择适当的显色温度和显色时间。

(3) 在恒温水浴中显色时，要使水浴水面高度超过比色管中液面的高度。

(4) 由于分光光度计比较精密，所以往试管中加药品的时候要尽量做到准确。

(5) 在使用分光光度计时，比色皿是要拿它的毛面，不可以用手接触它的光滑面，防止自己手上的油污使测量值不准确。

(6) 在擦拭比色皿时，要顺着一个方向擦。

(7) 在比色皿中装入的液体量大约要是比色皿体积的 2/3。

七、思考题

1. 实验过程中存在哪些干扰，应如何消除？
2. 多孔玻板的作用是什么？

实验 3　空气中氮氧化物（NO_x）的测定

（盐酸萘乙二胺分光光度法）

一、实验目的与要求

(1) 熟悉、掌握小流量大气采样器的工作原理和使用方法。

（2）熟悉、掌握分光光度分析方法和分析仪器的使用。

（3）掌握大气监测工作中监测布点、采样、分析等环节的工作内容及方法。

二、实验原理

大气中的氮氧化物（NO_x）主要是一氧化氮（NO）和二氧化氮（NO_2），测定氮氧化物浓度时，先用三氧化铬（CrO_3）氧化管将一氧化氮氧化成二氧化氮。二氧化氮被吸收在溶液中形成亚硝酸（HNO_2），与对氨基苯磺酸起重氮化反应，再与盐酸萘乙二胺偶合，生成玫瑰红色偶氮染料。于波长540～545nm之间测定显色溶液的吸光度，根据吸光度的数值换算出氮氧化物的浓度，测定结果以二氧化氮表示。

本法检出限为0.05μg/5mL，当采样体积为6L时，最低检出浓度为0.01μg/m³。

三、试剂与仪器

1. 试剂

所有试剂均用不含硝酸盐的重蒸蒸馏水配制。检验方法要求用该蒸馏水配制的吸收液的吸光度不超过0.005（540～545nm，10mm比色皿，水为参比）。

（1）显色液　称取5.00g对氨基苯磺酸，置于200mL烧杯中，将50mL冰醋酸与900mL水的混合液分数次加入烧杯中，搅拌使其溶解，并迅速转入1000mL棕色容量瓶中，待对氨基苯磺酸溶解后，加入0.03g盐酸萘乙二胺，用水稀释至标线，摇匀，贮于棕色瓶中。此为显色液，25℃以下暗处可保存1月。

采样时，按4份显色液与1份水的比例混合成采样用的吸收液。

（2）三氯化铬-砂子氧化管　将河砂洗净，晒干，筛取20～40目的部分，用（1+2）的盐酸浸泡一夜后用水洗至中性后烘干。将三氧化铬及砂子按（1+20）的质量混合，加少量水调匀，放在红外灯下或烘箱里于105℃烘干，烘干过程中应搅拌数次。做好的三氧化铬-砂子应是松散的，若黏在一起，说明三氧化铬比例太少，可适当加一些砂子，重新制备。

将三氧化铬-砂子装入双球玻璃管中，两端用脱脂棉塞好，并用塑料管制的小帽将氧化管的两端盖紧，备用。

（3）亚硝酸钠标准贮备液　将粒状亚硝酸钠（优级纯）在干燥器内放置24h，称取0.3750g溶于水，然后移入1000mL容量瓶中，用水稀释至标线。此溶液每毫升含250.00μg NO_2^-，贮于棕色瓶中，存放在冰箱里，可稳定3个月。

（4）亚硝酸钠标准水溶液　临用前，吸取1.00mL亚硝酸钠标准贮备液于100mL容量瓶中，用水稀释至标线。此溶液每毫升含2.50μg NO_2^-。

2. 仪器

除一般通用化学分析仪器外，还应具备：多孔玻板吸收管、双球玻璃氧化管（内装涂有三氧化铬催化剂的石英砂）、分光光度计（7220型）、KC-6D型大气采样器。

四、方法步骤

1. 采样

将10mL采样用的吸收液注入多孔玻板吸收管中，吸收管的进气口接三氧化铬-砂子氧化管，并使氧化管的进气端略向下倾斜，以免潮湿空气将氧化剂弄湿污染后面的吸收管。吸收管的出气口与大气采样器相连接，以0.4L/min的流量避光采样至吸收液呈浅玫瑰红色为止（采气4～24L）。如不变色，应加大采样流量或延长采样时间。在采样同时，应检测采样现场的温度和大气压力，并做好记录。

2. 测定步骤

① 标准曲线的绘制　取 6 支 10mL 比色管，按表 7-3 所列数据配制标准色列。

表 7-3　测定二氧化氮时所配制的标准色列

项目	0	1	2	3	4	5	6	7
标准溶液/mL	0	0.2	0.3	0.6	0.8	1.1	1.5	1.8
吸收原液/mL	20	20	20	20	20	20	20	20
水/mL	5	4.8	4.7	4.4	4.2	3.9	3.5	3.2
NO_2^- 含量/μg								
NO_2^- 浓度/(μg/mL)								

加完试剂后，摇匀，避免阳光直射，放置 20min，用 1cm 比色皿，于波长 540nm 处，以水为参比，测定吸光度。扣除空白试剂的吸光度以后，对应 NO_2^- 的浓度（μg/mL），用最小二乘法计算标准曲线的回归方程。用测得的吸光度对 5mL 溶液中亚硝酸根离子含量（μg）绘制标准曲线，并计算各点比值。

② 样品的测定　采样后，室温放置 20min，20℃以下时放置 40min 以上。将吸收液移入比色皿中，与标准曲线绘制时的条件相同，测定空白和样品的吸光度。

五、数据记录与处理

计算：

$$\text{氮氧化物}(NO_2^-,\ mg/m^3)=\frac{(A-A_0)B_s\times 5}{V_t\times 0.76} \tag{7-5}$$

式中　A——试样溶液的吸光度；

A_0——试剂空白液的吸光度；

B_s——计算因子；

V_t——换算为参状态下的采样体积，L；

0.76——为 NO_2（气）转变为 NO_2^-（液）的转换系数。

六、注意事项

（1）配制吸收液时，应避免在空气中长时间暴露，以免吸收空气中的氮氧化物。光照射能使吸收液显色，因此在采样、运送及存放过程中，都应采取避光措施。

（2）在采样过程中，如吸收液体积显著缩小，要用水补充到原来的体积（应预先做好标记）。

（3）氧化管应于相对湿度为 30%～70%时使用，当空气相对湿度大于 70%时，应勤换氧化管；小于 30%时，在使用前经过水面的潮湿空气通过氧化管，平衡 1h 后再使用。

七、思考题

1. 小流量大气采样器的基本组成部分及其所起作用。

2. 简要说明盐酸萘乙二胺分光光度法测定大气中 NO_x 的原理和测定过程。

3. 分析影响测定准确度的因素，如何消减或杜绝在样品采集、运输和测定过程中引进的误差。

实验4　空气中总挥发性有机物的测定

一、实验目的与要求

（1）理解气相色谱法的分离和测定原理。

（2）掌握利用热解吸直接进样气相色谱法进行室内空气中总挥发性有机化合物（TVOC）测定的方法。

（3）熟练掌握气相色谱仪和热解吸仪的使用和操作。

二、实验原理

用以 Tenax-TA 作为吸附剂的 TVOC 吸附管收集一定体积的空气样品，空气流中的挥发性有机化合物保留在吸附管中。采样后，将吸附管加热，能吸收挥发性有机物，待测样品随惰性载气进入毛细管气相色谱仪。

三、试剂与仪器

1. 试剂

（1）Tenax-TA 吸附管可为玻璃管或内壁光滑的不锈钢管，管内装有 200.00mg 粒径为 0.18～0.25mm（60～80 目）的 Tenax-TA 吸附剂。使用前应通氮气加热活化，活化温度应高于解吸温度，活化时间不少于 30min，活化至无杂质峰，当流量为 0.5L/min 时，阻力应在 5～10kPa 之间；

（2）苯、甲苯、对（间）二甲苯、邻二甲苯、苯乙烯、乙苯、乙酸丁酯、十一烷的标准溶液或标准气体；

（3）载气应为氮气，纯度不小于 99.99%。

2. 仪器

（1）采样器　空气采样过程中流量稳定，流量范围 0.1～0.5L/min。

（2）热解吸装置　能对吸附管进行热解吸，并将解吸气用惰性气体载带进入气相色谱仪。解吸温度、时间和载气流速可调。冷阱可将解吸样品进行浓缩。

（3）气相色谱仪　配备氢火焰离子化检测器。

（4）毛细管柱　长 30～50m，内径 0.32mm 或 0.53mm 石英柱，内涂覆二甲基聚硅氧烷，膜厚 1～5μm，柱操作条件为程序升温 50～250℃，初始温度为 50℃，保持 10min，升温速率 5℃/min，至 250℃，保持 2min。

（5）注射器　1μL、10μL、1mL、100mL 注射器若干个。

四、方法步骤

1. 采样

应在采样地点打开吸附管，与空气采样器入气口垂直连接，调节流量在 0.1～0.4L/min 的范围内，用皂膜流量计校准采样系统的流量，采集 1～5L 空气，记录采样时间、采样流量、温度和大气压。填写室内空气采样记录表。采样后，取下吸附管，密封吸附管的两端，做好标记，放入可密封的金属或玻璃容器中，应尽快分析，样品最长可保存 14d。

2. 标准系列制备

根据实际情况选用液体外标法。液体外标法：取单组分含量为 0.05mg/mL、0.1mg/

mL、0.5mg/mL、1.0mg/mL、2.0mg/mL 的标准溶液 1～5μL 注入吸附管，同时用 100mL/min 的氮气通过吸附管，5min 后取下，密封，为标准系列。

3. 热解吸直接进样的气相色谱法

将吸附管置于热解吸直接进样装置中，250～325℃解吸后，解吸气体直接由进样阀快速进入气相色谱仪，进行色谱分析，以保留时间定性、峰面积定量。

4. 标准曲线的绘制

用热解吸气相色谱法分析吸附管标准系列，以各组分的含量（μg）为横坐标，峰面积为纵坐标，分别绘制标准曲线，并计算回归方程。

5. 样品分析

每支样品吸附管及未采样管，按标准系列相同的热解吸气相色谱分析方法进行分析，以保留时间定性、峰面积定量。

五、数据记录与处理

1. 所采空气样品中各组分的浓度，应按下式计算：

$$c_m = \frac{m_i - m_0}{V} \tag{7-6}$$

式中 c_m——所采空气样品中 i 组分浓度，mg/m^3；

m_i——样品管中 i 组分的量，μg；

m_0——未采样管中 i 组分的量，μg；

V——空气采样体积，L。

2. 空气样品中各组的浓度，应按下式换算成标准状态下的浓度：

$$c_c = c_m \times \frac{101.3}{p} \times \frac{t+273}{273} \tag{7-7}$$

式中 c_c——标准状态下所采空气样品中 i 组分的浓度，mg/m^3；

p——采样时采样点的大气压力，kPa；

t——采样时采样点的温度，℃。

3. 应按下式计算所采空气样品中总挥发性有机化合物（TVOC）的浓度：

$$C_{TVOC} = \sum_{i=1}^{i=n} c_c \tag{7-8}$$

式中 C_{TVOC}——标准状态下所采空气样品中总挥发性有机化合物（TVOC）的浓度，mg/m^3。

六、注意事项

（1）采集室外空气空白样品，应与采集室内空气样品同步进行，地点宜选择在室外上风向处。

（2）对未识别峰，应以甲苯的响应系数来定量计算。

（3）当与挥发性有机化合物有相同或几乎相同的保留时间的组分干扰测定时，宜通过选择适当的气相色谱柱，或通过用更严格的选择吸收管和调节分析系统的条件，将干扰减到最低。

七、思考题

如何根据 VOC 浓度值，参照 GB/T 18883 中 TVOC 浓度限值，对室内环境进行评价？

实验5 室内空气中甲醛的测定

（酚试剂分光光度法）

一、实验目的与要求

（1）掌握酚试剂分光光度法测定甲醛的原理。

（2）熟悉甲醛测定的目的意义。

（3）了解本次实验的操作步骤及注意事项。

二、实验原理

空气中的甲醛与酚试剂反应生成嗪（含有一个或几个氮原子的不饱和六节杂环化合物的总称），嗪在酸性溶液中被高铁离子（本法氧化剂选用硫酸铁铵）氧化形成蓝绿色化合物。根据颜色深浅，比色定量。

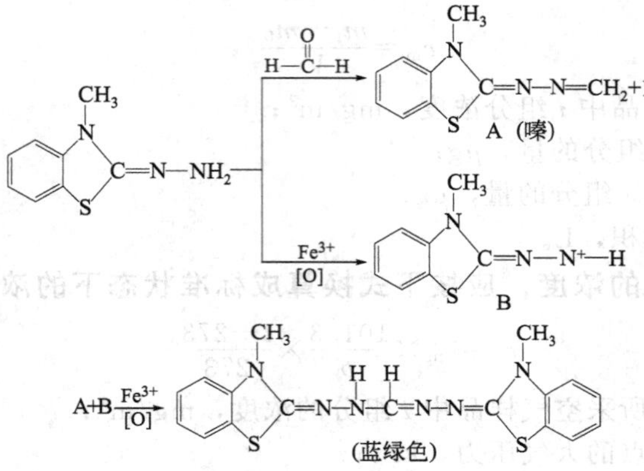

干扰和排除。20.00μg 酚、2.00μg 乙醛以及二氧化氮对本法无干扰。但乙醛（>2.00μg）和丙醛与酚试剂（MBTH）反应也产生蓝色染料。此时所测得样品溶液中醛的含量，是以甲醛表示的总醛量。二氧化硫共存时，使测定结果偏低，因此对二氧化硫干扰不可忽视，可将气样先通过硫酸锰滤纸［制法见 1. 试剂（13）］过滤，予以排除。

范围。5mL 吸收液中含有 0.20μg 甲醛，应有 0.079±0.012 吸光度，检出限为 0.05μg/5mL。当采样 10L 时，最低检出浓度为 $0.01mg/m^3$。

若用 5mL 样品溶液，其测定范围为 0.10～2.00μg 甲醛。当采样体积为 10L 时，则可测浓度范围为 0.02～$0.40mg/m^3$。

三、试剂与仪器

1. 试剂

本实验中所用水均为重蒸馏水或去离子交换水；所用的试剂纯度为分析纯。

（1）吸收液原液　称量 0.10g 酚试剂［$C_6H_4SN(CH_3)C:NNH_2 \cdot HCl$，简称 MBTH］，加水溶解，倾于 100mL 具塞量筒中，加水到刻度。放冰箱中保存，可稳定 3d。

（2）吸收液　量取吸收原液 5mL，加 95mL 水。临用时现配。

（3）0.01g/mL 硫酸铁铵溶液　称量 1.00g 硫酸铁铵［$NH_4Fe(SO_4)_2 \cdot 12H_2O$］，用

0.1mol/L 盐酸溶解，并稀释至 100mL。

（4）0.1000mol/L 碘溶液　称量 30.00g 碘化钾，溶于 25mL 水中，加入 12.70g 碘。待碘完全溶解后，用水定容至 1000mL。移入棕色瓶中，暗处贮存。

（5）1mol/L 氢氧化钠溶液　称量 40.00g 氢氧化钠，溶于水中，并稀释至 1000mL。

（6）0.5mol/L 硫酸溶液　取 28mL 浓硫酸缓慢加入水中，冷却后，稀释至 1000mL。

（7）0.1000mol/L 碘酸钾标准溶液　准确称量 3.5667g 经 105℃烘干 2h 的碘酸钾（优级纯），溶解于水，移入 1L 容量瓶中，再用水定容至 1000mL。

（8）0.1mol/L 盐酸溶液　量取 82mL 浓盐酸加水稀释至 1000mL。

（9）0.01g/mL 淀粉溶液　将 1.00g 可溶性淀粉，用少量水调成糊状后，再加入 100mL 沸水，并煮沸 2～3min 至溶液透明。冷却后，加入 0.10g 水杨酸或 0.40g 氯化锌保存。

（10）硫代硫酸钠标准溶液　称量 25.00g 硫代硫酸钠（$Na_2S_2O_3 \cdot 5H_2O$），溶于 1000mL 新煮沸并已放冷的水中，此溶液浓度约为 0.1mol/L。加入 0.20g 无水碳酸钠，贮存于棕色瓶内，放置一周后，再标定其准确浓度。

硫代硫酸钠溶液的标定　精确量取 25.00mL 0.1000mol/L 碘酸钾标准溶液，于 250mL 碘量瓶中，加入 75mL 新煮沸后冷却的水，加 3.00g 碘化钾及 10mL 0.1mol/L 盐酸溶液，摇匀后放入暗处静置 3min。用硫代硫酸钠标准溶液滴定析出的碘，至淡黄色，加入 1mL 新配制的 1%淀粉溶液呈蓝色。再继续滴定至蓝色刚刚褪去，即为终点，记录所用硫代硫酸钠溶液体积 V（mL），其准确浓度用下式计算：

$$硫代硫酸钠标准溶液浓度(N)=\frac{0.01\times 25.0}{V} \tag{7-9}$$

平行滴定两次，所用硫代硫酸钠溶液相差不能超过 0.05mL，否则应重新做平行测定。

（11）甲醛标准贮备溶液　取 2.8mL 含量为 36%～38%甲醛溶液，放入 1L 容量瓶中，加水稀释至刻度。此溶液 1mL 约相当于 1.00mg 甲醛。其准确浓度用下述碘量法标定。

甲醛标准贮备溶液的标定　精确量取 20.00mL 待标定的甲醛标准贮备溶液，置于 250mL 碘量瓶中。加入 20mL 0.1000mol/L 碘溶液和 15mL 1mol/L 氢氧化钠溶液，放置 15min，加入 20mL 0.5mol/L 硫酸溶液，再放置 15min，用标定后的硫代硫酸钠标准溶液滴定，至溶液呈现淡黄色时，加入 1mL 新配制的 1%淀粉溶液，此时呈蓝色，继续滴定至蓝色刚刚褪去。记录所用硫代硫酸钠溶液体积 V_2（mL）。同时用水作试剂空白滴定，操作步骤完全同上，记录空白滴定所用硫代硫酸钠溶液的体积 V_1（mL）。甲醛溶液的浓度用下述公式计算：

$$甲醛溶液浓度(mg/mL)=\frac{(V_1-V_2)N\times 15}{20} \tag{7-10}$$

式中　V_1——试剂空白消耗标定后的硫代硫酸钠溶液的体积，mL；

V_2——甲醛标准贮备溶液消耗标定后的硫代硫酸钠溶液的体积，mL；

N——硫代硫酸钠溶液的准确当量浓度；

15——甲醛的当量；

20——所取甲醛标准贮备溶液的体积，mL。

2 次平行滴定，误差应小于 0.05mL，否则重新标定。

（12）甲醛标准溶液　临用时，将甲醛标准贮备溶液用水稀释至 1.00mL 溶液含 10.00μg 甲醛，立即再取此溶液 10.00mL，加入 100mL 容量瓶中，加入 5mL 吸收原液，用水定容至 100mL，此液 1.00mL 含 1.00μg 甲醛，放置 30min 后，用于配制标准色列管。此标准溶液可稳定 24h。

（13）硫酸锰滤纸的制法　取10mL浓度为100.00g/L的硫酸锰（$MnSO_4$）水溶液，滴加到$250cm^2$玻璃纤维滤纸上，风干后切成2mm×5mm碎片，装入15mm×150mm的U形玻璃管中，采样时，将此管接在甲醛吸收管之前。此法制成的硫酸锰滤纸，吸收二氧化硫的效能受大气湿度影响很大。当相对湿度大于88%，采气速度1L/min，二氧化硫浓度为$1mg/m^3$时，能消除95%以上的二氧化硫，此滤纸可维持50h有效。当相对湿度为15%～30%时，吸收二氧化硫的效能逐渐降低。所以相对湿度很低时，应换用新制备的硫酸锰滤纸。

2. 仪器

（1）大气采样器　流量范围0～1L/min，流量稳定可调，具有定时装置。

（2）分光光度计　在630nm测定吸光度。

（3）10mL大型气泡吸收管。

（4）10mL具塞比色管。

（5）吸管若干支。

（6）空盒气压计。

四、分析步骤

1. 采样

用一个内装5mL吸收液的大型气泡吸收管，以0.5L/min流量，采气10L。并记录采样点的温度和大气压力。室温下样品应在24h内分析。

2. 标准系列制备

采样后，将样品溶液全部转入比色管中，用少量吸收液洗吸收管，合并使总体积为5mL，混匀。按表7-4配制标准管系列。

表7-4　甲醛溶液标准系列

项目	0	1	2	3	4	5	6	7
标准溶液/mL	0	0.10	0.20	0.40	0.60	0.80	1.00	1.50
吸收液/mL	5.0	4.9	4.8	4.6	4.4	4.2	4.0	3.5
甲醛含量/μg	0	0.10	0.20	0.40	0.60	0.80	1.00	1.50

向样品管及标准管中各加入0.4mL 1%硫酸铁胺溶液，摇匀。放置15min。用1cm比色皿，在波长630nm下，测定各管溶液的光密度，与标准系列比较定量。

五、数据记录与处理

1. 按下式将采样体积换算成标准状态下采样体积：

$$V_0=V_t\times\frac{273P}{(273+t)\times760} \tag{7-11}$$

式中　V_t——采样体积，L；

P——采样点的大气压力，mmHg；

t——采样点的气温，℃。

2. 空气中甲醛浓度计算

$$\text{空气中甲醛浓度}(mg/m^3)=\frac{C}{V_0} \tag{7-12}$$

式中　C——相当标准系列甲醛的含量，μg；

V_0——换算成标准状态下的采样体积，L。

六、思考题

1. 气态物质跟溶液中的物质发生化学反应的一般装置是怎样的？要使气态物质跟溶液中的物质发生完全反应其实验装置和操作各应注意什么？

2. 甲醛分子结构中含有什么基团，此基团决定了甲醛具有什么重要的化学性质？

3. 甲醛检测国家规定的标准分析方法是什么？

实验6　大气中$PM_{2.5}$的测定

一、实验目的与要求

（1）掌握重量法测定大气中的$PM_{2.5}$。

（2）了解空气中$PM_{2.5}$的含量及重要性。

二、实验原理

$PM_{2.5}$是指环境空气中空气动力学当量直径小于或等于2.5μm的颗粒物，也称为细颗粒物。它的直径还不到人的头发丝粗细的1/20。虽然$PM_{2.5}$只是地球大气成分中含量很少的组分，但它对空气质量和能见度等有重要的影响。与较粗的大气颗粒物相比，$PM_{2.5}$粒径小，富含大量的有毒、有害物质且在大气中的停留时间长、输送距离远，因而对人体健康和大气环境质量的影响更大。2012年2月，国务院同意发布新修订的《环境空气质量标准》增加了$PM_{2.5}$监测指标。

$PM_{2.5}$的测定是通过具有一定切割特性的采样器，以恒速抽取定量体积空气，使环境空气中$PM_{2.5}$被截留在已知质量的滤膜上，根据采样前后滤膜的重量差和采样体积，计算出$PM_{2.5}$浓度。

三、试剂与仪器

（1）$PM_{2.5}$切割器、采样系统　切割粒径$Da_{50}=(2.5\pm0.2)\mu m$；捕集效率的几何标准差为$\sigma_g=(1.2\pm0.1)\mu m$。

（2）采样器孔口流量计或其他符合本标准技术指标要求的流量计。

大流量流量计：量程0.8～1.4m^3/min；误差≤2%。

中流量流量计：量程60～125L/min；误差≤2%。

小流量流量计：量程<30L/min；误差≤2%。

（3）滤膜　根据样品采集目的可选用玻璃纤维滤膜、石英滤膜等无机滤膜或聚氯乙烯、聚丙烯、混合纤维素等有机滤膜。滤膜对0.3μm标准粒子的截留效率不低于99%。空白滤膜按分析步骤进行平衡处理至恒重，称量后，放入干燥器中备用。

（4）分析天平　感量0.01mg。

（5）恒温恒湿箱（室）　箱（室）内空气温度在15～30℃范围内可调，控温精度±1℃，箱（室）内空气相对湿度应控制在（50±5）%。恒温恒湿箱（室）可连续工作。

（6）干燥器　内盛变色硅胶。

四、方法步骤

1. 样品采集

采样时，采样器入口距地面高度不得低于 1.5m。采样不宜在风速大于 8m/s 等天气条件下进行。采样点应避开污染源及障碍物。如果测定交通枢纽处 $PM_{2.5}$，采样点应布置在距人行道边缘外侧 1m 处。

采用间断采样方式测定日平均浓度时，其次数不应少于 4 次，累积采样时间不应少于 18h。

2. 样品保存

滤膜采集后，如不能立即称重，应在 4℃条件下冷藏保存。

3. 样品分析

将滤膜放在恒温恒湿箱（室）中平衡 24h，平衡条件为：温度取 15～30℃中任何一点，相对湿度控制在 45%～55%范围内，记录平衡温度与湿度。在上述平衡条件下，用感量为 0.01mg 的分析天平称量滤膜，记录滤膜质量。同一滤膜在恒温恒湿箱（室）中相同条件下再平衡 1h 后称重。对于 $PM_{2.5}$ 颗粒物样品滤膜，两次质量之差小于 0.04mg 为满足恒重要求。

五、数据记录与处理

$PM_{2.5}$ 浓度按下式计算：

$$\rho=\frac{W_2-W_1}{V}\times 1000 \tag{7-13}$$

式中 ρ——$PM_{2.5}$ 浓度，mg/m^3；

W_2——采样后滤膜的质量，g；

W_1——空白滤膜的质量，g；

V——已换算成标准状态（101.325kPa，273K）下的采样体积，m^3。

注：计算结果保留 3 位有效数字。小数点后数字可保留到第 3 位。

六、思考题

1. 目前有哪些 $PM_{2.5}$ 的测定方法？
2. 实验过程中有哪些注意事项？

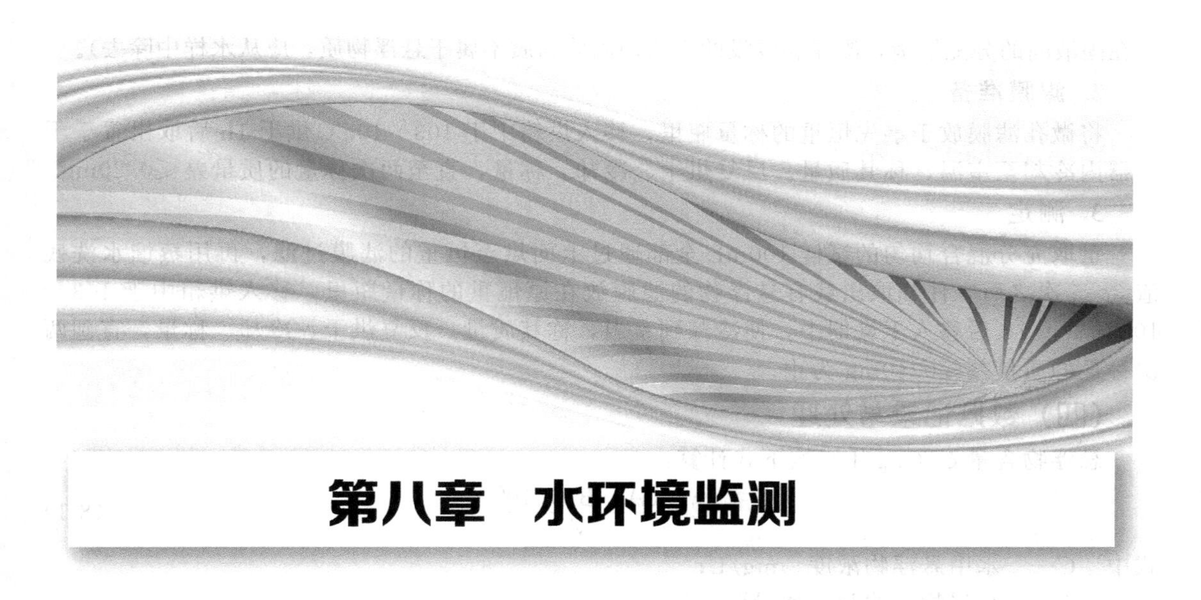

第八章　水环境监测

实验7　水和废水物理性质的测定——悬浮物、浊度和色度

一、实验目的和要求

（1）掌握重量法测定水中悬浮物的原理和方法。

（2）掌握用分光光度法测定水的浊度的方法。

（3）掌握铂钴比色法测定水的色度方法，以及该方法所适应的范围。

二、悬浮物的测定——重量法

（一）实验原理

水质中的悬浮物亦称非可滤性残渣，是指悬浮的泥沙、硅土、有机物和微生物等难溶于水的胶体或固体微粒，即指水样通过孔径为0.45μm的滤膜，截留在滤膜上并于103～105℃烘干至恒重的固体物质。按重量分析要求，对通过水样前后的滤膜进行称量，算出一定量水样中颗粒物的质量，从而求出悬浮物的含量。

（二）试剂与仪器

（1）全玻璃微孔滤膜过滤器或玻璃漏斗。

（2）CN-CA滤膜（孔径0.45μm，直径60mm）或中速定量滤纸。

（3）吸滤瓶、真空泵。

（4）电子天平。

（5）干燥器和无齿扁嘴镊子。

（6）恒温箱。

（7）蒸馏水或同等纯度的水。

（三）分析步骤

1. 采样

按采样要求采取具有代表性水样500～1000mL（注意不能加入任何保护剂，以防破坏物质在固液间的分配平衡，漂浮和浸没的不均匀固体物质不属于悬浮物质，应从水样中除去）。

2. 滤膜准备

将微孔滤膜放于事先恒重的称量瓶里，移入烘箱中于 103～105℃烘干 1h 后取出置于干燥器内冷却至室温，称其质量。反复烘干、冷却、称量，直至两次称量的质量差≤0.20mg。

3. 测定

量取充分混合均匀的试样 100mL 全部通过上面烘至恒重的滤膜过滤，再用蒸馏水洗残渣 3～5 次之后，仔细取出载有悬浮物的滤膜放在原恒重的称量瓶里，移入烘箱中于 103～105℃烘干 1h 后移入干燥器中，使冷却到室温，称其质量。反复烘干、冷却、称量，直到两次称量的质量差≤0.40mg 为止。

（四）数据记录与处理

悬浮物含量 C（mg/L）按下式计算：

$$C=\frac{(A-B)\times 10^6}{V} \tag{8-1}$$

式中 C——水中悬浮物浓度，mg/L；

A——悬浮物＋滤膜＋称量瓶质量，g；

B——滤膜＋称量瓶质量，g；

V——试样体积，mL。

（五）注意事项

（1）采集的水样应尽快分析测定。如需放置，应贮存在 4℃冷藏箱中，但最长不得超过 7d。

（2）滤膜上截留过多的悬浮物可能夹带过多的水分，除延长干燥时间外，还可能造成过滤困难，遇此情况，可酌情少取试样。滤膜上悬浮物过少，则会增大称量误差，影响测定精度，必要时，可增大试样体积，一般以悬浮物大于 2.50mg 作为量取试样体积的适当范围。

（六）思考题

1. 在 SS 的测定中，如何保证称量恒重？
2. 抽滤过程中有哪些注意事项？

三、浊度的测定

（一）实验原理

在适当温度下，硫酸肼与六亚甲基四胺聚合，形成白色高分子聚合物。以此作为浊度标准液，在一定条件下与水样浊度相比较。

干扰及消除。水样应无碎屑及易沉降的颗粒。器皿不清洁及水中溶解的空气泡会影响测定结果。如在 680nm 波长下测定，天然水中存在的淡黄色、淡绿色无干扰。

方法的适用范围：本法适用于测定天然水、饮用水的浊度，最低检测浊度为 3 度。

（二）试剂与仪器

1. 试剂

（1）无浊度水　将蒸馏水通过 0.2μm 滤膜过滤，收集于用滤过水荡洗两次的烧瓶中。

（2）浊度贮备液

① 硫酸肼溶液　称取 1.000g 硫酸肼［$(NH_2)_2SO_4\cdot H_2SO_4$］溶于水中，定容至 100mL。

② 六亚甲基四胺溶液　称取 10.00g 六亚甲基四胺 [$(CH_2)_6N_4$] 溶于水中，定容至 100mL。

③ 浊度标准溶液　吸取 5.00mL 硫酸肼溶液与 5.00mL 六亚甲基四胺溶液于 100mL 容量瓶中，混匀。于 (25±3)℃下静置反应 24h。冷却后用水稀释至标线，混匀。此溶液浊度为 400 度，可保存 1 个月。

2. 仪器

50mL 比色管，分光光度计。

(三) 分析步骤

1. 标准曲线的绘制

吸取浊度标准溶液 0.00mL、0.50mL、1.25mL、2.50mL、5.00mL、10.00mL 和 12.50mL，置于 50mL 比色管中，加无浊度水至标线。摇匀后即得浊度为 0 度、4 度、10 度、20 度、40 度、80 度、100 度的标准系列。在 680nm 波长下，用 3cm 比色皿，测定吸光度，绘制校准曲线。

2. 水样的测定

吸取 50.0mL 摇匀水样（无气泡，如浊度超过 100 度可酌情少取，用无浊度水稀释至 50.0mL），于 50mL 比色管中，按绘制校准曲线步骤测定吸光度，由校准曲线上查得水样浊度。

(四) 数据记录与处理

$$浊度(度)=\frac{A(B+C)}{C} \tag{8-2}$$

式中　A——稀释后水样的浊度，度；

B——稀释水体积，mL；

C——原水样体积，mL。

不同浊度范围测试结果的精度要求见表 8-1。

表 8-1　不同浊度范围测试结果的精度要求

浊度范围/度	精度/度	浊度范围/度	精度/度
1～10	1	10～100	5
100～400	10	400～1000	50
大于 1000	100		

(五) 注意事项

硫酸肼毒性较强，属致癌物质，取用时注意。

四、色度的测定——铂钴比色法

(一) 实验原理

用氯铂酸钾与氯化钴配成标准色列，与水样进行目视比色。每升水中含有 1.00mg 铂和 0.50mg 钴时所具有的颜色，称为 1 度，作为标准色度单位。

纯水是无色透明的，当水中存在某些物质时，会表现出一定的颜色。溶解性的有机物、部分无机离子和有色悬浮微粒，均可使水着色。

适用范围：天然和轻度污染水可用铂钴比色法测定色度，对工业有色废水通常用稀释倍数法辅以文字描述。

（二）试剂与仪器

（1）50mL具塞比色管　其刻度高度应一致。

（2）铂钴标准溶液　称取1.246g氯铂酸钾（相当于500.00mg铂）及1.000g氯化钴（相当于250.00mg钴），溶于100mL水中，加100mL盐酸，用水定容至1000mL。此溶液色度为500度，保存在密塞玻璃瓶中，存放暗处。

（三）分析步骤

1. 标准色列的配制

向50mL比色管中加入0.00mL、0.50mL、1.00mL、1.50mL、2.00mL、2.50mL、3.00mL、3.50mL、4.00mL、4.50mL、5.00mL、6.00mL及7.00mL铂钴标准溶液，用水稀释至标线，混匀。各管的色度依次为0度、5度、10度、15度、20度、25度、30度、35度、40度、45度、50度、60度及70度。密塞保存。

2. 水样的测定

（1）吸取50.0mL澄清透明水样于比色管中，如水样色度较大，可酌情少取水样，用水稀释至50.0mL。

（2）将水样与标准色列进行目视比较。观察时，可将比色管置于白瓷板或白纸上，使光线从管底部向上透过柱液，目光自管口垂直向下观察，记下与水样色度相同的铂钴标准色列的色度。

（四）数据记录与处理

$$色度(度)=\frac{A\times 50}{B} \tag{8-3}$$

式中　A——稀释后水样相当于铂钴标准色列的色度；

B——水样的体积，mL。

（五）注意事项

（1）可用重铬酸钾代替氯铂酸钾配制标准色列。方法是：称取0.0437g重铬酸钾和1.000g硫酸钴，溶于少量水中，加入0.5mL硫酸，用水稀释至500mL，此溶液的色度为500度。不宜久存。

（2）如果水样品中有泥土或其他分散很细的悬浮物，经预处理而得不到透明水样时，则只测其表色。

实验8　水中氟化物的测定

一、实验目的与要求

（1）掌握用电位法测定水中氟含量的原理和基本操作。

（2）初步了解氟与人体健康的关系。

二、实验原理

氟离子选择性电极的传感膜为氟化镧单晶片，与含氟的试液接触时，电池的电动势（E）随溶液中氟离子活度的变化而改变（遵守能斯特方程）。当溶液的总离子强度为定值时服从下述关系式：

$$E=E^{\Phi}-\frac{2.303RT}{F}\lg C_{F^-} \tag{8-4}$$

E 与 $\lg C_{F^-}$ 成直线关系，$2.303R/F$ 为该直线的斜率，亦为电极的斜率。即电池的电动势与试液中氟离子活度的对数呈线性关系。本方法的检测限范围为0.05～1900mg/L。水样的颜色、浊度不影响测定。

工作电池可表示如下：

Ag｜AgCl，Cl^-（0.33mol/L），F^-（0.001mol/L）｜LaF_3‖试液‖外参比电极。

用氟电极测定氟离子时，最适宜的pH范围为5.5～6.5。pH过低，由于形成HF，影响F^-的活度，pH过高，可能由于单晶膜中La^{3+}的水解，形成$La(OH)_3$，而影响电极的响应，故通常用pH=6的柠檬酸钠缓冲液来控制溶液的pH值。Fe^{3+}、Al^{3+}对测定有严重的干扰，加入大量的柠檬酸钠可消除它们的干扰。也有采用磺基水杨酸、CyDTA（环己二胺四乙酸）等为掩蔽剂，但其效果不如柠檬酸钠。此外，用离子选择性电极测量的是溶液中离子的活度，因此，必须控制试液和标准溶液的离子强度相同；大量柠檬酸钠的存在，还可达到控制溶液离子强度的目的。

三、试剂与仪器

1. 试剂

（1）氟化物标准贮备液　称取0.2210g基准氟化钠（NaF）(预先于105～110℃干燥2h，或者于500～650℃干燥约40min冷却)，用水溶解后转入1000mL容量瓶中，稀释至标线，摇匀，贮存在聚乙烯瓶中。此溶液氟离子浓度为100.00μg/mL。

（2）氟化物标准溶液　移取10.00mL氟化钠标准贮备液于100mL容量瓶中，稀释至标线，摇匀。此溶液氟离子浓度为10.00μg/mL。

（3）乙酸钠溶液　称取15.00g乙酸钠溶于水，并稀释至100mL。

（4）总离子强度调节缓冲溶液（TISAB）

① 0.2mol/L柠檬酸钠-1.0mol/L硝酸钠（TISAB）　称取58.80g二水柠檬酸钠和85.00g硝酸钠，加水溶解，用盐酸调节pH至5～6，转入1000mL容量瓶中，稀释至标线，摇匀。

② 总离子强度调节缓冲溶液（TISABⅡ）　量取约500mL水置于1000mL烧杯内，加入57mL冰乙酸，58.00g氯化钠和4.00g环己二胺四乙酸（简称CyDTA），或者1,2-环己二胺四乙酸，搅拌溶解，置烧杯于冷水浴中，慢慢地在不断搅拌下加入6mol/L氢氧化钠溶液（约125mL）使pH达到5.0～5.5之间，转入1000mL容量瓶中，稀释至标线，摇匀。

③ 1.0mol/L六亚甲基四胺-1.0mol/L硝酸钾－0.03mol/L钛铁试剂（TISABⅢ）　称取142.00g六亚甲基四胺［$(CH_2)_6N_4$］和85.00g硝酸钾（或硝酸钠），9.97g钛铁试剂加水溶解，调节pH至5～6，转移到1000mL容量瓶中，用水稀释至标线，摇匀。

（5）盐酸溶液　2mol/L盐酸溶液。

所用水为去离子水或无氟蒸馏水。

2. 仪器

（1）氟离子选择电极。

（2）饱和甘汞电极或氯化银电极。

（3）离子活度计、毫伏计或pH计，精确到0.1mV。

(4) 磁力搅拌器，聚乙烯或聚四氟乙烯包裹的搅拌子。

(5) 聚乙烯杯　100mL，150mL。

四、分析步骤

1. 水样的采集和保存

应使用聚乙烯瓶采集和贮存水样，如果水样中氟化物含量不高，pH 值在 7 以上，也可以用硬质玻璃瓶贮存。

2. 仪器的准备

按测量仪器及电极的使用说明书进行。在测定前应使试液达到室温，并使试液和标准溶液的温度相同（温差不得超过±1℃）。

3. 测定

吸取适量试液，置于 50mL 容量瓶中，用乙酸钠或盐酸溶液调节至近中性，加入 10mL 总离子强度调节缓冲溶液，用水稀释至标线，摇匀。将其移入 100mL 聚乙烯杯中，放入一只塑料搅拌子，插入电极，连续搅拌溶液待电位稳定后，在继续搅拌下读取电位值（E_x）。在每一次测量之前，都要用水充分洗涤电极，并用滤纸吸去水分。根据测得的毫伏数，由校准曲线上查得氟化物的含量。

4. 空白试验

用水代替试液，按测定样品的条件和步骤进行测定。

5. 标准曲线的绘制

分别取 0.00mL、1.00mL、3.00mL、5.00mL、10.00mL、20.00mL 氟化物标准溶液，置于 50mL 容量瓶中，加入 10mL 总离子强度调节缓冲溶液，用水稀释至标线，摇匀。分别移入 100mL 聚乙烯杯中，各放入一只塑料搅拌子，以浓度由低到高为顺序，分别依次插入电极，连续搅拌溶液，待电位稳定后，在继续搅拌下读取电位值（E），记录数据。在每一次测量之前，都要用水将电极冲洗净，并用滤纸吸取水分。在半对数坐标纸上绘制 E(mV) ～$\lg C_{F^-}$(mg/L) 校准曲线。浓度标于对数分格上，最低浓度标于横坐标的起点线上。

五、数据记录与处理

水中 F^- 的浓度计算公式如下：

$$C_{F^-}=\frac{C\times V_2}{V_1} \tag{8-5}$$

式中　C_{F^-}——废水中 F^- 的浓度，mg/L；

C——水样中 F^- 的测定浓度，mg/L；

V_1——所取废水体积，mL；

V_2——所测水样体积，mL。

根据测定结果，分析水样中氟的污染情况，评价氟污染水体对人体健康的影响。

六、思考题

1. 溶液的温度和离子强度对离子选择电极法测定水中氟有什么影响？
2. 柠檬酸盐在测定溶液中起到哪些作用？

实验9　水中氰化物的测定

一、实验目的与要求

（1）掌握检测氰化物的方法：异烟酸-吡唑啉酮比色法。

（2）熟练掌握分光光度计。

二、实验原理

总氰化物是指在磷酸和EDTA存在下，pH小于2的介质中，加热蒸馏，能形成氰化氢的氰化物，包括全部简单氰化物（多为碱金属和碱土金属的氰化物，铵的氰化物）和绝大部分络合氰化物（锌氰络合物、铁氰络合物、镍氰络合物、铜氰络合物等），不包括钴氰络合物。在中性条件下，样品中的氰化物与氯胺T反应生成氯化氰，再与异烟酸作用，经水解后生成戊烯二醛，最后与吡唑啉酮缩合生成蓝色染料，其色度与氰化物的含量成正比，进行光度测定。

三、试剂与仪器

1. 试剂

（1）0.02g/mL氢氧化钠溶液。

（2）0.001g/mL氢氧化钠溶液。

（3）磷酸盐缓冲溶液（pH=7）　称取34.00g无水磷酸二氢钾和35.50g无水磷酸氢二钠于烧杯内，加水溶解后，稀释至1000mL，摇匀。于冰箱中保存。

（4）0.01g/mL氯胺T溶液　临用前，称取0.50g氯胺T溶于水，并稀释至50mL，摇匀。贮存在棕色瓶中。

（5）异烟酸-吡唑啉酮溶液

① 异烟酸溶液　称取1.50g异烟酸溶于24mL2%氢氧化钠溶液中，加水稀释至100mL。

② 吡唑啉酮溶液　称取0.25g吡唑啉酮溶于20mL *N*，*N*-二甲基甲酰胺。临用前，将吡唑啉酮溶液②和异烟酸溶液①按1+5混合均匀。

（6）氰化钾标准溶液　称取0.2500g氰化钾（注意剧毒！）溶于0.001g/mL氢氧化钠溶液中，并用0.001g/mL氢氧化钠溶液标定至100mL，摇匀。避光贮存于棕色瓶中。

吸取10.00mL氰化钾贮备溶液于锥形瓶中，加入50mL水和1mL 0.02g/mL氢氧化钠溶液，加入0.2mL试银灵指示液，用硝酸银标准溶液（0.0100mol/L）滴定，溶液由黄色刚变为橙红色止，记录硝酸银标准溶液用量（V_1）。同时另取10mL实验用水代替氰化钾贮备液做空白试验，记录硝酸银标准溶液用量（V_0），按下式计算：

$$\text{氰化物(mg/mL)}=\frac{c(V_1-V_0)\times 52.04}{10.00} \tag{8-6}$$

式中　c——硝酸银标准溶液浓度，mol/L；

V_1——滴定氰化钾贮备液时，硝酸银标准溶液用量，mL；

V_0——空白试验，硝酸银标准溶液用量，mL；

52.04——氰离子（$2CN^-$）的摩尔质量，g/mol；

10.00——取用氰化钾贮备液体积，mL。

（7）氰化钾标准中间溶液（1mL 含 10.00μg 氰离子） 先按下式计算出配制 500mL 氰化钾标准中间液所需氰化钾贮备溶液的体积（V）：

$$V=\frac{10.00\times500}{T\times100} \tag{8-7}$$

式中 10.00——1mL 氰化钾标准中间溶液含 10.00μgCN^-；

500——氰化钾标准中间溶液体积，mL；

T——氰化钾贮备液含 CN^- 数，mg。

准确吸取氰化钾贮备液于 500mL 棕色容量瓶中，用 0.001g/mL 氢氧化钠溶液稀释到标线，摇匀。

（8）氰化钾标准使用溶液（1mL 含 1.00μg 氰离子） 临用前，吸取 10.00mL 氰化钾标准中间溶液（1mL 含 10.00μg 氰离子）于 100mL 棕色容量瓶中，用 0.001g/mL 氢氧化钠溶液稀释到标线，摇匀。

2. 仪器

（1）分光光度计或光度计。

（2）25mL 具塞比色管。

四、方法步骤

1. 校准曲线的绘制

（1）取 8 支 25mL 具塞比色管，分别加入氰化钾标准使用溶液 0.00mL、0.20mL、0.50mL、1.00mL、2.00mL、3.00mL、4.00mL、5.00mL，各加 0.001g/mL 氢氧化钠溶液到 10mL。

（2）向各管中加入 5mL 磷酸盐缓冲溶液，混匀。迅速加入 0.2mL 氯胺 T 溶液，立即盖塞子，混匀，放置 3～5min。

（3）向管中加入 5mL 异烟酸-吡唑啉酮溶液，混匀。加水稀释至标线，摇匀。在 25～35℃的水浴中放置 40min。

（4）用分光光度计，在 638nm 波长下，用 1cm 比色皿，零浓度空白管作参比，测量吸光度，并绘制校准曲线。

2. 样品的测定

分别吸取 10.00mL 馏出液 A 和 10.00mL 空白试验馏出液于具塞比色管中，然后，按校准曲线的绘制步骤（2）～（4）进行操作，测量吸光度。

五、数据记录与处理

从校准曲线上查出相应的氰化物含量。

$$\text{氰化物}(CN^-,mg/L)=\frac{m_a-m_b}{V}\times\frac{V_1}{V_2} \tag{8-8}$$

式中 m_a——从校准曲线上查出试样的氰化物含量，μg；

m_b——从校准曲线上查出空白试样（馏出液 B）的氰化物含量，μg；

V——样品的体积，mL；

V_1——试样（馏出液 A）的体积，mL；

V_2——试样（比色时，所取馏出液 A）的体积，mL。

六、注意事项

1. 氰化物的存在形式

当氰化物以 HCN 存在时，易挥发。因此，从加缓冲液后，每一步骤都要迅速操作，并随时盖严塞子。

2. 空白实验的选择

为降低试验空白值，实验中以选用无色的 N,N-二甲基甲酰胺为宜。

3. 温度影响

实验温度低时，磷酸盐缓冲溶液会析出结晶，而改变溶液的 pH 值。因此，需要在水浴中使结晶溶解，混匀后，方可使用。

4. 氢氧化钠的影响

当吸收液用较高浓度的氢氧化钠溶液时，加缓冲液前应以酚酞为指示剂，滴加盐酸溶液至红色褪去。水样和校准曲线均应为相同的氢氧化钠浓度。

七、思考题

测定氰化物的方法有哪些？

实验 10　水中氨氮、亚硝酸盐氮和硝酸盐氮的测定

一、实验目的与要求

（1）了解水中 3 种形态氮测定的意义。

（2）掌握水中 3 种形态氮的测定方法与原理。

二、实验原理

1. 氨氮

氨氮与纳氏试剂反应生成黄棕色的络合物，其色度与氨氮的含量成正比，可在 420nm 波长下使用光程长为 10mm 的比色皿比色测定，最低检出浓度为 0.05mg/L。

$$2K_2[HgI_4]+3KOH+NH_3 = [Hg_2O \cdot NH_2]I+2H_2O+7KI$$

2. 亚硝酸盐氮

在 pH 为 2.0～2.5 时，水中亚硝酸盐与对氨基苯磺酸生成重氮盐，当与盐酸-α-萘胺发生偶联后生成红色染料，其色度与亚硝酸盐含量成正比。

3. 硝酸盐氮

硝酸根离子在紫外区有强烈吸收，在 220nm 波长处的吸光度可定量测定硝酸盐氮，而其他氮化物在此波长不干扰测定。本法适用于测定自来水、井水、地下水和洁净地面水中的硝酸盐氮。

三、试剂与仪器

1. 试剂

（1）2%硼酸溶液。

（2）磷酸盐缓冲液（pH 为 7.4）　用无氨水溶解 14.30g 磷酸二氢钾，稀释至 1000mL，配制后用 pH 计测定其 pH，并用磷酸二氢钾或磷酸氢二钾调节 pH 为 7.4。

（3）浓硫酸。

（4）纳氏试剂　称取碘化钾 5.00g，溶于 5mL 无氨水中，分次少量加入氯化汞溶液（2.50g 氯化汞溶于 10mL 热的无氨水中），不断搅拌至有少量沉淀为止，冷却后，加入

30mL 氢氧化钾溶液（含 15.00g 氢氧化钾），用无氨水稀释至 100mL，再加入 0.5mL 氯化汞溶液，静置 1 d，将上层清液贮于棕色瓶内，盖紧橡皮塞于低温处保存，有效期为 1 个月。

（5）50%酒石酸钾钠溶液。

（6）铵标准液　称取氯化铵 3.8190g 溶于无氨水中，转入 1000mL 容量瓶内，用无氨水稀释至刻度，摇匀，吸取该溶液 10.00mL 于 1000mL 容量瓶内，用氨水稀释至刻度，其浓度为 10.00μg/mL 氨氮。

（7）0.01mol/L 高锰酸钾溶液　溶解 1.60g 高锰酸钾于 1.2L 水中，煮沸 30～60min，使体积减少至约 1000mL，放置过夜，用 G3 号熔结玻璃漏斗过滤，贮于棕色瓶中。标定方法如下。

用 $Na_2C_2O_4$ 溶液标定 $KMnO_4$ 溶液，准确称取 0.13～0.16g 基准物质 $Na_2C_2O_4$ 三份，分别置于 250mL 的锥形瓶中，加约 30mL 水和 3mol/L H_2SO_4 10mL，盖上表面皿，在石棉铁丝网上慢慢加热到 70～80℃（刚开始冒蒸气的温度），趁热用高锰酸钾溶液滴定。开始滴定时反应速度慢，待溶液中产生了 Mn^{2+} 后，滴定速度可适当加快，直到溶液呈现微红色并持续半分钟不褪色即终点。根据 $Na_2C_2O_4$ 的质量和消耗 $KMnO_4$ 溶液的体积计算 $KMnO_4$ 浓度。用同样方法滴定其他两份 $Na_2C_2O_4$ 溶液，相对平均偏差应在 0.2%以内。

（8）亚硝酸钠标准贮备液　称取 1.232g 亚硝酸钠溶于水中，稀释至 1000mL 后，加入 1mL 氯仿保存。由于亚硝酸盐氮在潮湿环境中易氧化，所以贮备液在测定时需标定。标定方法如下。

在 250mL 具塞锥形瓶内依次加入 50.00mL 0.01mol/L 高锰酸钾溶液，5mL 浓硫酸及 50.00mL 亚硝酸钠贮备液（加此溶液时应将吸管插入高锰酸钾溶液液面以下），混匀，在水浴上加热至 70～80℃后，加入 0.0250mol/L 草酸钠标准溶液，使溶液紫红色褪去并过量。再以 0.01mol/L 高锰酸钾溶液滴定过量的草酸钠，至溶液呈微红色，记录高锰酸钾的量。再以 50mL 不含亚硝酸盐的水代替亚硝酸钠贮备液，并按上步骤操作，用草酸钠标准溶液标定 0.01mol/L 高锰酸钾溶液，计算高锰酸钾标准溶液浓度 c_1：

$$c_1=\frac{0.0500V_4}{V_3} \tag{8-9}$$

式中　V_3——滴定实验用水时加入高锰酸钾标准溶液总量，mL；

V_4——滴定实验用水时加入草酸钠标准溶液总量，mL；

0.0500——草酸钠标准溶液浓度 $c\left(\frac{1}{2}Na_2C_2O_4\right)$mol/L。

按下式计算亚硝酸盐氮标准贮备溶液的浓度 c_N（mg/L）：

$$c_N=\frac{(V_1c_1-0.0500V_2)\times 7.00\times 1000}{50.00}=140V_1c_1-7.00V_2 \tag{8-10}$$

式中　V_1——滴定亚硝酸盐氮标准贮备溶液时加入高锰酸钾标准溶液总量，mL；

V_2——滴定亚硝酸盐氮标准贮备溶液时加入草酸酸钠标准溶液总量，mL；

c_1——经标定的高锰酸钾标准溶液的浓度，mol/L；

7.00——亚硝酸盐氮$\left(\frac{1}{2}N\right)$的摩尔质量；

50.00——亚硝酸盐氮标准贮备溶液取样量，mL；

0.0500——草酸钠标准溶液浓度 $c\left(\frac{1}{2}Na_2C_2O_4\right)$，mol/L。

（9）亚硝酸钠标准溶液　临用时将标准贮备液稀释为 1.0μg/mL 的使用液。

（10）0.0250mol/L 草酸钠标准溶液　称取 3.350g 经 105℃干燥过的草酸钠溶于水中，

转入 1000mL 容量瓶内加水稀释至刻度。

(11) 氢氧化铝悬浮液　溶解 125.00g 硫酸铝钾 [$AlK(SO_4)_2 \cdot 12H_2O$，CP 级] 于 1L 水中，加热到 60℃。在不断搅拌下慢慢加入 55mL 氨水，放置约 1h 后，用水反复洗涤沉淀到洗出液中不含氨氮化物、硝酸盐和亚硝酸盐。待澄清后，倾出上层清液，只留悬浮，最后加入 100mL 水。使用前振荡均匀。

(12) 对氨基苯磺酸溶液　称取 0.60g 对氨基苯磺酸于 80mL 热水中，冷却后加 20mL 浓盐酸，摇匀。

(13) 醋酸钠溶液　称取 16.40g 醋酸钠溶液溶解于水中，稀释至 100mL。

(14) 盐酸-α-萘胺溶液　称取 0.60g 盐酸-α-萘胺溶于含有 1mL 浓盐酸的水中，并加水稀释至 100mL，如溶液浑浊，则应过滤，溶液贮于棕色瓶内并保存于冰箱中。

(15) 硝酸钾标准溶液　称取 0.721g 硝酸钾（经 105～110℃烘 4h）溶于水中，稀释至 1L，其浓度为 100.00mg/L。

(16) 1mol/L 盐酸。

2. 仪器

(1) 紫外可见分光光度计。

(2) 500～1000mL 全玻璃磨口蒸馏装置。

四、方法步骤

1. 氨氮的测定

(1) 制备无氨水

① 蒸馏法　每升水加入 0.1mL 浓硫酸进行蒸馏，馏出水接收于玻璃容器中。

② 离子交换法　使蒸馏水通过弱酸性阳离子树脂柱。

(2) 水样蒸馏　先在蒸馏瓶中加 200mL 无氨水、10mL 磷酸盐缓冲液和数粒玻璃珠，加热至馏出物中不含氨，冷却，然后将蒸馏液倾出（留下玻璃珠）。取水样 200mL 置于蒸馏瓶中，加入 10mL 磷酸盐缓冲液，以一只盛有 50mL 吸收液的 250mL 锥形瓶收集馏出液，收集时应将冷凝管的导管末端浸入吸收液，其蒸馏速度为 6～8mL/min，至少收集 150mL 馏出液。蒸馏结束前 2～3min，应把锥形瓶放低，使吸收液面脱离冷凝管子，并再蒸馏片刻以洗净冷凝管和导管，用无氨水稀释至 250mL 备用。

(3) 测定

① 水样　如为清洁水样，可直接取 50mL 水样置于 50mL 比色管中。一般水样则用上述方法蒸馏，收集馏出液并稀释到 50mL。若氨氮含量很高，也取适量水样稀释到 50mL。

② 制备标准系列　取浓度为 10.00 mg/mL 氨氮的铵标准溶液 0.00mL、0.5mL、1.00mL、2.00mL、3.00mL、5.00mL，分别加入 50mL 比色管中，以无氨水稀释到刻度。

③ 测定　在水样及标准系列中分别加入 1mL 酒石酸钾钠，摇匀，再加 1mL 纳氏试剂，摇匀，放置 10min 后，在 $\lambda=425$nm 处，用 1cm 比色皿测定吸光度。

2. 亚硝酸盐氮的测定

(1) 制备不含亚硝酸盐的水　在水中加入少许高锰酸钾晶体，再加氢氧化钙或氢氧化钡，使之呈碱性。重蒸馏后，弃去 50mL 初滤液，收集中间 70%的无亚硝酸馏分。

(2) 水样制备　水样如有颜色和悬浮物，可以每 1000mL 水样中加入 2mL 氢氧化铝悬浮液搅拌，静置过滤，弃去 25mL 初滤液，取 50.00mL 滤液测定。如亚硝酸盐含量高，可适量少取水样，用无亚硝酸盐的水稀释至50mL。如水样清澈，则直接取50mL。

(3) 制备标准系列　取50mL比色管7支，分别加入亚硝酸盐氮1.00μg/mL的标准溶液0.00mL、0.50mL、1.00mL、2.00mL、3.00mL、4.00mL、5.00mL，用无氨水稀释到刻度。

(4) 显色测定　向上述各比色管中分别加1.0mL氨基苯磺酸，混匀。2～8min后，各加1.0mL醋酸钠溶液及1.0mL盐酸-α-萘胺溶液，摇匀。放置30min后，于λ=520nm处，用1cm比色皿测定吸光度。绘制标准曲线，查出水样中亚硝酸盐氮的含量。

3. 硝酸盐氮的测定

(1) 水样　浑浊水样应过滤。如水样有颜色，应在每100mL水样中加入4mL氢氧化铝悬浮液，在锥形瓶中搅拌5min后过滤。取25mL经过滤或脱色的水样于50mL容量瓶中，加入1mL 1mol/L盐酸溶液，用无氨水稀释至刻度。

(2) 制备标准系列　将浓度为100.00mg/L的硝酸钾标准溶液稀释10倍后，分别取0.00mL、1.00mL、2.00mL、3.00mL、4.00mL、10.00mL、15.00mL、20.00mL、40.00mL于50mL容量瓶中，各加入1mL 1mol/L盐酸溶液，用无氨水稀释至刻度。

(3) 比色测定　在λ=220nm处，用1cm比色皿分别测定标准系列和水样的吸收度。由标准系列可得到标准曲线，水平的吸收度可从标准曲线上查得对应的浓度，此值乘以稀释倍数即得水样中硝酸盐氮值。

若水样中存在有机物对测定有干扰作用，可同时在λ=275nm处测定吸光度，并得到校正吸光度：

$$A_{校正}=A_{220nm}-2A_{275nm} \tag{8-11}$$

式中　$A_{校正}$——校正吸光度；

A_{220nm}——220nm波长处测得的吸光度；

A_{275nm}——275nm波长处测得的吸光度。

五、数据记录与处理

$$氨氮浓度(或亚硝酸盐氮、硝酸盐氮)(以N计)(mg/L)=\frac{m}{V} \tag{8-12}$$

式中　m——由标准曲线上查得氮的含量，μg；

V——测定时吸取水样的体积，mL。

六、注意事项

(1) 在氨氮测定时，水样中若含钙、镁、铁等金属离子会干扰测定，可加入络合剂或预蒸馏消除干扰。纳氏试剂显色后的溶液颜色会随时间而变化，所以必须在较短时间内完成比色操作。

(2) 亚硝酸盐是含氮化合物分解过程中的中间产物，很不稳定，采样后的水样应尽快分析。

(3) 可溶性有机物、亚硝酸盐、正6价铬和表面活性剂均干扰硝酸盐氮的测定。可溶性有机物用校正法消除；亚硝酸盐干扰可用氨基磺酸法消除；正6价铬和表面性剂可制备各自的校正曲线进行校正。

七、思考题

1. 如何通过3种形态氮的测定来研究水体的自净作用？

2. 在 3 种形态氮的测定中，要求水中不含 NH_3、NO_2^-、NO_3^-，如何快速检测？
3. 测定水样氨氮时，为什么要先对 200mL 无氨水蒸馏？
4. 在硝酸盐氮的测定中，为什么要用石英比色皿？
5. 用紫外分光光度法测定硝酸盐氮，为什么要加盐酸？
附：水体中 3 种形态氮检出的环境化学意义见表 8-2。

表 8-2 水体中 3 种形态氮检出的环境化学意义

NH_3-N	NO_2^--N	NO_3^--N	三氮检出的环境化学意义
—	—	—	清洁水
+	—	—	水体受到新近污染
+	+	—	水体受到污染不久，且正在分解中
—	+	—	污染物已正在分解，但未完全自净
—	+	+	污染物已基本分解完全，但未自净
—	—	+	污染物已无机化，水体已基本自净
+	—	+	有新的污染，在此前的污染已基本自净
+	+	+	以前受到污染，正在自净过程，且又有新污染

实验 11 离子色谱法测定水样中常见阴离子含量

一、实验目的与要求

(1) 了解离子色谱分析的基本原理及操作方法。
(2) 掌握离子色谱法的定性和定量分析方法。

二、实验原理

离子色谱（ion chromatography，IC）是色谱法的一个分支，它是将色谱法的高效分离技术和离子的自动检测技术相结合的一种分析技术。离子色谱法以离子交换树脂为固定相，电解质溶液为流动相，通常采用电导检测器来进行检测。

本实验以阴离子交换树脂为固定相，以 $NaHCO_3$-Na_2CO_3 混合液为洗脱液，采用外标法定量分析水中 Br^-、NO_3^- 和 SO_4^{2-} 三种阴离子。当含待测阴离子的试液进入分离柱后，在分离柱上发生如下交换过程：

$$R\text{-}HCO_3 + MX \xrightleftharpoons{交换} RX + MHCO_3 \qquad (8\text{-}13)$$

式中 R——离子交换树脂。

由于洗脱液不断流过分离柱，使交换在阴离子交换树脂上的各种阴离子又被洗脱而发生洗脱过程。各种阴离子在不断进行交换和洗脱过程中，由于与离子交换树脂的亲和力的不同，交换和洗脱过程有所不同，亲和力小的离子先流出分离柱，而亲和力大的离子后流出分离柱。因而各种不同的离子得到分离。

在使用电导检测器时，待测阴离子从柱中被洗脱而进入电导池，电导检测器随时检测出洗脱液中由于试液离子浓度变化所导致的电导变化，并通过一定的方法使得试液中离子电导的测定得以实现。

三、试剂与仪器

1. 试剂

(1) KBr；K_2SO_4；$NaNO_3$（均为光谱纯）。

(2) Na_2CO_3；$NaHCO_3$；H_2SO_4（均为分析纯）。

(3) 经 0.45μm 的微孔滤膜过滤的超纯水（电导率小于 5 μS/cm）。

2. 仪器

离子色谱仪（瑞士万通公司 861 型）；容量瓶；移液管。

四、方法步骤

(1) 实验条件

分离柱：阴离子交换柱 Metrosep A supp4（250×4.0mm i. d.）。

抑制器：Metrohm MSMⅡ抑制器＋853 型 CO_2 抑制器。

检测器：电导检测器。

洗脱液：$NaHCO_3$-Na_2CO_3。

流速：1mL/min。

进样量：20μL。

(2) 按照离子色谱操作说明书，依次打开离子色谱的电源开关，IC Net2.3 色谱工作站，启动泵，调节流速为 1mL/min，使系统平衡 30min。

(3) 将仪器调至进样状态，启动 Fill 键，吸取约 1mL 各阴离子标准使用液进样，再启动 Inject 键，样品开始进行分析，记录色谱图，各样品重复进样 2 次。

(4) 工作曲线的绘制　分别取阴离子标准混合使用液 1.00mL、2.00mL、4.00mL、6.00 和 8.00mL 于 5 个 10mL 容量瓶中，用水稀释至刻度，摇匀后进样，每种溶液分别进样 2 次。

(5) 取实验室自来水，经 0.45 μm 微孔滤膜过滤后以同样实验条件重复进样 2 次，记录色谱图。

五、数据记录与处理

(1) 绘制各标准离子的工作曲线。

(2) 计算出实际水样中各组分的含量。

(3) 打印分析结果和色谱图。

六、思考题

1. 简述阴离子交换法的分离机制。

2. 为什么需要在电导检测器前加入抑制器？

实验 12　阳极溶出伏安法测定废水中的镉、铅和铜

一、实验目的与要求

(1) 掌握应用阳极溶出伏安法测定废水中重金属离子的方法。

(2) 了解阳极溶出伏安法的一般原理及实验技术。

二、实验原理

阳极溶出伏安法又称反向溶出伏安法，其基本过程分为两步：先将待测金属离子在比其峰电位更负一些的恒电位下在工作电极上预电解一定时间使之富集，然后，将电位由负向正

的方向扫描，使富集在电极上的物质氧化溶出，并记录其氧化波，根据溶出峰电位确定被测物质的成分，根据氧化波的高度确定被测物质的含量。

电解还原是缓慢的富集，溶出是突然的释放。因而作为信号的法拉第电流大大增加，可使方法的灵敏度大为提高。采用差分脉冲伏安法，可进一步消除干扰电流，提高方法的灵敏度。阳极溶出伏安法测定水中 Cd^{2+}、Pb^{2+}、Cu^{2+}，其过程示意为：

$$M^{2+} + 2e^- + Hg \xlongequal{} M(Hg)$$

本法使用汞膜电极为工作电极，铂电极为辅助电极，甘汞（氯化亚汞）电极为参比电极。在被测物质所加电压下富集时，汞与被测物质在工作电极的表面上形成汞齐，然后在反向电位扫描时，被测物质从汞中“溶出”，而产生“溶出”电流峰。

三、试剂与仪器

1. 试剂

（1）实验用水为去离子水，其电阻率应大于 $2\times10^6\ \Omega\cdot cm$（25℃），最好再经石英蒸馏器蒸馏。试剂最好为优级纯。

（2）镉、铅和铜离子标准贮备溶液，各称取 0.5000g 金属（纯度在 99.9%以上），分别溶于硝酸（1+1）中，在水浴上蒸至近干后，以少量稀高氯酸（或盐酸）溶解，转移到 500mL 容量瓶中，用水稀释至标线。摇匀，贮存在聚乙烯瓶或者硼硅玻璃瓶中，此溶液每毫升含 1.00 mg 金属离子。

四种金属离子的标准溶液，由上述各标准贮备溶液适当稀释而成。低浓度的标准溶液用前现配。可根据需要配制 100～1000μg/L，10～100μg/L 或 1～10μg/L 的单标或几种金属离子的混合标准溶液。

（3）支持电解质

① 0.01mol/L 高氯酸。

② 0.2mol/L 酒石酸铵缓冲溶液（pH 9.0） 称取 15.00g 酒石酸溶解在 400mL 水中，加适量的氨水（ρ 为 0.90g/mL）使 pH 为 9.0±0.2，加水稀释至 500mL，摇匀。贮存于聚乙烯瓶中。

③ 0.2 mol 柠檬酸铵缓冲溶液（pH 3.0） 称取 21.00g 柠檬酸溶解在 400mL 水中加适量氨水（ρ 为 0.90g/mL）使 pH 为 3.0±0.2，加水稀释至 500mL，摇匀。

④ 0.2mol/L 醋酸铵-醋酸缓冲溶液（pH 4.5） 量取 6.7mL 乙酸（36%）于 100mL 烧杯中，加水 20mL，滴加 1+1 的氨水，使 pH 为 4.5，再用水稀释至 200mL，摇匀。

⑤ 1mol/L 六亚甲基四胺-盐酸缓冲溶液（pH 5.4） 称取 5.61g 六亚甲基四胺置于 100mL 烧杯中，加水溶解后，用 1mol/L 盐酸调至 pH 为 5.4，稀释至 200mL，摇匀。

（4）抗坏血酸或者盐酸羟胺。

（5）高纯氮或高纯氢。

2. 仪器

（1）电化学分析仪。

（2）汞膜电极作工作电极，甘汞电极作参比电极及铂辅助电极组成三电极系统。

（3）电解池 聚乙烯杯或硼硅玻璃杯。

（4）磁力搅拌器。

四、方法步骤

仪器和电极的准备按使用说明书进行。

1. 校准曲线的绘制

分别各取一定体积的标准溶液，置于10mL比色管中，加1mL支持电解质，用水稀释至标线，混合均匀，倾入电解杯中，将电势扫描范围选择在−1.30～+0.05 V，通氮除氧，在−1.30 V富集3min，静置30 s后，由负向正方向进行扫描。富集时间可根据浓度水平选择，低浓度宜选择较长的富集时间。记录伏安曲线。对峰高做空白校正后。绘制峰高-浓度曲线。

注：1. 以选用$c(HClO_4)$ =0.01mol/L高氯酸支持电解质，进行四种离子的连测最佳。酒石酸盐、柠檬酸盐体系对水样有少量铁（Ⅲ）等干扰离子的消除比较合适。醋酸铵和六亚甲基四胺体系，有比较大的缓冲容量，加酸保存的水样一般不需要预先中和便可直接取样分析。

2. 可以在硝酸支持电解质中测铜，扫描电位范围是−0.2～−0.8V。也可在用硝酸酸化的水样中直接测铜。

典型的微分脉冲阳极溶出伏安曲线上，峰的顺序为：Cd、Pb、Cu。

2. 样品的测定

取一定体积的水样加1mL同类支持电解质，用水稀释到10mL，其他操作步骤与标准溶液相同。根据经空白校正后的峰电流高度，在校准曲线上查出待测成分的浓度。

3. 标准加入法

当样品成分比较复杂，分析的数量不多时，可采用标准加入法，其操作如下。

准确吸取一定量的水样置于电解池中，加入1mL支持电解质的溶液，用水稀释至10mL，按测定标准溶液的方法先测出样品的峰高，然后再加入与样品量相近的标准溶液依相同的方法再次进行峰高测定。

五、数据记录与处理

$$c_x=\frac{hc_sV_s}{(V+V_s)H-Vh} \tag{8-14}$$

式中 h——水样波峰高；

H——水样中加入标准溶液后待测元素的波峰高；

V——测定取水样的体积，mL；

c_s——加入标准溶液中所含待测元素的浓度，μg/L；

c_x——待测元素在水样中的浓度，μg/L；

V_s——加入标准溶液的体积，mL。

六、注意事项

(1) 电极必须一直通氮或用搅拌器搅拌，静止时应关闭氮气。

(2) 每次实验结束都应清洗电极。

(3) 由于用阳极溶出伏安法测定的浓度比较低（痕量或超痕量），应十分注意可能来自环境、器皿、水或试剂的污染，对汞的纯度也应加以保证（99.99%以上）。

(4) 几种底液峰电位的参考值，如表8-3所示：

表8-3 不同支持电解质中四种离子的近似峰电位　　单位：V

底液,pH	Cd	Cu	Pb
0.01mol/L高氯酸	−0.67	−0.08	−0.48
0.2mol/L酒石酸铵,pH 9	−0.69	−0.38	−0.52
0.2mol/L柠檬酸铵,pH 3	−0.63	−0.06	−0.48
0.2mol/L醋酸铵-醋酸,pH 4.5	−0.65	−0.07	−0.50

七、思考题

1. 为什么电积过程中要不断地通氮气?
2. 为什么溶出曲线呈倒峰形?
3. 实验中为什么要对实验条件严格保持一致?

实验 13　水中铬的测定

一、实验目的和要求

(1) 掌握分光光度分析法的原理和测量方法。

(2) 学会废水中六价铬与三价铬含量的测定方法。

二、实验原理

工业废水中铬的化合物的常见价态有＋6 价和＋3 价两种。已知＋6 价铬有致癌性，易被人体吸收并在体内蓄积，因此认为＋6 价铬比＋3 价铬的毒性要大得多，为强毒性。另外，据研究，尽管＋3 价铬毒性较低，但对鱼类的毒性却很大。由于铬的毒性及危害与其价态有关，因此，测定水体中的铬的化合物必须进行不同价态铬的含量分析。

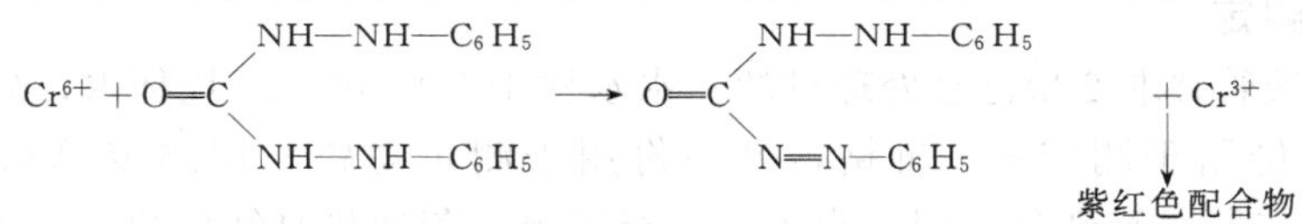

二苯碳酰二肼（二苯胺基脲，DPC）在酸性介质（1.0mol/LH_2SO_4）中可与＋6 价铬作用，反应生成＋3 价铬和二苯偶氮碳酰二肼，然后两者再发生配位反应，生成紫红色配合物，吸收峰在 540nm，可用分光光度计进行＋6 价铬含量的测定。

如将试样中的＋3 价铬先用高锰酸钾氧化成＋6 价铬，过量的高锰酸钾再用亚硝酸钠分解，最后用尿素再分解过量的亚硝酸钠，经这样处理后的试样，加入二苯碳酰二肼显色剂后，应用分光光度法即可测得总铬含量。将总铬含量减去上述所直接测得的＋6 价铬含量，既得＋3 价铬含量。

三、试剂与仪器

(1) 分光光度计。

(2) 二苯碳酰二肼溶液　称取 0.20g 二苯碳酰二肼于 100mL 95%的丙酮中，一边搅拌一边加入 400mL 硫酸（1＋9），贮于棕色瓶中，放入冰箱中保存，如试剂溶液变色，不宜使用。

(3) 2.0mol/L 硫酸。

(4) 铬（Cr）标准贮备溶液　称取已 120℃干燥 2h 的重铬酸钾（分析纯）0.2829g，用水溶解后，定容于 1000mL 的容量瓶中，浓度为 0.10 mg/mL。

(5) 铬（Cr）标准溶液　移取铬（Cr）标准贮备溶液 10mL，放入 1000mL 容量瓶中，定容，此时浓度为 1.00μg/mL。

(6) 0.005g/mL $KMnO_4$　0.50g $KMnO_4$定容至 100mL。

(7) 0.1g/mL $NaNO_2$　10.00g $NaNO_2$定容至 100mL。

(8) 0.2g/mL 尿素溶液　20.00g 尿素溶于水并稀释至 100mL。

(9) 1∶1 磷酸。

四、分析步骤

1. 水样预处理

(1) 对不含悬浮物、低色度的清洁地面水，可直接进行测定。

(2) 如果水样有色但不深，可进行色度校正。即另取一份试样，加入除显色剂以外的各种试剂，以 2mL 丙酮代替显色剂，用此溶液为测定试样溶液吸光度的参比溶液。

(3) 对浑浊、色度较深的水样，应加入氢氧化锌共沉淀剂并进行过滤处理。

(4) 水样中存在次氯酸盐等氧化性物质时，干扰测定，可加入尿素和亚硝酸钠消除。

(5) 水样中存在低价铁、亚硫酸盐、硫化物等还原性物质时，可将 Cr^{6+} 还原为 Cr^{3+}，此时，调节水样 pH 值至 8，加入显色剂溶液，放置 5min 后再酸化显色，并以同法做标准曲线。

(6) 水样中金属离子的干扰测定　低价汞离子（$Hg_2{}^{2+}$）和高价汞离子（Hg^{2+}）可与 DPCI 作用生成蓝色或蓝紫色络合物，但在本实验所控制的酸度下，反应不甚灵敏。铁的浓度大于 1.00mg/L 时，将与试剂生成黄色化合物而引起干扰，可加入 H_3PO_4 与 Fe^{3+} 络合而消除干扰。V^{5+} 的干扰与铁相似，与 DPCI 反应生成棕黄色化合物，该化合物很不稳定，在 20min 后颜色会褪去，故可不予考虑。少量 Cu^{2+}、Ag^{+}、Au^{3+} 在一定程度上有干扰；钼低于 100.00μg/mL 时不干扰测定。还原性物质亦干扰测定。

2. 水样的测定

用 25mL 移液管移取 2 份已经处理过的污水水样于 2 只 100mL 烧杯内，分别加入2mol/L H_2SO_4 5mL，一份用于测定＋6 价铬，另一份用于测定总铬。在测定总铬的烧杯中滴加 $KMnO_4$ 溶液（0.5%）至红色不褪。小火加热至近沸，若加热时红色褪去，可补加 $KMnO_4$，使红色保持。取下烧杯冷却至室温，逐渐加入 10% $NaNO_2$ 溶液，使红色恰好褪去，不要过量，然后加入 20%的尿素溶液 1mL，待气泡放尽，即可转移至 50mL 容量瓶中。另一烧杯准备测定＋6 价铬的样品溶液也要转移到另一个 50mL 容量瓶中。在容量瓶中分别加入磷酸（1∶1）2mL，0.2%二苯碳酰二肼丙酮溶液 2mL，用蒸馏水定容，摇匀，静置显色 5min，分光光度计测定。

3. 标准曲线的绘制

在 5 个 50mL 容量瓶中，分别用吸量管加入含铬 1.00μg/mL 的标样 0.0mL、2.0mL、4.0mL、6.0mL、8.0mL；再分别加入 2mol/LH_2SO_4各 5mL，0.2%二苯碳酰二肼丙酮溶液 2mL，用蒸馏水定容，摇匀，静置显色 5min，分光光度计测定。

4. 测量吸光度

将分光光度计的波长调至 540nm，使用 1cm 比色皿，以试剂空白为参比，分别测试系列标准溶液和待测溶液的吸光度。

五、数据记录与处理

(1) 根据系列标准溶液测得的吸光度绘制铬标准曲线。

(2) 从标准曲线上求出样品中总铬和＋6 价铬的含量，并计算＋3 价铬的含量。

$$\text{六价铬}(Cr^{6+},\text{mg/L})=\frac{m}{V} \tag{8-15}$$

式中　m——由校准曲线查得的水样含六价铬质量，μg；

V——水样的体积，mL。

六、注意事项

(1) 所有玻璃仪器(包括采样用的),要求内壁光洁,且不能用重铬酸钾洗液洗涤,可用硝酸-硫酸混合液或洗涤剂洗涤,洗涤后要冲洗干净。

(2) 显色时间 5min 后,方可测定其吸光度,但 1h 后会有明显褪色。

(3) 一组同学整个比色实验测定只能在同一台分光光度计上使用,且比色皿也不可混用。

(4) 如测定清洁地下水,显色剂可按下法配制:溶解 0.20g 二苯碳酰二肼于 95%乙醇 100mL 中,边搅拌边加入 (1+9) 硫酸 400mL。此法配制的显色剂在冰箱中可保存一个月,在显色时直接加入 2.5mL 即可,不必再加酸。加入显色剂后要立即摇匀。

七、备注

(1) 目前测定铬的方法 ①分光光度法(+6 价铬和总铬);②原子吸收分光光度法(总铬);③等离子发射光谱法(总铬);④硫酸亚铁铵滴定法(含量较高)(总铬)。

(2) 检测限 上限 1.00mg/L,下限 4.00mg/L;

(3) 适用范围 地表水和工业废水。

八、思考题

1. 测总铬时,加入 $KMnO_4$ 溶液,如果溶液颜色褪去,为什么还要继续补加高锰酸钾?

2. 如加入 $KMnO_4$ 溶液过多,还原时,应先加入尿素溶液,然后再逐滴加入亚硝酸钠溶液,为什么?

3. 在测量废水中六价铬显色反应时加入磷酸的目的是什么?

4. 如果污水中含有较多有机物应该如何处理?

5. 在制作标准系列和水样显色时,加入 DPC 溶液后,为什么要立即摇匀或边加边摇?

实验 14 化学需氧量的测定——重铬酸钾法

一、实验目的和要求

(1) 掌握 COD_{Cr} 测定的原理、方法。

(2) 比较不同氧化时间或氧化剂用量对结果的影响。

二、实验原理

重铬酸钾法 (COD_{Cr}):在强酸性溶液中,准确加入过量的重铬酸钾标准溶液,加热回流,将水样中还原性物质(主要是有机物)氧化,过量的重铬酸钾以试亚铁灵作指示剂,用硫酸亚铁铵标准溶液回滴,根据所消耗的重铬酸钾标准溶液量计算水样化学需氧量。

三、试剂与仪器

1. 试剂

(1) 重铬酸钾标准溶液,$c\left(\frac{1}{6}K_2Cr_2O_7\right)=0.2500mol/L$ 称取预先在 120℃烘干 2h 的基准或优质纯重铬酸钾 12.258g 溶于水中,移入 1000mL 容量瓶,稀释至标线,摇匀。

(2) 试亚铁灵指示液 称取 1.485g 邻菲啰啉 ($C_{12}H_8N_2 \cdot H_2O$)、0.695g 硫酸亚铁 ($FeSO_4 \cdot 7H_2O$) 溶于水中,稀释至 100mL,贮于棕色瓶内。

(3) 硫酸亚铁铵标准溶液，$c\ [(NH_4)_2Fe(SO_4)_2 \cdot 6H_2O] \approx 0.1mol/L$　称取 39.50g 硫酸亚铁铵溶于水中，边搅拌边缓慢加入 20mL 浓硫酸，冷却后移入 1 000mL 容量瓶中，加水稀释至标线，摇匀。临用前，用重铬酸钾标准溶液标定，标定方法如下。

准确吸取 10.00mL 重铬酸钾标准溶液于 500mL 锥形瓶中，加水稀释至 110mL 左右，缓慢加入 30mL 浓硫酸，混匀。冷却后，加入 3 滴试亚铁灵指示液（约 0.15mL），用硫酸亚铁铵溶液滴定，溶液的颜色由黄色经蓝绿色至红褐色即为终点。

$$c=\frac{0.2500\times 10.00}{V} \tag{8-16}$$

式中　c——硫酸亚铁铵标准溶液的浓度，mol/L；

V——硫酸亚铁铵标准溶液的用量，mL。

(4) 硫酸-硫酸银溶液　于 500mL 浓硫酸中加入 5.00g 硫酸银。放置 1～2 d，不时摇动使其溶解。

(5) 硫酸汞　结晶或粉末。

2. 仪器

(1) 500mL 全玻璃回流装置。

(2) 加热装置（电炉）。

(3) 25mL 或 50mL 酸式滴定管、锥形瓶、移液管、容量瓶等。

四、分析步骤

(1) 取 20.00mL 混合均匀的水样（或适量水样稀释至 20.00mL）置于 250mL 磨口的回流锥形瓶中，准确加入 10.00mL 重铬酸钾标准溶液及数粒小玻璃珠或沸石，连接磨口回流冷凝管，从冷凝管上口慢慢地加入 30mL 硫酸-硫酸银溶液，轻轻摇动锥形瓶使溶液混匀，加热回流 2h（自开始沸腾时计时）。

对于化学需氧量高的废水样，可先取上述操作所需体积 1/10 的废水样和试剂于 15mm×150mm 硬质玻璃试管中，摇匀，加热后观察是否呈绿色。如溶液显绿色，再适当减少废水取样量，直至溶液不变绿色为止，从而确定废水样分析时应取用的体积。稀释时，所取废水样量不得少于 5mL，如果化学需氧量很高，则废水样应多次稀释。废水中氯离子含量超过 30mg/L 时，应先把 0.40g 硫酸汞加入回流锥形瓶中，再加 20.00mL 废水（或适量废水稀释至 20.00mL），摇匀。

(2) 冷却后，用 90mL 蒸馏水冲洗冷凝管壁，取下锥形瓶。溶液总体积不得少于 140mL，否则因酸度太大，滴定终点不明显。

(3) 溶液再度冷却后，加 3 滴试亚铁灵指示液，用硫酸亚铁铵标准溶液滴定，溶液的颜色由黄色经蓝绿色至红褐色即为终点，记录硫酸亚铁铵标准溶液的用量。

(4) 测定水样的同时，取 20.00mL 重蒸馏水，按同样操作步骤作空白试验。记录滴定空白时硫酸亚铁按标准溶液的用量。

五、数据记录与处理

$$COD_{Cr}(O_2,mg/L)=\frac{(V_0-V_1)c\times 8\times 1000}{V} \tag{8-17}$$

式中　c——硫酸亚铁铵标准溶液的浓度，mol/L；

V_0——滴定空白时硫酸亚铁铵标准溶液用量，mL；

V_1——滴定水样时硫酸亚铁铵标准溶液的用量，mL；

V——水样的体积，mL；

8——氧$\left(\frac{1}{2}O\right)$摩尔质量，g/mol。

六、注意事项

（1）使用0.40g硫酸汞络合氯离子的最高量可达40.00 mg，如取用20.00mL水样，即最高可络合2000.00mg/L氯离子浓度的水样。若氯离子的浓度较低，也可少加硫酸汞，使保持硫酸汞：氯离子＝10：1（质量比）。若出现少量氯化汞沉淀，并不影响测定。

（2）水样取用体积可在10.00～50.00mL范围内，但试剂用量及浓度需按表8-4进行相应调整，以得到满意的结果。

表8-4　水样取用量和试剂用量表

水样体积/mL	0.025mol/L $K_2Cr_2O_7$溶液/mL	H_2SO_4-Ag_2SO_4溶液/mL	H_2SO_4/g	$[(NH_4)_2Fe(SO_4)_2]$/mol/L	滴定前总体积/mL
10.0	5.0	15	0.20	0.050	70
20.00	10.0	30	0.40	0.100	140
30.00	15.0	45	0.60	0.150	210
40.00	20.0	60	0.80	0.200	280
50.00	25.0	75	1.00	0.250	350

（3）对于化学需氧量小于50.00mg/L的水样，应改用0.025 0mol/L重铬酸钾标准溶液。回滴时用0.01mol/L硫酸亚铁铵标准溶液。

（4）水样加热回流后，溶液中重铬酸钾剩余量应为加入量的1/5～4/5。

（5）用邻苯二甲酸氢钾标准溶液检查试剂的质量和操作技术时，由于每克邻苯二甲酸氢钾的理论COD_{Cr}为1.176g，所以溶解0.4251g邻苯二甲酸氢钾（$HOOCC_6H_4COOK$）于重蒸馏水中，转入1000mL容量瓶，用重蒸馏水稀释至标线，使之成为500.00mg/L的COD_{Cr}标准溶液。用时新配。

（6）COD_{Cr}的测定结果应保留三位有效数字。

（7）每次实验时，应对硫酸亚铁铵标准溶液进行标定，室温较高时尤其应注意其浓度的变化。

七、思考题

1. 为什么需要做空白实验？
2. 化学需氧量测定时，有哪些影响因素可能会干扰实验结果？
3. 对于氯离子浓度较高的水样，COD测定时该如何处理？
4. 硫酸-硫酸银的作用是什么？为什么必须从冷凝管上端加入？
5. 水样消解过程变绿是什么原因，该如何处理？
6. 硫酸汞是不是必须要加，什么情况下可以不加？
7. COD_{Cr}废液该如何处理，废液中的银能否回收？

实验15　五日生化需氧量的测定

一、实验目的和要求

（1）掌握五日生化需氧量的测定原理及方法

（2）掌握五日生化需氧量的数据处理方法。

二、实验原理

生化需氧量是指在规定条件下，微生物分解存在于水中的某些可氧化物质，主要是有机物质所进行的生物化学过程中消耗溶解氧的量。分别测定水样培养前的溶解氧含量和在(20±1)℃培养5d后的溶解氧含量，二者之差即为五日生化过程所消耗的氧量（BOD_5）。

对于某些地面水及大多数工业废水、生活污水，因含较多的有机物，需要稀释后再培养测定，以降低其浓度，保证降解过程在有足够溶解氧的条件下进行。其具体水样稀释倍数可借助于高锰酸钾指数或化学需氧量（COD_{Cr}）推算。

对于不含或含少量微生物的工业废水，在测定BOD_5时应进行接种，以引入能分解废水中有机物的微生物。当废水中存在难于被一般生活污水中的微生物以正常速度降解的有机物或含有剧毒物质时，应接种经过驯化的微生物。

三、试剂与仪器

1. 试剂

（1）磷酸盐缓冲溶液　将8.50g磷酸二氢钾（KH_2PO_4），21.75g磷酸氢二钾（K_2HPO_4），33.40g磷酸氢二钠（$Na_2HPO_4\cdot 7H_2O$）和1.70g氯化铵（NH_4Cl）溶于水中，稀释至1000mL，此溶液的pH应为7.2。

（2）硫酸镁溶液　将22.50g硫酸镁（$MgSO_4\cdot 7H_2O$）溶于水，稀释至1000mL。

（3）氯化钙溶液　将27.50g无水氯化钙溶于水，稀释至1000mL。

（4）氯化铁溶液　将0.25g氯化铁（$FeCl_3\cdot 6H_2O$）溶于水，稀释至1000mL。

（5）盐酸溶液（0.5mol/L）　将40mL（$\rho=1.18$g/mL）盐酸溶于水，稀释至100mL。

（6）氢氧化钠溶液（0.5mol/L）　将20.00g氢氧化钠溶于水，稀释至1000mL。

（7）亚硫酸钠溶液，$c\left(\frac{1}{2}Na_2SO_3\right)=0.025$mol/L　将1.575g亚硫酸钠溶于水，稀释至1000mL。此溶液不稳定，需每天配制。

（8）葡萄糖-谷氨酸标准溶液　将葡萄糖（$C_6H_{12}O_6$）和谷氨酸（$HOOC—CH_2—CH_2—CHNH_2—COOH$）在103℃干燥1h后，各称取150.00 mg溶于水中，移入1000mL容量瓶内并稀释至标线，混合均匀。此标准溶液临用前配制。

（9）稀释水　在5～20L玻璃瓶内装入一定量的水，控制水温在20℃左右。然后用无油空气压缩机或薄膜泵，将此水曝气2～8h，使水中的溶解氧接近于饱和，也可以鼓入适量纯氧。瓶口盖以两层经洗涤晾干的纱布，置于20℃培养箱中放置数小时，使水中溶解氧含量达8.00mg/L左右。临用前于每升水中加入氯化钙溶液、氯化铁溶液、硫酸镁溶液、磷酸盐缓冲溶液各1mL，并混合均匀。

稀释水的pH值应为7.2，其BOD_5应小于0.20mg/L。

（10）接种液　可选用以下任一方法，以获得适用的接种液。

① 城市污水，一般采用生活污水，在室温下放置一昼夜，取上层清液供用。

② 表层土壤浸出液，取100.00g花园土壤或植物生长土壤，加入1L水，混合并静置10min，取上清液供用。

③ 用含城市污水的河水或湖水。

④ 污水处理厂的出水。

⑤ 当分析含有难于降解物质的废水时，在排污口下游 3～8 km 处取水样作为废水的驯化接种液。如无此种水源，可取中和或经适当稀释后的废水进行连续曝气、每天加入少量该种废水，同时加入适量表层土壤或生活污水，使能适应该种废水的微生物大量繁殖。当水中出现大量絮状物，或检查其化学需氧量的降低值出现突变时，表明适用的微生物已进行繁殖，可用作接种液。一般驯化过程需要 3～8 d。

(11) 接种稀释水　取适量接种液，加于稀释水中，混匀。每升稀释水中接种液加入量生活污水为 1～10mL；表层土壤浸出液为 20～30mL；河水、湖水为 10～100mL。

接种稀释水的 pH 值应为 7.2，BOD_5 值以在 0.30～1.00mg/L 之间为宜。接种稀释水配制后应立即使用。

2. 仪器

(1) 恒温培养箱。

(2) 5～20L 细口玻璃瓶。

(3) 1000～2000mL 量筒。

(4) 玻璃搅棒　棒长应比所用量筒高度长 20cm，在棒的底端固定一个直径比量筒直径略小，并带有几个小孔的硬橡胶板。

(5) 溶解氧瓶 200～300mL，带有磨口玻璃塞并具有供水封用的钟形口。

(6) 虹吸管　供分取水样和添加稀释水用。

(7) BOD 测定仪。

四、分析步骤

1. 水样的预处理

(1) 水样的 pH 值若超出 6.5～7.5 范围时，可用盐酸或氢氧化钠稀溶液调节至近于 7，但用量不要超过水样体积的 0.5%。若水样的酸度或碱度很高，可改用高浓度的碱或酸液进行中和。

(2) 水样中含有铜、铅、锌、镉、铬、砷、氰等有毒物质时，可使用经驯化的微生物接种液的稀释水进行稀释，或增大稀释倍数，以减小毒物的浓度。

(3) 含有少量游离氯的水样，一般放置 1～2h，游离氯即可消失。对于游离氯在短时间不能消散的水样，可加入亚硫酸钠溶液，以去除之。其加入量的计算方法是：取中和好的水样 100mL，加入 (1+1) 乙酸 10mL，0.1g/mL (m/V) 碘化钾溶液 1mL，混匀。以淀粉溶液为指示剂，用亚硫酸钠标准溶液滴定游离碘。根据亚硫酸钠标准溶液消耗的体积及其浓度，计算水样中所需加亚硫酸钠溶液的量。

(4) 从水温较低的水域中采集的水样，可能含有过饱和溶解氧，此时应将水样迅速升温至 20℃左右，充分振摇，以赶出过饱和的溶解氧。

从水温较高的水域或废水排放口取得的水样，则应迅速使其冷却至 20℃左右，并充分振摇，使其与空气中氧分压接近平衡。

2. 水样的测定

(1) 不经稀释水样的测定　溶解氧含量较高、有机物含量较少的地面水，可不经稀释，而直接以虹吸法将约 20℃的混匀水样转移至两个溶解氧瓶内，转移过程中应注意不使其产生气泡。以同样的操作使两个溶解氧瓶充满水样、加塞水封。立即测定其中一瓶溶解氧，将另一瓶放入培养箱中，在 (20±1)℃培养 5 d 后，测其溶解氧。

(2) 需经稀释水样的测定　稀释倍数的确定。地面水可由测得的高锰酸盐指数乘以适当的系数求出稀释倍数（见表 8-5）。

表 8-5　需经稀释水样稀释倍数的确定参照表

高锰酸盐指数	系数	高锰酸盐指数	系数
<5	—	10～20	0.4　0.6
5～10	0.2　0.3	>20	0.5　0.7　1.0

工业废水可由重铬酸钾法测得的 COD 值确定。通常需做三个稀释比，即使用稀释水时，由 COD 值分别乘以系数 0.075、0.150、0.225，即获得三个稀释倍数；使用稀释水时，则分别乘以 0.075、0.150、0.225，获得三个稀释倍数。

稀释倍数确定后按下法之一测定水样。

① 一般稀释法　按照选定的稀释比例，用虹吸法沿筒壁先引入部分稀释水（或接种稀释水）于 1000mL 量筒中，加入需要量的均匀水样，再引入稀释水（或接种稀释水）至 800mL，用带胶板的玻璃棒小心上下搅匀。搅拌时勿使搅棒的胶板露出水面，防止产生气泡。

按不经稀释水样的测定步骤，进行装瓶，测定当天溶解氧和培养 5 d 后的溶解氧含量。

另取两个溶解氧瓶，用虹吸法装满稀释水（或接种稀释水）作为空白，分别测定 5 d 前、后的溶解氧含量。

② 直接稀释法　直接稀释法是在溶解氧瓶内直接稀释。在已知两个容积相同（其差小于 1mL）的溶解氧瓶内，用虹吸法加入部分稀释水（或接种稀释水），再加入根据瓶容积和稀释比例计算出的水样量，然后引入稀释水（或接种稀释水）至刚好充满，加塞，勿留气泡于瓶内。其余操作与上述稀释法相同。

在 BOD_5 测定中，一般采用叠氮化钠改良法测定溶解氧。如遇干扰物质，应根据具体情况采用其他测定法。溶解氧的测定方法附后。

五、数据记录与处理

1. 不经稀释直接培养的水样

$$BOD_5(mg/L)=C_1-C_2 \tag{8-18}$$

式中　C_1——水样在培养前的溶解氧浓度，mg/L；

C_2——水样经 5 d 培养后，剩余溶解氧浓度，mg/L。

2. 经稀释后培养的水样

$$BOD_5(mg/L)=\frac{(C_1-C_2)-(B_1-B_2)f_1}{f_2} \tag{8-19}$$

式中　B_1——稀释水（或接种稀释水）在培养前的溶解氧浓度，mg/L；

B_2——稀释水（或接种稀释水）在培养后的溶解氧浓度，mg/L；

f_1——稀释水（或接种稀释水）在培养液中所占比例；

f_2——水样在培养液中所占比例。

六、注意事项

（1）测定一般水样的 BOD_5 时，硝化作用很不明显或根本不发生。但对于生物处理池出水，则含有大量硝化细菌。因此，在测定 BOD_5 时也包括了部分含氮化合物的需氧量。对于这种水样，如只需测定有机物的需氧量，应加入硝化抑制剂，如丙烯基硫脲（ATU，$C_4H_8N_2S$）等。

（2）在两个或三个稀释比的样品中，凡消耗溶解氧大于 2.00mg/L 和剩余溶解氧大于

1.00mg/L 都有效，计算结果时，应取平均值。

七、思考题

1. 本实验主要误差来源是什么，如何使结果较准确？

2. BOD 在环境评价中有何作用，有何局限？

实验 16 废水总有机碳的测定

一、实验目的与要求

（1）学会总有机碳（TOC）分析仪的使用方法及流程，测定水体中总有机碳的含量，以判断水质好坏；并能理论联系实际发现并分析实验流程中可能出现的问题，最终根据所测得数据分析相关水域水质状况及环境状况。

（2）熟练掌握环境样品的采集、前处理，仪器和分析方法的选取以及标准溶液的配制，培养独立分析问题和使用现代化分析方法解决实际问题的动手能力。

二、实验原理

1. 差减法测定总有机碳

将试样连同净化空气（干燥并除去二氧化碳）分别导入高温燃烧管和低温反应管中，经高温燃烧管的水样受高温催化氧化，使有机化合物和无机碳酸盐均转化成为二氧化碳；经低温反应管的水样受酸化而使无机碳酸盐分解成二氧化碳；其所生成的二氧化碳依次引入非色散红外检测器。由于一定波长的红外线可被二氧化碳选择吸收，在一定浓度范围内二氧化碳对红外线吸收的强度与二氧化碳的浓度成正比，故可对水样总碳（TC）和无机碳（IC）进行定量测定。总碳与无机碳的差值，即为总有机碳（TOC）。

2. 直接法测定总有机碳

将水样酸化后曝气，将无机碳酸盐分解生成二氧化碳驱除，再注入高温燃烧管中，可直接测定总有机碳。但由于在曝气过程中会造成水中挥发性有机物的损失而产生测定误差，其测定结果只是不可吹出的有机碳，而不是 TOC。

三、试剂与仪器

1. 试剂

除另外说明外，均为分析纯试剂，所用水均为无二氧化碳蒸馏水。

（1）无二氧化碳蒸馏水　将重蒸馏水在烧杯中煮沸蒸发（蒸发量 10%）稍冷，装入插有碱石灰管的下口瓶中备用。

（2）邻苯二甲酸氢钾（$KHC_8H_4O_4$）　优级纯。

（3）无水碳酸钠（Na_2CO_3）　优级纯。

（4）碳酸氢钠（$NaHCO_3$）　优级纯，存放于干燥器中。

（5）有机碳标准贮备溶液，c＝400.00mg/L　称取邻苯二甲酸氢钾（预先在 110～120℃干燥 2h，置于干燥器中冷却至室温）0.8500g，溶解于水中，移入 1000mL 容量瓶内，用水稀释至标线，混匀。在低温（4℃）冷藏条件下可保存 48d。

（6）有机碳标准溶液，c＝100.00mg/L　准确吸取 25.00mL 有机碳标准贮备溶液，置于100mL容量瓶内，用水稀释至标线，混匀。此溶液用时现配。

（7）无机碳标准贮备液，c＝400.00mg/L　称取碳酸氢钠（预先在干燥器中干燥）1.400g和无水碳酸钠（预先在270℃干燥2h，置于干燥器中，冷却至室温）1.770g溶解于水中，转入1000mL容量瓶内，稀释至标线，混匀。

（8）无机碳标准溶液，c＝100.00mg/L　准确吸取25.00mL无机碳标准贮备溶液，置于100mL容量瓶中，用水稀释至标线，混匀。此溶液用时现配。

2. 仪器

（1）非色散红外吸收TOC分析仪。工作条件如下。

环境温度：5～35℃。

工作电压：仪器额定电压，交流电。

总碳燃烧管温度及无机碳反应管温度选定：按仪器说明书规定的仪器条件设定。

载气流量：150～180mL/min。

（2）单笔记录仪或微机数据处理系统　与仪器匹配。工作条件如下。

工作电压：仪器额定电压，直流电。

记录纸速：2.5mm/min。

（3）微量注射器　50.0μL（具刻度）。

四、分析步骤

1. 仪器的调试

按说明书调试TOC分析仪及记录仪或微机数据读取系统。选择好灵敏度、测量范围挡、总碳燃烧管温度及载气流量，仪器通电预热2h，至红外线分析仪的输出、记录仪上的基线趋于稳定。

2. 干扰的排除

水样中常见共存离子含量超过干扰允许值时，会影响红外线的吸收。这种情况下，必须用无二氧化碳蒸馏水稀释水样，至诸共存离子含量低于其干扰允许浓度后，再行分析。

3. 进样

（1）差减测定法　经酸化的水样，在测定前应以氢氧化钠溶液中和至中性，用50.00μL微量注射器分别准确吸取混匀的水样20.0μL，依次注入总碳燃烧管和无机碳反应管，测定记录仪上出现的相应的吸收峰峰高或峰面积，下同。

（2）直接测定法　将已用硫酸酸化至pH≤2的约25mL水样移入50mL烧杯中［加酸量为每100mL水样中加0.04mL（1＋1）硫酸，已酸化的水样可不再加］，在磁力搅拌器上剧烈搅拌几分钟或向烧杯中通入无二氧化碳的氮气，以除去无机碳。吸取20.00μL经除去无机碳的水样注入总碳燃烧管，测量记录仪上出现的吸收峰峰高。

4. 空白试验

按3中（1）或（2）所述步骤进行空白试验，用20.0μL无二氧化碳水代替试样。

5. 校准曲线的绘制

在每组6个50mL具塞比色管中，分别加入0.00mL、2.50mL、5.00mL、10.00mL、20.00mL、50.00mL有机碳标准溶液、无机碳标准溶液，用蒸馏水稀释至标线，混匀。配制成0.00mL、5.00mL、10.00mL、20.00mL、40.00mL、100.00mg/L的有机碳和无机碳标准系列溶液。然后按3的步骤操作。从测得的标准系列溶液吸收峰峰高，减去空白试验吸收峰峰高，得校正吸收峰峰高，由标准系列溶液浓度与对应的校正吸收峰峰高分别绘制有机碳和无机碳标准曲线。亦可按线性回归方程的方法，计算出校准曲线的直线回归方程。

五、数据记录与处理

1. 差减测定法

根据所测试样吸收峰峰高，减去空白试验吸收峰峰高的校正值，从校正曲线上查得或由校正曲线回归方程算得总碳（TC，mg/L）和无机碳（IC，mg/L）的值，总碳与无机碳之差值，即为样品总有机碳（TOC，mg/L）的浓度：

$$TOC(mg/L)=TC(mg/L)-IC(mg/L) \tag{8-20}$$

2. 直接测定法

根据所测试样吸收峰峰高，减去空白试验吸收峰峰高的校正值，从校准曲线上查得或由校准曲线回归方程算得总碳（TC，mg/L）的值，即为样品总有机碳（TOC，mg/L）的浓度：

$$TOC(mg/L)=TC(mg/L) \tag{8-21}$$

进样体积为20.0μL，其结果以一位小数表示。

六、思考题

1. 实验中产生误差的原因有哪些？
2. TOC的测定方法有哪些？

实验17　水中挥发酚的测定

一、实验目的与要求

（1）了解酚污染对水环境的影响。

（2）掌握用萃取比色法测定酚的原理和操作技术。

二、实验原理

用蒸馏法使挥发性酚类化合物蒸馏出，并与干扰物质和固定剂分离，由于酚类化合物的挥发速度是随馏出液体积而变化的，因此馏出液体积必须与试样体积相等。

被蒸馏出的酚类化合物于pH=10.0±0.2的介质中，在铁氰化钾存在下与4-氨基安替比林反应，生成橙红色的安替比林染料。

用氯仿可将此染料从水溶液中萃取出并在460nm波长测定吸光度，以含苯酚mg/L表示。

当试样为250mL用10mL氯仿萃取，以光程为2cm的比色皿测定时，酚的最低检出浓度为0.002mg/L。含酚0.06mg/L的吸光度约为0.7单位；用光程为1cm的比色皿测定时，含酚0.12mg/L的吸光度约为0.7单位。

三、试剂与仪器

本方法所用试剂除另有说明外，均为分析纯试剂；所用的水除另有说明外，指蒸馏水或具有同等纯度的水。

酚标准溶液的配制，校准系列的制备以及稀释馏出液用的水，均应用无酚水。

1. 试剂

（1）无酚水的制备

① 于每升水中加入 0.20g 经 200℃活化 30min 的活性炭粉末，充分振摇后，放置过夜，用双层中速滤纸过滤。

② 加氢氧化钠使水呈强碱性，并滴加高锰酸钾溶液至紫红色，移入全玻璃蒸馏器中加热蒸馏，集取馏出液供用。

注：无酚水应贮于玻璃瓶中，取用时应避免与橡胶制品（橡皮塞或乳胶管等）接触。

（2）硫酸亚铁（$FeSO_4 \cdot 7H_2O$）。

（3）硫酸铜溶液，100.00g/L　称取 100.00g 五水硫酸铜（$CuSO_4 \cdot 5H_2O$）溶于水，稀释至 1L。

（4）磷酸（H_3PO_4），ρ=1.70g/mL。

（5）1+9 磷酸溶液。

（6）氢氧化钠溶液，100.00g/L。

（7）四氯化碳（CCl_4）。

（8）硫酸，ρ=1.84g/mL。

（9）硫酸溶液，0.5mol/L。

（10）乙醚。

（11）酚贮备液，1.00g/L　称取 1.00g 无色苯酚（C_6H_5OH）溶于无酚水，定量移入 1000mL 容量瓶中，稀释至标线。按本实验中附录 A 中所述进行标定。置冰箱内保存，至少稳定 1 个月。

（12）酚标准中间溶液，10.00mg/L　取适量酚贮备液（1.00g/L）用无酚水稀释至每毫升含 0.010 mg 酚，使用时当天配制。

（13）酚标准溶液，1.00mg/L　取适量酚标准溶液（10.00mg/L）用无酚水稀释至每毫升含 1.00μg 酚，配制后 2h 内使用。

（14）氨水（$NH_3 \cdot H_2O$）　ρ=0.90g/mL。

（15）缓冲溶液（pH 约 10.7）　称取 20.00g 氯化铵（NH_4Cl）溶于 100mL 0.90g/mL 氨水中，密塞，置冰箱中保存。

注：应避免氨的挥发所引起 pH 值的改变，注意在低温下保存和取用后立即加塞盖严，并根据使用情况适量配制。

（16）4-氨基安替比林溶液，20.00g/L　称取 2.00g 4-氨基安替比林（$C_{11}H_{13}N_3O$）溶于水中稀释至 100mL 置冰箱中保存，可使用 1 周。

注：固体试剂易潮解氧化，宜保存在干燥器中。

（17）铁氰化钾溶液，80.00g/L　称取 8.00g 铁氰化钾 {$K_3[Fe(CN)_6]$} 溶于水，稀释至 100mL，置冰箱中保存，可使用 1 周。

（18）氯仿（$CHCl_3$）。

（19）甲基橙指示液　0.50g/L。

（20）碘化钾-淀粉试纸　称取 1.50g 可溶性淀粉置烧杯中，用少量水调成糊状，加入 200mL 沸水，搅拌混匀，放冷。加 0.50g 碘化钾（KI）和 0.50g 碳酸钠（Na_2CO_3），用水稀释至 250mL，将滤纸条浸渍后，取出晾干，装棕色瓶中密塞保存。

2. 仪器

（1）722 分光光度计及 1cm 和 2cm 比色皿。

（2）500mL 全玻璃蒸馏器。

（3）500mL（锥形）分液漏斗。

四、采样和样品预处理

在样品采集现场，应检测有无游离氯等氧化剂的存在。如有发现，则应及时加入过量硫酸亚铁去除。样品应贮于硬质玻璃瓶中。

采集后样品应及时加磷酸酸化至 pH 约 4.0，并加适量硫酸铜（1.00g/L），以抑制微生物对酚类的生物氧化作用，同时应将样品冷藏（5～10℃），在采集后 24h 内进行测定。

五、分析步骤

1. 试样

最大试样体积为 250mL，可测定低至 0.50μg 酚。

2. 空白试验

取 250mL 无酚水，采用与测定完全相同的步骤、试剂和用量，进行平行操作。

3. 干扰的排除

（1）氧化剂（如游离氯）　当样品经酸化后滴于碘化钾-淀粉试纸上出现蓝色，说明存在氧化剂。遇此情况，可加入过量的硫酸亚铁。

（2）硫化物　样品中含少量硫化物时，在磷酸酸化后，加入适量硫酸铜即可生成硫化铜而被除去，当含量较高时，则应在样品用磷酸酸化后，置通风橱内进行搅拌曝气，使其生成硫化氢逸出。

（3）油类　当样品不含铜离子（Cu^{2+}）时，将样品移入分液漏斗中，静置分离出浮油后，加粒状氢氧化钠，使调节 pH 至 12～12.5，立即用四氯化碳萃取（每升样品用 40mL 四氯化碳萃取两次），弃去四氯化碳层，将经萃取后样品移入烧杯中，于水浴上加温以除去残留的四氯化碳，再用磷酸（1＋9）调节至 pH＝4。当石油类浓度较高时，用正已烷处理要比四氯化碳处理好。

（4）甲醛亚硫酸盐等有机或无机还原性物质　可分取适量样品于分液漏斗中，加硫酸溶液（0.5mol/L）使呈酸性，分次加入 50mL、30mL、30mL 乙醚以萃取酚，合并乙醚层于另一分液漏斗，分次加入 4mL、3mL、3mL 氢氧化钠溶液（100.00g/L）进行反萃取，使酚类转入氢氧化钠溶液中。合并碱溶液萃取液，移入烧杯中，置水浴上加温，以除去残余乙醚，然后用无酚水将碱萃取液稀释到原分取样品的体积。

同时应以水做空白试验。

注：乙醚为低沸点、易燃和具麻醉作用的有机溶剂，使用时要小心，周围应无明火，并在通风橱内操作。室温较高时，样品和乙醚宜先置冰水浴中降温后，再进行萃取操作，每次萃取应尽快地完成。

（5）芳香胺类　芳香胺类亦可与 4-氨基安替比林产生呈色反应而干扰酚的测定，一般在酸性条件下，通过预蒸馏可与之分离，必要时可在 pH＜0.5 的条件下蒸馏，以减小其干扰。

4. 测定

（1）预蒸馏　取 250mL 试样移入蒸馏瓶中，加数粒玻璃珠以防暴沸，再加数滴甲基橙指示液，用磷酸溶液调节到 pH＝4（溶液呈橙红色），加 5mL 硫酸铜溶液（100.00g/L）（如采样时已加过硫酸铜，则适量补加）。

注：如加入硫酸铜溶液后产生较多量的黑色硫化铜沉淀，则应摇匀后放置片刻，待沉淀后再滴加硫酸铜溶液，至不再产生沉淀为止。

连接冷凝器，加热蒸馏，至蒸馏出约 225mL 时，停止加热，放冷，向蒸馏瓶中加入

25mL 无酚水，继续蒸馏至馏出液为 250mL。

注：蒸馏过程中如发现甲基橙的红色褪去，应在蒸馏结束后，放冷，再加 1 滴甲基橙指示液，如发现蒸馏后残液不呈酸性，则应重新取样，增加磷酸加入量，进行蒸馏。

(2) 显色　将馏出液移入分液漏斗中，加 2.0mL 缓冲溶液，混匀，此时 pH 值为 10.0±0.2，加 1.50mL 4-氨基安替比林溶液（20.00g/L），混匀，再加 1.5mL 铁氰化钾溶液(80.00g/L)，充分混匀后放置 10min。

(3) 萃取　准确加入 10.0mL 氯仿，密塞，剧烈振摇 2min，静置分层，用干脱脂棉花拭干分液漏斗颈管内壁，于颈管内塞一小团干脱脂棉花或滤纸，将氯仿层通过干脱脂棉花团，弃去最初滤出的数滴萃取液后，直接放入光程为 2cm 的比色皿中。

(4) 分光光度测定　于 460nm 波长，以氯仿为参比，测量氯仿层的吸光度。

实验装置示意如图 8-1 所示。

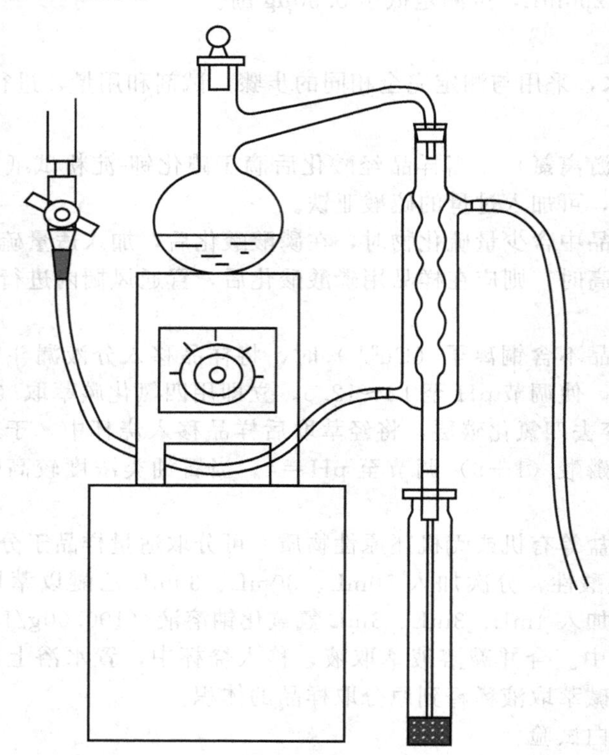

图 8-1　水中挥发酚蒸馏装置示意

5. 标准曲线

(1) 标准系列的制备　于一组 8 个分液漏斗中，分别加入 100mL 无酚水，依次加入 0.00mL、0.50mL、1.00mL、3.00mL、5.00mL、7.00mL、10.0mL、15.0mL 1.00mg/L 酚标准溶液，再分别加无酚水至 250mL。

按步骤 4 (2) 至 4 (4) 规定进行测定。

(2) 标准曲线的绘制　由校准系列测得的吸光度值减去零管的吸光度值，绘制吸光度对酚含量（μg）的曲线。

六、数据记录与处理

试样中酚的吸光度 A_r 按下式计算：

$$A_r = A_a - A_b \tag{8-22}$$

式中　A_a——试样的吸光度；

A_b——空白试验的吸光度。

挥发酚含量 c（mg/L）按下式计算：

$$c = \frac{m}{V} \tag{8-23}$$

式中　m——挥发酚含量，由 A_r 值从相应的酚标准曲线确定，μg；

V——试样体积，mL。

七、思考题

测定挥发过程中，误差原因有哪些？

八、备注

（1）氯仿萃取法　适用于饮用水、地面水，浓度低于 0.50mg/L 时。

（2）4-氨基安替比林分光光度法　适用于工业废水，浓度高于 0.50mg/L。

附录A　酚贮备液（1.00g/L）的浓度标定

吸取 10.0mL 酚贮备液于 250mL 碘量瓶中，加水稀释至 100mL，加 10.0mL 0.1mol/L $\left(\frac{1}{6}KBrO_3\right)$溴酸钾-溴化钾溶液，立即加入 5mL 浓盐酸，密塞，徐徐摇匀，于暗处放置 10min，加入 1.00g 碘化钾，密塞，摇匀放置暗处 5min，用 0.0125 mol（$Na_2S_2O_3 \cdot 5H_2O$）/L 硫代硫酸钠溶液滴定至淡黄色，加入 1mL 淀粉溶液，继续滴定至蓝色刚好褪去，记录用量。

同时以水代替酚贮备液做空白试验，记录硫代硫酸钠溶液用量。

酚贮备液浓度 c_1（mg/mL）按下式计算：

$$c_1 = \frac{(V_1 - V_2)c_B \times 15.68}{V} \tag{8-24}$$

式中　V_1——空白试验中硫代硫酸钠溶液的用量，mL；

V_2——滴定酚贮备液时硫代硫酸钠溶液的用量，mL；

c_B——硫代硫酸钠溶液的摩尔浓度，mol/L；

V——试样体积，mL；

15.68——苯酚$\left(\frac{1}{6}C_6H_5OH\right)$摩尔质量，g/mol。

实验18　污水和废水中石油类物质的测定

（红外分光光度法）

一、实验目的与要求

（1）了解水中油类物质的测定意义和表示方法。

（2）掌握非分散红外分光方法测定水中油类物质的原理和方法。

二、实验原理

总油：是指用四氯化碳萃取，并且在波数为 2930cm^{-1}、2960cm^{-1}和 3030cm^{-1}全部或部分谱带处有特征吸收的物质。主要包括石油类和动植物油。

石油类：指在本标准规定下，能被四氯化碳萃取且不被硅酸镁吸附的物质。

动植物油类：是指用四氯化碳萃取，并且被硅酸镁吸附的物质。

用四氯化碳萃取水中的油类物质，测定总油，然后将萃取液经过硅酸镁吸附，经脱除动植物油等极性物质后，测定石油类。动植物油的含量按总油与石油类含量之差计算。

总油和石油类的含量均由波数分别为 2930cm^{-1}（CH_2基团中 C—H 键的伸缩振动）、2960cm^{-1}（CH_3中 C—H 键的伸缩振动）、3030cm^{-1}（芳香环中 C—H 键的伸缩振动）谱带处的吸光度 A_{2930}、A_{2960}、A_{3030}进行计算。

三、试剂与仪器

1. 试剂

（1）测油专用四氯化碳，在 2800～3100cm^{-1}之间扫描，不应出现锐峰，其吸光度值应不超过 0.12（4cm 比色皿、空气池作参比）。

（2）无水硫酸钠（需要提前 550℃烘干 2h）。

（3）测油专用（60～100 目）硅酸镁（需要提前于 550℃烘干 2h）。

（4）苯　分析纯以上。

（5）异辛烷　分析纯以上。

（6）正十六烷　分析纯以上。

（7）氯化钠。

（8）盐酸（30%）　将 30mL 浓盐酸移入 100mL 容量瓶中，用去离子水稀释至标线，摇匀。

（9）活性炭。

（10）石油类标准贮备液　ρ=1000.00mg/L，可直接购买市售有证标准溶液。

（11）正十六烷标准贮备液　ρ=1000.00mg/L，称取 0.1000g 正十六烷（光谱纯）于 100mL 容量瓶中，用四氯化碳定容，摇匀。

（12）异辛烷标准贮备液　ρ=1000.00mg/L，称取 0.1000g 异辛烷（光谱纯）于 100mL 容量瓶中，用四氯化碳定容，摇匀。

（13）苯标准贮备液　ρ=1000.00mg/L，称取 0.1000g 苯（光谱纯）于 100mL 容量瓶中，用四氯化碳定容，摇匀。

2. 仪器

（1）红外分光光度计　能在 3400～2400cm^{-1}之间进行扫描，并配有 1cm 和 4cm 带盖石英比色皿。

（2）旋转振荡器　振荡频数可达 300 次/min。

（3）分液漏斗 250mL、1000mL、2000mL，聚四氟乙烯旋塞。

（4）吸附柱　内径 10mm，长约 200mm 的玻璃柱。出口处填塞少量用四氯化碳浸泡并晾干后的玻璃棉，将硅酸镁缓缓倒入玻璃柱中，边倒边轻轻敲打，填充高度约为 80mm。

（5）玻璃砂芯漏斗　40mL，G-1 型。

（6）容量瓶　50mL、100mL、1000mL。

（7）量筒　1000mL、2000mL。

四、分析步骤

1. 试样的制备

（1）地表水和地下水　将样品全部转移至2000mL分液漏斗中，量取25.0mL四氯化碳洗涤样品瓶后，全部转移至分液漏斗中。振荡3min，并经常开启旋塞排气，静置分层后，将下层有机相转移至已加入3.00g无水硫酸钠的具塞磨口锥形瓶中，摇动数次。如果无水硫酸钠全部结晶成块，需要补加无水硫酸钠，静置。将上层水相全部转移至2000mL量筒中，测量样品体积并记录。

向萃取液中加入3.00g硅酸镁，置于旋转振荡器上，以180～200r/min的速度连续振荡20min，静置沉淀后，上清液经玻璃砂芯漏斗过滤至具塞磨口锥形瓶中，用于测定石油类。

注：地表水和地下水中动植物油类的测定可参照工业废水和生活污水的测定按步骤（2）进行。

（2）工业废水和生活污水　将样品全部转移至1000mL分液漏斗中，量取50.0mL四氯化碳洗涤样品瓶后，全部转移至分液漏斗中。振荡3min，并经常开启旋塞排气，静置分层后，将下层有机相转移至已加入5.00g无水硫酸钠的具塞磨口锥形瓶中，摇动数次。如果无水硫酸钠全部结晶成块，需要补加无水硫酸钠，静置。将上层水相全部转移至1 000mL量筒中，测量样品体积并记录。

将萃取液分为两份，一份直接用于测定总油；另一份加入5.00g硅酸镁，置于旋转振荡器上，以180～200 r/min的速度连续振荡20min，静置沉淀后，上清液经玻璃砂芯漏斗过滤至具塞磨口锥形瓶中，用于测定石油类。

注：石油类和动植物油类的吸附分离也可采用吸附柱法，即取适量的萃取液过硅酸镁吸附柱，弃去前5mL滤出液，余下部分接入锥形瓶中，用于测定石油类。

2. 空白试样的制备

以实验用水代替样品，按照试样的制备步骤，制备空白试样。

3. 校正系数的测定

分别量取2.00mL正十六烷标准贮备液、2.00mL异辛烷标准贮备液和10.00mL苯标准贮备液于3个100mL容量瓶中，用四氯化碳定容至标线，摇匀。正十六烷、异辛烷和苯标准溶液的浓度分别为20.00mg/L、20.00mg/L和100.00mg/L。用四氯化碳作参比溶液，使用4cm比色皿，分别测量正十六烷、异辛烷和苯标准溶液在$2930cm^{-1}$、$2960cm^{-1}$、$3030cm^{-1}$处的吸光度A_{2930}、A_{2960}、A_{3030}。正十六烷、异辛烷和苯标准溶液在上述波数处的吸光度均符合式(8-25)，由此得出的联立方程式经求解后，可分别得到相应的校正系数X、Y、Z和F。

$$\rho = XA_{2930} + YA_{2960} + Z\left(A_{3030} - \frac{A_{2930}}{F}\right) \quad (8\text{-}25)$$

式中　ρ——四氯化碳中总油的含量，mg/L；

X、Y、Z——与各种C—H键吸光度相对应的系数；

A_{2930}、A_{2960}、A_{3030}——各对应波数下测得的吸光度；

F——脂肪烃对芳香烃影响的校正因子，即正十六烷在$2930cm^{-1}$与$3030cm^{-1}$处的吸光度之比。

4. 试样测定

（1）总油的测定　将未经硅酸镁吸附的萃取液转移至4cm比色皿中，以四氯化碳作参比溶液，于$2930cm^{-1}$、$2960cm^{-1}$、$3030cm^{-1}$处测量其吸光度$A_{1\text{-}2930}$、$A_{1\text{-}2960}$、$A_{1\text{-}3030}$，计算总油的浓度。

（2）石油类浓度的测定　将经硅酸镁吸附后的萃取液转移至 4cm 比色皿中，以四氯化碳作参比溶液，于 2930cm^{-1}、2960cm^{-1}、3030cm^{-1} 处测量其吸光度 $A_{2\text{-}2930}$、$A_{2\text{-}2960}$、$A_{2\text{-}3030}$，计算石油类的浓度。

（3）动植物油类浓度的测定　总油浓度与石油类浓度之差即为动植物油类浓度。

注：当萃取液中油类化合物浓度大于仪器的测定上限时，应在硅酸镁吸附前稀释萃取液。

5. 空白测定

以空白试样代替试样，按照以上试样测定相同步骤进行。

五、数据记录与处理

1. 总油的浓度

样品中总油的浓度 ρ_1（mg/L），按照下式进行计算：

$$\rho_1=\left[XA_{1\text{-}2930}+YA_{1\text{-}2960}+Z\left(A_{1\text{-}3030}-\frac{A_{1\text{-}2930}}{F}\right)\right]\times\frac{V_0D}{V_W} \tag{8-26}$$

式中　ρ_1——样品中总油的浓度，mg/L；

X、Y、Z、F——校正系数；

$A_{1\text{-}2930}$、$A_{1\text{-}2960}$、$A_{1\text{-}3030}$——各对应波数下测得萃取液的吸光度；

V_0——萃取溶剂的体积，mL；

V_W——样品体积，mL；

D——萃取液稀释倍数。

2. 样品中石油类的浓度 ρ_2(mg/L)，按下式进行计算：

$$\rho_2=\left[XA_{2\text{-}2930}+YA_{2\text{-}2960}+Z\left(A_{2\text{-}3030}-\frac{A_{2\text{-}2930}}{F}\right)\right]\times\frac{V_0D}{V_W} \tag{8-27}$$

式中　ρ_2——样品中石油类的浓度，mg/L；

$A_{2\text{-}2930}$、$A_{2\text{-}2960}$、$A_{2\text{-}3030}$——各对应波数下测得经硅酸镁吸附后滤出液的吸光度。

3. 动植物油类的浓度

样品中动植物油类的浓度 ρ_3（mg/L）按公式（8-28）计算。

$$\rho_3=\rho_1-\rho_2 \tag{8-28}$$

式中　ρ_3——样品中动植物油类的浓度，mg/L。

六、注意事项

（1）四氯化碳必须经检验合格后才能使用，且同一次实验要使用同一批次的四氯化碳，以免除试剂带来的误差；四氯化碳剧毒，操作应在通风橱内进行，并戴上手套和防毒面具。

（2）油污是普遍现象，实验过程中的玻璃仪器，要严格按照规定对采样瓶和分析器皿进行洗涤和保存。在使用硅酸镁和无水硫酸钠之前必须检验其受油污染程度。

（3）标准液中正十六烷在小于 16℃时结晶，因此，仪器在使用前，应在稳定的电压下运行预热半个小时以上，且室内环境保持在 17～25℃，20%～80%相对湿度，否则影响测量结果的准确性。

（4）红外分光光度法测定水中石油类时，样品的采集、测试条件的选择、萃取剂空白值、试剂的选用、器皿洁净度因素等对测定结果的准确性有很大的影响。

七、思考题

1. 红外分光光度法与非分散红外分光方法测定水中油类物质的原理有哪些异同？
2. 分析实验中可能造成误差的原因。

实验19 废水中苯系物的测定

一、实验目的与要求

(1) 掌握二硫化碳萃取气相色谱法的实验原理。

(2) 熟练操作气相色谱仪。

二、实验原理

苯系物系指苯、甲苯、乙苯、苯乙烯等组成的混合物。测定苯系物的方法有顶空气相色谱法、二硫化碳萃取气相色谱法和气相色谱-质谱(GC-MS)法。本实验中采用二硫化碳萃取废水中的苯系物，取萃取液5μL注入色谱仪，用FID检测。将样品中各组分的峰高值与校准曲线上标准物质的峰高值对照，得出样品中各组分的浓度。

三、试剂与仪器

1. 试剂

(1) 有机皂土，色谱固定液。

(2) 邻苯二甲酸二壬酯(DNP)，色谱固定液。

(3) 101白色担体，60～80目。

(4) 苯系物标准物质　苯、甲苯、乙苯、对二甲苯、间二甲苯、邻二甲苯、异丙苯和苯乙烯，均为色谱纯。

(5) 苯系物标准贮备液，用100μL微量注射器抽取色谱纯的苯系物标准物适量体积转入1000mL容量瓶中(如：苯的密度为0.879g/mL，需加入量为100.00mg，抽取量应为113.77μL)，用水稀释至标线，配成浓度为0.10mg/mL的苯系物混合水溶液作为苯系物的贮备液。该贮备液应于冰箱中保存，1周内有效。

(6) 二硫化碳，在气相色谱仪上无苯系物检出。

2. 仪器

(1) 气相色谱仪，具FID检测器。

(2) 250mL分液漏斗。

(3) 100μL、10μL、5μL微量注射器。

四、方法步骤

1. 校准曲线的制备

(1) 标准溶液的配制　取苯系物标准贮备液1.00mL、2.00mL、4.00mL、6.00mL、8.00mL、10.00mL、12.00mL分别转入100mL容量瓶中，配成如下浓度的混合水溶液：苯、甲苯、乙苯、邻二甲苯、间二甲苯、对二甲苯、异丙苯、苯乙烯均为1.00mg/L、2.00mg/L、4.00mg/L、6.00mg/L、8.00mg/L、10.00mg/L、12.00mg/L。

(2) 取不同浓度的标准溶液各100mL，分别置入250mL分液漏斗中，加5mL二硫化碳，振摇2min。静置分层后，分离出有机相，在规定的色谱条件下，取5μL萃取液做色谱分析，并绘制浓度-峰高校准曲线。

2. 样品的测定

(1) 取100mL水样放入250mL分液漏斗中，按上述标准样品处理方法进行萃取。

(2) 如果萃取时发生乳化现象，可在分液漏斗的下部塞一块玻璃棉过滤乳化液，弃去最初几滴，收集余下的二硫化碳溶液，以备测定。

3. 色谱条件

(1) 色谱柱　长 3m，内径 4mm，螺旋形不锈钢管柱或玻璃色谱柱。

(2) 柱填料　(3%有机皂土-101 白色担体)：(2.5%DNP-101 白色担体)＝35：65。

(3) 温度　柱温 65℃，汽化室温度 200℃，检测器温度 150℃。只测苯时，可设定柱温 100℃，汽化室温度 150℃，检测器温度 130℃。

(4) 气体流速　氮气 40mL/min，氢气 40mL/min，空气 400mL/min。应根据仪器型号选用最合适的气体流速。只测苯时，氮气流速调至 60mL/min，氢气流速调至 60mL/min，空气流速调至 600mL/min。

(5) 检测器　FID。

(6) 进样量　5μL。

五、数据记录与处理

由样品色谱图上量得苯系物各组分的峰高值，以峰高为纵坐标，以浓度为横坐标，绘制校准曲线，从各自的校准曲线上直接查得样品的浓度值。

六、注意事项

(1) 制备标准样品时，也可以先配成较高浓度的甲醇溶液作为贮备液。由于苯系物及甲醇的毒性较强、易燃，必须在通风橱中进行上述操作。标准贮备液也可直接购买商品溶液。

(2) 如果二硫化碳溶剂中有苯系物检出，应做硝化提纯处理。提纯方法有如下两种。

① 在 1000mL 吸滤瓶中加 200mL 二硫化碳，加入 50mL 浓硫酸，置于电磁搅拌器上。另取盛有 50mL 浓硝酸的分液漏斗置入吸滤瓶口（用胶塞连接使其不漏气）。打开电磁搅拌器，抽真空升温至（45±2℃）。从分液漏斗向溶液中滴加硝酸（同时剧烈搅拌 5min），静置 5min。如此交替进行 0.5h 左右，弃去酸层，水洗。加 10%碳酸钾（或钠）溶液中和 pH 至 6.6～8，用水洗至中性，弃去水相。二硫化碳用无水硫酸钠干燥，重蒸后备用。

② 取 1mL 甲醛于 100mL 的浓硫酸中，混匀后作为甲醛-浓硫酸萃取液。取市售的二硫化碳 250mL 于 500mL 分液漏斗中，加入 20mL 的甲醛-浓硫酸萃取液，振荡 5min 后分层（注意及时放气）。经多次萃取至二硫化碳呈无色后，加入 20%碳酸钠水溶液洗涤（至 pH 呈微碱性），重蒸馏取 46～47℃馏分。

(3) 在萃取过程中出现乳化现象时，可用无水硫酸钠破乳或采用离心法破乳。

七、思考题

查阅顶空气相色谱法和气相色谱-质谱（GC-MS）法的实验原理及操作，比较其使用范围。

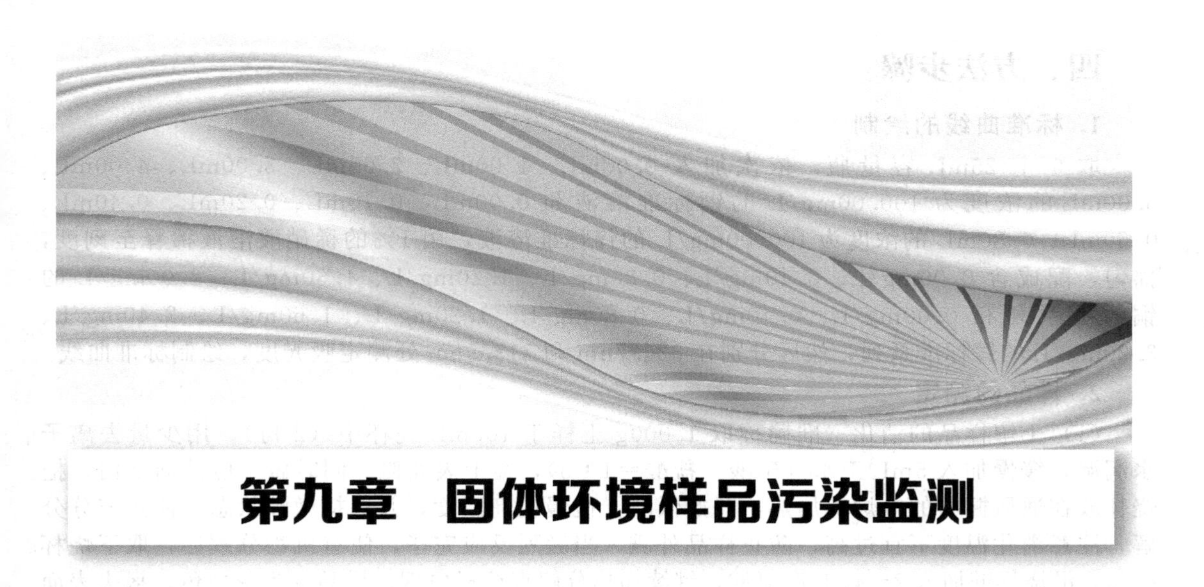

第九章 固体环境样品污染监测

实验 20 原子吸收分光光度法测定土壤和茶叶样品中铜和锌的含量

一、实验目的与要求

(1) 了解原子吸收分光光度法的原理。

(2) 掌握土壤、茶叶样品的消化方法，掌握原子吸收分光光度计的使用方法。

二、实验原理

火焰原子吸收分光光度法是根据某元素的基态原子对该元素的特征谱线产生选择性吸收来进行测定的分析方法。将试样喷入火焰，被测元素的化合物在火焰中离解形成原子蒸气，由锐线光源（空心阴极灯）发射的某元素的特征谱线光辐射通过原子蒸气层时，该元素的基态原子对特征谱线产生选择性吸收。在一定条件下特征谱线光强的变化与试样中被测元素的浓度成比例。通过对自由基态原子对选用吸收线吸收度测量，确定试样中该元素的浓度。

湿法消化是使用具有强氧化性酸，如 HNO_3、H_2SO_4、$HClO_4$ 等与有机化合物溶液共沸，使有机化合物分解除去。干法灰化是在高温下灰化、灼烧，使有机物质被空气中氧所氧化而破坏。本实验采用湿法消化土壤、茶叶中的有机物质。

三、试剂与仪器

(1) 原子吸收分光光度计，铜和锌空心阴极灯。

(2) 锌标准液　准确称取 0.1000g 金属锌（99.9%），用 20mL 1∶1 盐酸溶解，移入 1000mL 容量瓶中，用去离子水稀释至刻度，此液含锌量为 100.00mg/L。

(3) 铜标准液　准确称取 0.1000g 金属铜（99.8%）溶于 15mL1∶1 硝酸中，移入 1000mL 容量瓶中，用去离子水稀释至刻度，此液含铜量为 100.00mg/L。

四、方法步骤

1. 标准曲线的绘制

取6个25mL容量瓶，依次加入0.00mL、1.00mL、2.00mL、3.00mL、4.00mL、5.00mL的浓度为100.00mg/L的铜标准溶液和0.00mL、0.10mL、0.20mL、0.40mL、0.60mL、0.80mL的浓度为100.00mg/L的锌标准溶液，用1%的稀硝酸溶液稀释至刻度，摇匀，配成含0.00mg/L、0.40mg/L、0.80mg/L、1.20mg/L、1.60mg/L、2.00mg/L的铜标准系列和0.00mg/L、0.40mg/L、0.80mg/L、1.20mg/L、1.60mg/L、2.40mg/L、3.20mg/L的锌标准系列，然后分别在324.7nm和213.9nm处测定吸光度，绘制标准曲线。

2. 样品的测定

（1）土壤样品的消化　准确称取1.000g土样于100mL烧杯中（2份），用少量去离子水润湿，缓慢加入5mL王水（硝酸：盐酸=1：3），盖上表面皿。同时做1份试剂空白，把烧杯放在通风橱内的电炉上加热，开始低温，慢慢提高温度，并保持微沸状态，使其充分分解，注意消化温度不宜过高，防止样品外溅，当激烈反应完毕，使有机物分解后，取下烧杯冷却，沿烧杯壁加入2～4mL高氯酸，继续加热分解直至冒白烟，样品变为灰白色，揭去表面皿，赶出过量的高氯酸，把样品蒸至近干，取下冷却，加入5mL 1%的稀硝酸溶液加热，冷却后用中速定量滤纸过滤到25mL容量瓶中，滤渣用1%稀硝酸洗涤，最后定容，摇匀待测。

（2）茶叶样品的消化　准确称取烘干磨细植物样品0.500～1.000g于100mL高脚烧杯中，加HNO_3：$HClO_4$（4：1，优级纯）混合酸10mL，放置过夜，砂浴低温100～150℃加热30min，加大火力（温度控制在200～250℃以下），待瓶内开始冒大烟时，注意经常摇动烧杯防止样品炭化变黑，必要时可以补加适量混合酸，直到瓶内溶液呈无色透明尚有约2mL时终止，冷却后用三级水洗入25mL容量瓶中，定容，必要时需要用定量滤纸过滤，样品溶液待测。

（3）测定　将消化液在与标准系列相同的条件下，直接喷入空气-乙炔火焰中，测定吸收值。

五、数据记录与处理

根据所测得的吸收值（如试剂空白有吸收，则应扣除空白吸收值）在标准曲线上得到相应的浓度M（mg/mL），则试样中：

$$\text{铜或锌的含量(mg/kg)}=\frac{MV}{m}\times 1000 \tag{9-1}$$

式中　M——标准曲线上得到的相应浓度，mg/mL；

V——定容体积，mL；

m——试样质量，g。

六、思考题

1. 试分析原子吸收分光光度法测得土壤中金属元素的误差来源可能有哪些？
2. 土壤和植物重金属测定时可选用的消化方法有哪些？

实验21　土壤中总砷的测定——二乙基二硫代氨基甲酸银分光光度法

一、实验目的与要求

（1）掌握土壤的消化方法。

（2）学习比色法测定土壤中砷的含量。

二、实验原理

土壤中的砷在硝酸、硫酸的作用下，进行消化溶解；锌与酸作用，产生新生态氢；砷（五价）在酸性溶液中经碘化钾和氯化亚锡还原为三价，与新生态氢生成砷化氢气体，通过浸过醋酸铅的棉花除去硫化物后，吸收于二乙基二硫代氨基甲酸银-三乙胺-氯仿溶液中，生成红色络合胶态银，在波长530nm处测定吸光度。

三、试剂与仪器

1. 试剂

（1）砷标准贮备液　准确称取As_2O_3 0.1320g，置于100mL烧杯中，加5mL 20%氢氧化钠溶液，温热至As_2O_3全部溶解后，以酚酞为指示剂，用1mol/L硫酸中和至溶液无色，再过量10mL，转入1000mL容量瓶中，用水稀释至标线，此溶液浓度为每毫升含100μg砷。

（2）砷标准使用液　吸取10.00mL砷标准贮备液，置于1000mL容量瓶中，用水稀释至标线，此溶液浓度为每毫升含1.00μg砷。

（3）0.40g/mL氯化亚锡溶液　称取40.00g氯化亚锡（$SnCl_2 \cdot 2H_2O$），溶于100mL浓盐酸中，如保存可加几粒锡粒。此溶液现用现配。

（4）0.15g/mL碘化钾溶液　贮于棕色瓶中。

（5）浓硝酸。

（6）浓硫酸。

（7）（1+1）硫酸溶液。

（8）无砷锌粒。

（9）1.00g/L二乙基二硫代氨基甲酸银-三乙胺-氯仿吸收液　称取1.00g二乙基二硫代氨基甲酸银，加100mL氯仿，加18mL三乙胺，摇匀，用氯仿稀释至1000mL，放置过夜，用脱脂棉过滤后使用。保存于棕色瓶中，避光。

（10）醋酸铅棉花　称取醋酸铅10.00g，溶于20mL 6mol/L醋酸中，加水稀释至100mL，将脱脂棉在此溶液中浸泡1h，取出自然晾干，即可使用。

2. 仪器

（1）分光光度计。

（2）砷化氢发生器。

四、分析步骤

1. 标准曲线的绘制

分别吸取0.00mL、1.00mL、2.00mL、3.00mL、5.00mL、7.00mL、9.00mL、13.00mL、15.00mL砷标准使用液于砷化氢发生器的锥形瓶中，配成标准系列为0.00μg、1.00μg、2.00μg、3.00μg、5.00μg、7.00μg、9.00μg、13.00μg、15.00μg砷。然后加入2.5mL浓硫酸，以水补充至36mL，加入2mL碘化钾溶液，2mL 40%氯化亚锡溶液，放置15min，待充分作用后，加入5.00g无砷锌粒，立即接上装有醋酸铅棉花导管的瓶塞，使发生的砷化氢气体进入盛有5mL吸收液的吸收管中。反应40min后，取下吸收管，用氯仿将管内溶液补充至5mL，将吸收液转入1cm比色皿内，在分光光度计上于530nm波长处，以试剂空白为参比，测定吸光度。以吸光度为纵坐标，以砷标准含量为横坐标，绘制标准曲线。

2. 样品测定

准确称取 0.50g 土壤样品，放入砷化氢发生器的锥形瓶中，加少量水润湿样品，加 5mL 浓硫酸，3mL 浓硝酸，盖上小漏斗，放在砂浴上，加热溶解，消化完全的土壤样品应为灰白色，否则再滴加硝酸至白色为止。待作用完全，冒浓白烟后，试液呈白色或淡黄色，约剩 2mL，取下锥形瓶冷却，分别加入 34mL 水，2mL 0.15g/mL 碘化钾，2mL 0.40g/mL 氯化亚锡，摇匀，放置 15min，以下步骤同标准曲线。同时做空白实验。

注：1. 消化时应产生大量白色烟雾。

2. 加入无砷锌粒后，应马上盖好瓶塞，并检查容器的密闭性。

五、数据记录与处理

$$砷(As,mg/kg)=\frac{测得砷量(\mu g)}{土样重(g)} \tag{9-2}$$

绘制标准曲线与样品测定时的数据记录与处理分别见表 9-1 和表 9-2。

表 9-1 标准曲线的绘制

编号	1	2	3	4	5	6	7	8	9
砷含量/μg									
吸光度 A									

表 9-2 样品测定

编号	1	2	3	平均值(F)/(mg/L)
吸光度 A				/
查得砷量/μg				/
c_{As}/(mg/kg)				

六、思考题

1. 实验过程中出现紫色结晶或蒸气为何物质，如何去除？

2. 消化时产生大量白色烟雾的目的是什么？

3. 配制氯化亚锡溶液时，需加入浓盐酸与锡粒，其目的是什么？

4. 用二乙基二硫代氨基甲酸银分光光度法测定含砷土壤消化液时，有哪些主要干扰？如何排除？

实验 22 催化极谱法测定农作物中的钼

一、实验目的与要求

(1) 学习极谱催化波方法测定微量元素的原理与方法。

(2) 学会农作物中钼的预处理。

二、实验原理

硫酸-二苯羟乙酸-氯酸盐体系中钼在−0.40V 左右（对 Ag/AgCl）处产生一灵敏的催化波，该波选择性好，灵敏度高，峰形稳定清晰，大量其他元素共存均不干扰测定。本方法在底液中引入了一定量的硫酸铵组成的缓冲体系（HSO_4^--SO_4^{2-}），从而稳定了体系中的 pH，使方法精密度准确度进一步改善。

三、试剂与仪器

1. 试剂

所用试剂除注明外均为优级纯，水为二次重蒸水。

（1）钼标准溶液　准确称取 $Na_2MoO_4 \cdot 2H_2O$（于 90～95℃烘干 1h）0.2522g，加水溶解转入 100mL 容量瓶中加水定容，摇匀即转入聚乙烯瓶中贮存，此溶液钼含量为 1.00mg/mL，再逐级稀释成 1.0μg/mL、0.20μg/mL 钼工作溶液。

（2）1+1 硫酸。

（3）二苯羟乙酸溶液 0.50g/L。

（4）饱和氯酸钾溶液。

（5）硫酸铵溶液 500.00g/L。

（6）浓硝酸。

2. 仪器

（1）极谱分析仪。

（2）三电极系统。

（3）记录仪。

四、方法步骤

1. 农作物消解

农作物（粮食）研细成粉，装入样品瓶，保存于干燥器中。准确称取 1.00～2.00g（精确到 0.10 mg）经烘箱恒重过的粮食样品两份，分别置于 100mL 三角烧瓶中，加 8mL 浓硝酸，在电热板上加热（在通风橱中进行，开始低温，逐渐提高温度，但不宜过高，以防样品溅出），消解至红棕色气体减少时，补加硝酸 5mL，总量控制在 15mL 左右，加热至冒浓白烟、溶液透明（或有残渣），过滤至 25mL 容量瓶中，用水洗涤滤渣 2～3 次后，稀至刻度，摇匀备用。同时做一份空白实验。

2. 校准曲线的绘制

分别取一定体积的标准溶液置于 10mL 比色管中加入 0.2mLH_2SO_4，0.8mL 二苯羟乙酸溶液，1.0mL 饱和 $KClO_3$溶液和 2.0mL $(NH_4)_2SO_4$溶液，用水稀释至标线，摇匀，配成标准系列。倾入电解杯中在－0.70～－0.10V 范围内进行电势扫描，记录峰电流值，对峰高做空白校正后绘制峰高-浓度曲线。

3. 样品测定

取一定体积已消解好的水样于 10mL 比色管中，其他操作步骤与标准溶液相同，根据经空白校正后的峰电流高度，在校准曲线上查出待测成分的浓度。

4. 标准加入法

当样品成分比较复杂时可采用标准加入法，操作如下：

准确吸取一定量水样置 10mL 比色管中，按标准溶液测定步骤先测出样品的峰高，然后再加入与样品量相近的标准溶液，依相同的方法再次进行峰高测定。

五、数据记录与处理

$$c_{Mo}=\frac{hC_sV_s}{(V+V_s)H-Vh} \tag{9-3}$$

式中　h——水样峰高；

H——水样加标后峰高；

C_s——加入标准溶液的浓度，μg/L；

V_s——试样质量，g；

V——测定所取水样的体积，mL。

六、思考题

1. 样品消解过程中应该注意哪些问题？

2. 查阅资料，比较有效钼的测定与本实验中全钼测定的区别。

实验23　冷原子吸收法测定土壤中的汞

一、实验目的与要求

（1）掌握冷原子吸收法测汞的原理。

（2）学会化学浸提法分步提取出土壤中不同形态的汞。

二、实验原理

根据各种形态汞在不同浸提液中的溶解度，采用连续化学浸提法测定土壤中汞存在的水溶态、酸溶态（包括无机汞和甲基汞）、碱溶态等。

由于汞沸点很低，易挥发，同时汞离子能定量地被亚锡离子还原为金属汞，因而可以使用测汞仪，在常温下利用汞蒸气对253.7nm汞共振线的强烈吸收来测定溶液中汞的含量，吸收强度的大小与汞原子蒸气密度的关系符合比尔定律。

三、试剂与仪器

1. 试剂

（1）汞标准溶液　0.10mg/L的汞标准溶液。

（2）溴化剂　溴酸钾（0.1mol/L）-溴化钾（1%）溶液。

（3）盐酸羟胺（12%）-氯化钠（12%）溶液。

（4）10%氯化亚锡溶液。

（5）盐酸0.2mol/L。

（6）盐酸2mol/L（90mL浓盐酸溶到500mL水中）。

（7）1%硫酸铜溶液。

2. 仪器

（1）NCG-Ⅱ型冷原子吸收测汞仪。

（2）恒温振荡器。

（3）离心机。

（4）翻泡瓶。

（5）移液管（1mL、2mL、10mL）。

四、分析步骤

1. 标准曲线的绘制

预热调解调零电位器使数字显示000，按下保持常规钮，打开翻泡瓶盖，用移液管在瓶内加入 2mL 10%氯化亚锡溶液，加入 8mL 蒸馏水，再加入 0.3mL 浓度为 0.10μg/mL 的汞标准溶液，立即盖好翻泡瓶，载气将瓶内的汞蒸气带入吸收池，电路记录吸收峰值，通过显示器显示，并被保持，调节显示调节钮，使显示的数值为 060，达到峰值 060 后，按一下复零钮，使显示数值恢复到 000。

再用相同的方法用移液管在瓶内加入 2mL 10%氯化亚锡溶液，加入 8mL 蒸馏水，再加入 0.5mL 浓度为 0.10μg/mL 的汞标准溶液，立即盖好翻泡瓶，载气将瓶内的汞蒸气带入吸收池，电路记录吸收峰值，通过显示器显示，并被保持，调节显示调节钮，使显示的数值为 100，达到峰值 100 后，按一下复零钮，使显示数值恢复到 000。

2. 不同形态汞的浸提方法

（1）水溶态汞（氯化物、硝酸盐和硫酸盐）的浸提方法　准确称取 1.00g 风干土壤样品于 50mL 离心管中，加入 10mL 去离子水，在恒温振荡器上振荡 30min，后离心分离，吸取上清液 8mL，按步骤 3 无机汞的测定方法进行。

（2）碳酸盐、氧化汞、甲基汞、二甲基汞的浸提方法　上述残渣用 10mL 0.2mol/L 盐酸浸提，剧烈摇动至沉淀泛起。放置 5min，待泡沫消失（二氧化碳、硫化氢）后加入 0.5mL 1%硫酸铜溶液，振荡 30min，离心分离，取上清液 5mL 于 50mL 容量瓶中，定容，取其 10mL，按照步骤 3 中含有机汞的测定方法测定总汞；另取 10mL，按步骤 3 种无机汞的测定方法直接测定无机汞的含量。

3. 无机汞和有机汞的测定方法

（1）无机汞的测定　加入 2mL 10%氯化亚锡溶液至翻泡瓶内，再加入将经过处理的上清液 8mL，查校正曲线得到浓度结果，此浓度值除以 0.8 便为样品液的实际浓度值（因为翻泡瓶内的溶液总体积为 10mL）。

（2）有机汞的测定　在步骤 2（2）已取得的 10mL 上清液中，加入溴化剂 1mL、盐酸（2mol/L）2～3mL，摇匀，放置 5min，滴加盐酸羟胺-氯化钠溶液至黄色消失，再多加 1～2 滴，然后按无机汞的测定法进行测定。再根据样品液中加入消解液的比例推算原始样品的浓度。

五、数据记录与处理

在标准曲线上，查出各浸提样品的透光率所对应的汞的含量，由此计算出土壤中各种形态汞的含量，最后计算出土壤样品中汞的含量。

六、思考题

1. 冷原子吸收测汞仪的工作原理是什么？
2. 根据实验数据讨论分析水体土壤中汞的存在形态。

实验 24　土壤中农药（六六六和滴滴涕）残留量的测定——气相色谱法

一、实验目的与要求

（1）熟悉土壤样品中六六六、滴滴涕提取方法。
（2）掌握气相色谱法测定六六六、滴滴涕的原理和方法。

二、实验原理

利用电子捕获检测器对于负电极强的化合物具有较高的灵敏度这一特点，可分别测出微量的六六六和滴滴涕，也可同时分别测定不同异构体和代谢物。出峰顺序为 α-HCH、γ-HCH、β-HCH、δ-HCH、p,p'-DDE、o,p'-DDT、p,p'-DDT、p,p'-DDD。

三、试剂与仪器

1. 试剂

(1) 六六六、滴滴涕的标准溶液（中国标准物质中心提供）。

(2) 石油醚。

(3) 硫酸（分析纯）。

(4) 2%的硫酸钠溶液。

(5) 丙酮。

(6) 正己烷。

2. 仪器

(1) 气相色谱仪，备有电子捕获检测器（ECD）。

(2) 电子天平。

(3) 恒温摇床。

四、方法步骤

1. 提取

称取 2.50g 粉碎后并通过 20 目筛的样品，置于 50mL 具塞锥形瓶中，加 20mL 石油醚，在恒温摇床上振荡 30min（120，40℃），将上清液倒入分液漏斗中，用石油醚洗残渣（洗三次），一起并入分液漏斗中。

2. 净化

在分液漏斗中加 8mL 硫酸。振荡数下后，分液，倒置漏斗，打开活塞放气，关闭活塞。然后再振荡数分钟，静置分层。弃去下层溶液。加 20mL 2%的硫酸钠溶液，振荡数下后将分液漏斗倒置，打开活塞放气，关闭活塞，静置分层。弃去下层水溶液，用滤纸吸除分液漏斗颈内外的水。然后将石油醚提取液经盛有约 15.00g 无水硫酸钠的漏斗过滤，并以石油醚洗涤分液漏斗和漏斗数次，洗液并入滤液中，以石油醚定容至 25mL 容量瓶中，供气相色谱用。

注：色谱参考条件如下。

色谱柱：2 m 长的 OV-17（15.00g/L）和 QF-1（20.00g/L）的混合固定液的 80～100 目硅藻土玻璃柱。

柱箱温度：200℃；汽化室温度：250℃；载气（N_2）：50mL/min。

五、数据记录与处理

六六六、滴滴涕及异构体或代谢物含量按下式计算：

$$X=\frac{A_1\times 1000}{m_1\times\frac{V_2}{V_1}\times 1000} \tag{9-4}$$

式中 X——样品中六六六、滴滴涕及其异构体或代谢物的单一含量，mg/kg；

A_1——被测定用样液中六六六或滴滴涕及其异构体或代谢物的单一含量，μg；

V_1——样品净化液体积，mL；

V_2——样液进样体积，μL；

m_1——样品质量，g。

结果的表述报告取平行测定的算术平均值的两位有效数字。

六、思考题

1. 土壤样品中六六六、滴滴涕的提取方法与植物中有何区别？
2. 一般气相色谱的色谱条件如何定？

实验 25　工业废渣渗滤试验

一、实验目的与要求

（1）掌握工业废渣渗滤液的渗滤特性和研究方法。

（2）学会采用渗滤模型实验装置来近似测定有害物质。

二、实验原理

实验采用模拟的手段，在玻璃管内填装经粉碎的固体废渣，以一定的流速滴加蒸馏水，从测定渗滤水中有害物质的流出时间和浓度变化规律，推断固体废物在堆放时的渗滤情况和危害程度。

三、试剂与仪器

（1）色层柱（Φ25mm，L300mm）一支。

（2）1000mL 带活塞试剂瓶一只。

（3）500mL 锥形瓶一只。

（4）装配好的渗滤模型试验装置。

四、分析步骤

1. 样品准备

将含铬工业废渣去除草木、砖石等异物，置于阴凉通风处，使之风干。压碎后，用四分法缩分，然后通过 0.5mm 孔径的筛，制备样品量为 60.00～70.00g。

2. 装样

将上述样品装入色层柱，约高 200mm。试剂瓶中装蒸馏水，以 4.5mL/min 的速度通过色层柱流入锥形瓶，待滤液收集至 200mL 时，关闭活塞，摇匀滤液，待测。

五、实验数据及现象记录

记录内容包括滤液体积，滴定速度，层析时间，实验现象。

六、注意事项

注意取样的代表性。

七、思考题

影响渗滤中铬含量的因素有哪些？

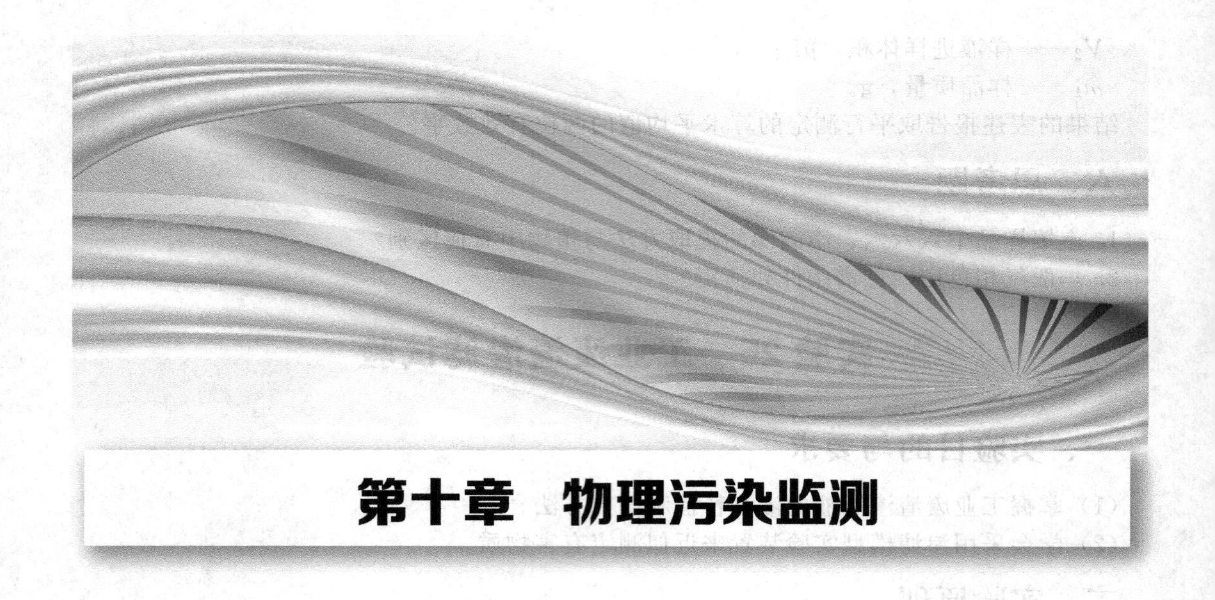

第十章 物理污染监测

实验 26 环境噪声的测定

一、实验目的和要求

(1) 掌握声级计的使用方法和环境噪声的监测技术。

(2) 掌握对非稳态的无规噪声监测数据的处理方法。

二、实验原理

由于环境交通噪声是随时间而起伏的无规则噪声，因此测量结果一般用统计值或等效声级来表示。

1. A 声级

用 A 计权网络测得的声压级，用 L_A表示，单位 dB(A)。

2. 等效连续 A 声级

简称等效声级，指在规定测量时间 T 内 A 声级的能量平均值，用 L_{Aeq}，T 表示（简写为 L_{eq}），单位 dB(A)，是声级的能量平均值。除特别申明，一般噪声限值等均为 L_{eq}。即：

$$L_{eq}=10\lg\left(\frac{1}{T}\int_{0}^{T}10^{L_t/10}dt\right) \tag{10-1}$$

式中 L_t——时刻 t 的瞬时 A 声级；

T——规定的测量时间段。

三、测量要求

1. 测量仪器

测量仪器精度为 2 型及 2 型以上的积分平均声级计或环境噪声自动监测仪器，其性能需符合 GB 3785 和 GB/T 17181 的规定，并定期校验。测量前后使用声校准器校准测量仪器的示值偏差不得大于 0.5dB，否则测量无效。声校准器应满足 GB/T 15173 对 1 级或 2 级声校准器的要求。测量时传声器应加防风罩。

2. 监测点的选择

根据监测对象和目的，可选择以下三种监测点条件（指传声器所置位置）进行环境噪声的测量。

（1）一般户外　距离任何反射物（地面除外）至少 3.5m 外测量，距地面高度 1.2m 以上。必要时可置于高层建筑上，以扩大监测受声范围。使用监测车辆测量，传声器应固定在车顶部 1.2m 高度处。

（2）噪声敏感建筑物户外　在噪声敏感建筑物户外，距墙壁或窗户 1m 处，距地面高度 1.2m 以上。

（3）噪声敏感建筑物室内　距离墙面和其他反射面至少 1m，距窗约 1.5m 处，距地面 1.2～1.5m 高。

3. 气象条件

测量应在无雨雪、无雷电天气，风速 5m/s 以下时进行。

四、测定步骤

（1）将学校（或某一地区）划分为 25m×25m 的网格，测量点选在每个网格的中心，若中心点的位置不宜测量，可移到旁边能够测量的位置。

（2）每组三人配置一台声级计，顺序到各网点测量，时间从 8:00～17:00，每一网格至少测量四次，时间间隔尽可能相同。

（3）读数方式用慢档，每隔 5s 读一个瞬时 A 声级，连续读取 200 个数据。读数同时要判断和记录附近主要噪声来源（如交通噪声、施工噪声、工厂或车间噪声、锅炉噪声等）和天气条件。

五、数据记录与处理

环境噪声是随时间而起伏的无规律噪声，因此测量结果一般用统计值或等效声级来表示，本实验用等效声级表示。

将各网点每一次的测量数据（200 个）顺序排列找出 L_{10}、L_{50}、L_{90}，求出等效声级 L_{eq}，再将该网点一整天的各次 L_{eq} 值求出算术平均值，作为该网点的环境噪声评价量。

1. 等效连续 A 声级的计算

将表格中所得各监测数据按能量叠加法则进行累加得到 L_{eq}，按下式计算等效连续 A 声级：

$$L_{eq}=10\lg\left(\frac{1}{n}\sum_{i=1}^{n}10^{L_i/10}\right)L_{eq}=L_m-10\lg\sum N_i \tag{10-2}$$

在本方法条件下：

$$L_{eq}=10\lg\left(\frac{1}{200}\sum_{i=1}^{200}10^{L_i/10}\right)\quad L_{eq}=L_m-23 \tag{10-3}$$

式中　L_i——每 5s 的瞬时 A 声级。

2. 统计声级的计算

将所测得的 200 个数据从大到小排列，找出第 10% 个数据即为 L_{10}，第 50% 个数据为 L_{50}，第 90% 个数据为 L_{90}。即将 200 个数据按从大到小的顺序排列，第 20 个数据即为 L_{10}，第 100 个数据即为 L_{50}，第 180 个数据即为 L_{90}。

按下式求出等效声级 L_{eq} 及标准偏差 δ。

$$L_{eq}=L_{50}+\frac{d^2}{60}\times L_{NP}=L_{eq}+d \tag{10-4}$$

$$\delta=\frac{1}{2}\sqrt{(L_{16}-L_{84})^2} \tag{10-5}$$

$$d=L_{10}-L_{90}$$

以 5dB 为一等级，用不同颜色或阴影线绘制学校（或某一地区）噪声污染图。噪声等级划分见表 10-1。

表 10-1　噪声等级划分

噪声带	颜色	阴影线	噪声带	颜色	阴影线
<35dB	浅绿色	小点，低密度	56～60dB	橙色	垂直线，高密度
36～40dB	绿色	中点，中密度	61～65dB	朱红色	交叉线，低密度
41～45dB	深绿色	大点，高密度	66～70dB	洋红色	交叉线，中密度
46～50dB	黄色	垂直线，低密度	71～75dB	紫红色	交叉线，高密度
51～55dB	褐色	垂直线，中密度	76～80dB	蓝色	宽条垂直线

六、思考题

1. 在无机动车辆通过时，监测点处的本底噪声约为多少？
2. 实验中使用等效连续 A 声级与统计声级两种方法计算出的 L_{eq} 数值是否一致？

实验 27　环境振动的测定

一、实验目的与要求

（1）掌握振动的测定原理。
（2）学会使用测量环境振动的仪器。

二、实验原理

振动加速度级 VAL：加速度与基准加速度之比的以 10 为底的对数乘以 20，记 VAL。单位为分贝，dB。
按定义此量为：

$$\text{VAL}=20\lg\frac{a}{a_0}(\text{dB}) \tag{10-6}$$

式中　a——振动加速度有效值，m/s^2；
　　a_0——基准加速度 $a_0=10^{-6}m/s^2$。

振动级 VL：

按 ISO 2631-1—1997 规定的全身振动不同频率计权因子修正后得到的振动加速度级，简称振级，记为 VL。单位为分贝，dB。

Z 振级 VL_Z：

按 ISO 2631-1—1997 规定的全身振动 Z 计权因子修正后得到的振动加速度级，记为 VL_Z。单位为分贝，dB。

累积百分 Z 振级 VL_{ZN}：在规定的测量时间 T 内，有 N%时间的 Z 振级超过某一 VL_Z 值，这个 VL_Z值叫累积百分 Z 振级，记为 VL_{ZN}。单位为分贝，dB。

稳态振动：观测时间内振级变化不大的环境振动。

冲击振动：具有突发性振级变化的环境振动。

无规振动：未来任何时刻不能预先确定振级的环境振动。

三、仪器

用于测量环境振动的仪器，其性能必须符合 ISO/DP 8041—1984 有关条款的规定。测量系统每年至少送计量部门校准一次。

四、方法步骤

1. 测量量

测量量为铅垂向 Z 振级。

2. 读数方法和评价量

本测量方法采用的仪器时间计权常数为 1s。

稳态振动：每个测点测量 1 次，取 5s 内的平均示数作为评价量。

冲击振动：取每次冲击过程中的最大示数为评价量；对于重复初相的冲击振动，以 10 次读数的算术平均值为评价量

无规振动：每个测点等间隔地读取瞬时示数，采样间隔不大于 5s，连续测量时间不少于 1000s，以测量数据的 VL_{Z10} 为评价量。

铁路振动：读取每次列车通过过程中的最大示数，每个测点连续测量 20 次，以 20 次读数的算术平均值为评价量。

3. 测量位置及拾振器的安装

测量位置：测点置于各类区域建筑物室外 0.5m 以内振动敏感处，必要时，测点置于建筑物室内地面中央。

拾振器的安装：确保拾振器平稳地安放在平坦、坚实的地面上，避免置于如地毯、草地、沙地或雪地等松软的地面上。

拾振器的灵敏度主轴方向应与测量方向一致。

4. 测量条件

测量时振源应处于正常工作状态。

测量应避免足以影响环境振动测量值的其他环境因素，如剧烈的温度梯度变化、强电磁场、强风、地震或其他非振动污染源引起的干扰。

五、数据记录与处理

环境振动测量按待测振源的类别，选择本节附录中的对应表格（见表 10-2～表 10-4）逐项记录。测量交通振动，必要时应记录车流量。

六、思考题

环境振动的测定过程中产生误差的主要原因有哪些？

表 10-2 稳态或冲击振动测量记录

测量地点		测量日期	
测量仪器		测量人员	
振源名称及型号		振动类型	稳态
			冲击
测点位置图示		地面状况	
		备注	

表 10-3 无规振动测量记录

测量地点		测量日期	
测量仪器		测量人员	
取样时间		取样间隔	
主要振源			
测点为主图示		地面状况	
		备注	

表 10-4 铁路振动测量记录

测量地点		测量日期	
测量仪器		测量人员	
测点为主图示		地面状况	
		备注	

实验 28 环境电磁辐射的测定

一、实验目的与要求

（1）掌握电磁辐射测量仪的使用。

（2）学会如何在实际环境中进行电磁辐射的测定。

二、实验原理

电磁辐射测量按测量场所分为作业环境、特定公众暴露环境、一般公众暴露环境测量。按测量参数分为电场强度、磁场强度和电磁场通量密度等的测量。所以电磁干扰场强既有电场强度、磁场强度和功率通量密度等基本单位，又有分贝制导出单位。在某些情况下，单位之间还可相互换算。对于不同的测量应选用不同类型的仪器，以期获得最佳的测量效果。

三、仪器

测量仪器根据测量目的分为非选频式宽带辐射测量仪和选频式辐射测量仪。无论是非选频式宽带辐射测量仪还是选频式辐射测量仪，基本构造都是由天线（传感器）及主机系统两部分组成的。

在国家标准中，推荐优先使用非选频式宽带辐射测量仪器对整个电磁环境安全进行综合检测，使用非选频式宽带辐射测量仪器监测时，若当前监测结果超出管理限值，还应使用选频式辐射测量仪对单点位进行选频测试，测定该点位在测试范围内的电磁辐射功率密度（电场强度）值，判断主要辐射源的贡献量。

1. 非选频式宽带辐射测量仪

具有各向同性响应或有方向性探头（天线）的宽带辐射测量仪属于非选频式宽带辐射测量仪。用有方向性探头时，应调整探头方向以测出最大辐射电平。仪器监测值为仪器频率范围内所有频率点上场强的综合值，应用于宽频段电磁辐射的监测。

非选频式宽带辐射测量仪可以选择电场探头或磁场探头。

使用非选频式宽带辐射测量仪实施环境监测时，为了确保环境监测的质量，应对这类仪器电性能提出基本要求，基本要求如下。

（1）各向同性误差≤±2dB。

（2）系统频率响应不均匀度≤±3dB。

（3）灵敏度　探头的下检出限应当优于 $0.7\times10^{-3}\mathrm{W/m^2}$（0.5V/m），上检出限应优于 $25\mathrm{W/m^2}$（100V/m）。

（4）校准精度　±0.5dB。

2. 选频式辐射测量仪

选频的意思是只选择某些频率进行测量，只让很小的频率范围的信号进来，滤除其余频率的信号。选频式测量仪器的灵敏度较非选频式的高很多。

各种专门用于 EMI 测量的场强仪，干扰测试接收机，以及用频谱仪、接收机、天线自行组成测量系统经标准场校准后可用于此目的。该测量系统经模/数转换与微机连接后，通过编制专用测量软件可组成自动测试系统，达到数据自动采集和统计。

根据所测量信号频谱的不同，选频式射频辐射测量仪器也按检波方式分为两大类，一类采用峰值检波，测量广播电视及通信等较窄的辐射源；另一类采用准峰值检波，测量火花放电等频谱范围很宽的电磁脉冲源。

电视场强仪，远区场强仪，一般具备峰值检波方式。干扰场强仪，测量接收机，一般具备准峰值检波方式。频谱分析仪，峰值检波及准峰值检波二者均有。

使用选频式辐射测量仪实施环境监测时，为了确保环境监测的质量，应对这类仪器电性能提出基本要求，基本要求如下。

（1）各向同性误差≤±2.5dB。

（2）测量误差≤±3 dB。

（3）灵敏度　探头的下检出限应当优于 $0.7\times10^{-3}\mathrm{W/m^2}$（0.5V/m），上检出限应优于 $25\mathrm{W/m^2}$（100V/m）。

（4）频率误差　小于被测频率的 10^{-3} 数量级。

四、方法步骤

1. 测量条件

（1）气候条件　气候条件应符合行业标准和仪器标准中规定的使用条件。一般为无雨、无雪、无雾的天气，温度 0～40℃，测量记录表应注明环境温度及相对湿度。

（2）测量高度　离地面1.7～2.0m。也可根据不同目的，选择测量高度。

（3）测量频率　电场强度测量值>50dBμV/m的频率作为测量频率。

（4）测量时间　本测量时间为5：00～9：00，11：00～14：00，18：00～23：00城市环境电磁辐射的高峰期。

24h昼夜测量，昼夜测量点不应少于10点。

测量间隔时间为1h，每次测量观察时间不应小于15s，若指针摆动过大，应适当延长观察时间。

2. 布点方法

（1）典型辐射体环境测量布点　对典型辐射体，比如某个电视发射塔周围环境实施监测时，则以辐射为中心，按间隔45°的8个方位为测量线，每条测量线上选取距场源30mm、50mm、100mm等不同距离定点测量，测量范围根据实际情况确定。

（2）一般环境测量布点　对整个城市电磁辐射测量时，根据城市测绘地图，将全区划分为1km×1km或2km×2km小方格，取方格中心为测量位置。

（3）按上述方法在地图上布点后，应对实际测点进行考察。考虑地形地物影响，实际测点应避开高层建筑物、树木、高压线以及金属结构等，尽量选择空旷地方测试。允许对规定测点调整，测点调整最大为方格边长的1/4，对特殊地区方格允许不进行测量。需要对高层建筑测量时，应在各层阳台或室内选点测量。

表10-5为电磁辐射环境质量监测方案。

表10-5　电磁辐射环境质量监测方案

监测对象	测量项目	监测点数	监测频次	备注
电磁辐射	场强(使用选频式辐射测量仪)/(dBμV/m)	2	1次/年	①住宅区、商业区各1点； ②频率范围:0.15MHz～3GHz； ③取大于35dB的值； ④检波:采用峰值最大值保持或准峰值检波； ⑤步长:取中频带宽的1/2； ⑥历次监测时间:9:00～12:00
	功率密度(使用非选频式辐射测量仪)/(μW/cm²)	4	1次/年	①住宅区、商业区、工业区、交通干线各1点； ②频率范围:0.15MHz～3GHz； ③历次监测时间:9:00～12:00

五、数据记录与处理

（1）如果测量仪器读出的场强瞬时值的单位为分贝（dBμV/m），则选择下列公式换算成以V/m为单位的场强（dBμV/m单位由来及换算可参照附录A）：

$$E_i = 10^{(\frac{x}{20}-6)} \tag{10-7}$$

式中　x——场强仪读数（dBμV/m）。

然后依次按下列各公式计算：

$$E = \frac{1}{n}\sum^{n} E_i \tag{10-8}$$

$$E_s = \sqrt{\sum^{n} E^2} \tag{10-9}$$

$$E_G = \frac{1}{M}\sum E_s \tag{10-10}$$

式中　E_i——在某测量位、某频段中被测频率 i 的测量场强瞬时值，V/m；

n——E_i值的读数个数；

E——在某测量位、某频段中各被测频率 i 的场强平均值，V/m；

E_s——在某测量位、某频段中各被测频率的综合场强，V/m；

E_G——在某测量位，在 24h（或一定时间内）内测量某频段后的总的平均综合场强，V/m；

M——在 24h（或一定时间内）内测量某频段的测量次数。

测量的标准误差仍用通常公式计算。

如果测量仪器用的是非选频式的，不用式(10-9)。

(2) 对于自动测量系统的实测数据，可编制数据处理软件，分别统计每次测量中测量值的最大值 E_{max}、最小值 E_{min}、中值、95%和 80%时间概率的不超过场强值 $E_{(95\%)}$、$E_{(80\%)}$，上述统计值均以（dBμV/m）表示。还应给出标准差值 σ（以 dB 表示）。

如系多次重复测量，则将每次测量值统计后，再进行数据处理。

(3) 绘制污染图

① 绘制　频率-场强、时间-场强、时间-频率、测量位-总场强值等各组对应曲线。

② 典型辐射体环境污染图　以典型辐射体为圆心，标注等场强值线图（参见本实验附录 B_1），或以典型辐射体为圆心，标注根据式(10-15）或式(10-16）得出的计算值的等值线图。

③ 居民区环境污染图　在有比例的测绘地图上标注等场强值线图，或标注根据式(10-15）或式(10-16）得出的计算值的等值线图。根据需要亦可在各地区地图上做好方格，用颜色或各种形状图线表示不同的场强值（参见本实验附录 B_2）或根据式(10-15）或式(10-16）得出的计算值表示。

(4) 环境质量预测的场强计算　为了估算辐射体对环境的影响，对于典型的中波、短波、超短波发射台站的发射天线在环境中辐射场强按式(10-11）至式(10-16）计算。对正方形、圆口面微波天线在环境中辐射场功率密度按式(10-17）和式(10-18）计算。

① 中波（垂直极化波）

理论公式：

$$E=\frac{245}{d}\sqrt{P\eta G}F(h)F(\Delta\varphi)A \tag{10-11}$$

近似公式：

$$E=\frac{300}{d}\sqrt{PGA}\quad (\mathrm{mV/m}) \tag{10-12}$$

$$A=1.41\frac{2+0.3X}{2+X+0.6X^2} \tag{10-13}$$

$$X=\frac{\pi d}{\lambda}\times\frac{\sqrt{(\varepsilon-1)^2+(60\lambda\sigma)^2}}{\varepsilon^2+(60\lambda\sigma)^2} \tag{10-14}$$

式中　d——被测位置与发射天线水平距离，km；

P——发射机标称功率，kW；

η——天线效率，%；

G——相对于接地基本振子（点源天线 $G=1$）的天线增益（倍数）；

$F(h)$——发射天线高度因子，$F(h)=1\sim1.43$；

$F(\Delta\varphi)$——发射天线垂直面（Δ 仰角）、水平面（方位角 φ）方向性函数，$\Delta_{max}=0$；

A——地面衰减因子；

X——数量距离；

λ——波长，m；

ε——大地的介电常数（无量纲）；

σ——大地的电导率，S/m。

其中，式(10-12) 近似公式是由 $\eta \approx 1$、$F(h) \approx 1.2$、$F(\Delta\varphi)=1$ 得出的，即舒来依金范德波尔公式。

② 短波（水平极化波）

短波（水平极化波）场强计算公式同（10-12）、（10-13），但水平极化波的 X 按（10-15）计算。各量纲同前。

$$X=\frac{\pi d}{\lambda}\times\frac{1}{\sqrt{(\varepsilon-1)^2+(60\lambda\sigma)_2}} \tag{10-15}$$

③ 超短波（电视、调频）

$$E=\frac{444\sqrt{PG}}{r}F(\theta) \qquad (\text{mW/cm}^2) \tag{10-16}$$

式中 P——发射机标称功率，kW；

G——相对于半波偶极子（$G_{0.5半}=1.64$）天线增益（倍数）；

r——测量位置与天线水平距离，km；

$F(\theta)$——天线垂直面方向性函数（视天线形式和层数而异）。

④ 微波 近场最大功率密度 $P_{d_{\max}}$：

$$P_{d_{\max}}=\frac{4P_T}{S} \qquad (\text{mW/cm}^2) \tag{10-17}$$

式中 P_T——送入天线净功率，mW；

S——天线实际几何面积，cm^2。

式(10-17) 给出的预测值，是对于具有正方形口面和圆锥形口面天线的情况（其精度 $<\pm 3\text{dB}$）下天线近场区内最大功率密度值。

远场轴向功率密度 P_d：

$$P_d=\frac{PG}{4\pi r^2} \qquad (\text{mW/cm}^2) \tag{10-18}$$

式中 P——雷达发射机平均功率，mW；

G——天线增益（倍数）；

r——测量位置与天线轴向距离，cm。

六、思考题

1. 实验测定过程中有哪些注意事项？
2. 在电磁辐射的测定中，应如何选择测量仪器？

附录A 电磁干扰场强的分贝制单位

在电磁干扰场强的测试中，往往会遇到量值相差非常悬殊（甚至达千百万倍的信号）。为了便于表达、叙述和运算（变乘除为加减），常采用对数单位——分贝（dB）。

分贝（dB）是表征两个功率电平比值的单位，即

$$A=10\lg\frac{P_2}{P_1} \tag{1}$$

鉴于 $P=\frac{U^2}{R}=I^2R$，因此上述表达式 $$A=20\lg\frac{U_1}{U_2}=20\lg\frac{I_1}{I_2} \quad (2)$$

亦被接受为 dB 的定义，但这针对的是同一阻抗。

分贝制单位在电磁干扰场强计量测试中的用法有如下三种：

(1) 表示信号传输系统中任意两点间功率（或电压）的相对大小，或空间某两点电磁干扰场强的相对大小。

例如 RR3A 型干扰场强测量仪。当其输入端接入 20dB 固定衰减器，则其测量范围扩大 20dB。这表示仪器输入电平前后相差 20dB。

(2) 在指定参考电平（电压或电场强度）时，可用分贝表示电压或电场强度的绝对值。此参考电平通称为零电平。

在干扰、场强测量仪的检定测试中，常常对测量接收机施加高频标准小电压，以检定其端电压测量精度。定义 1μV=0dBμV（简写为 dBμ），此即“分贝微伏”的由来。

同样，定义场强 1μV/m=0dBμV/m（简写为 dBμ），称“分贝微伏/米”。电场强度与 dBμV/m 的对应关系见附表 1。

尚须指出，dBμ 只对小电压使用较方便，而对大电压则可采用 V（分贝伏，1V=0dBV)；或 dBmV（分贝毫伏，1mV=0dBmV)。

附表 1　电场强度与 dBμV/m 的对应关系

$E/(\mu V/m)$	10^0	10^1	10^2	10^3	10^4	10^5	10^6	10^7
dBμV/m	0	20	40	60	80	100	120	140

(3) 用分贝表示电压或场强的误差大小。电场强度分贝误差与百分误差对照表见附表 2。

附表 2　电场强度分贝误差与百分误差对照表

分贝误差/dB	百分误差/%	分贝误差/dB	百分误差/%
0.1	1.16	−0.1	−1.14
0.2	2.32	−0.2	−2.27
0.3	3.51	−0.3	−3.39
0.4	4.71	−0.4	−4.50
0.5	5.93	−0.5	−5.59
0.6	7.15	−0.6	−6.67
0.7	8.39	−0.7	−7.74
0.8	9.65	−0.8	−8.14
0.9	10.92	−0.9	−9.84
1.0	12.20	−1.0	−10.87
1.5	18.85	−1.5	−15.86
2.0	25.89	−2.0	−20.56
2.5	33.35	−2.5	−25.01
3.0	41.25	−3.0	−29.20
3.5	49.62	−3.5	−33.16
4.0	58.49	−4.0	−36.90

附录 B_1

典型辐射体环境辐射等场强值线图（示意图）

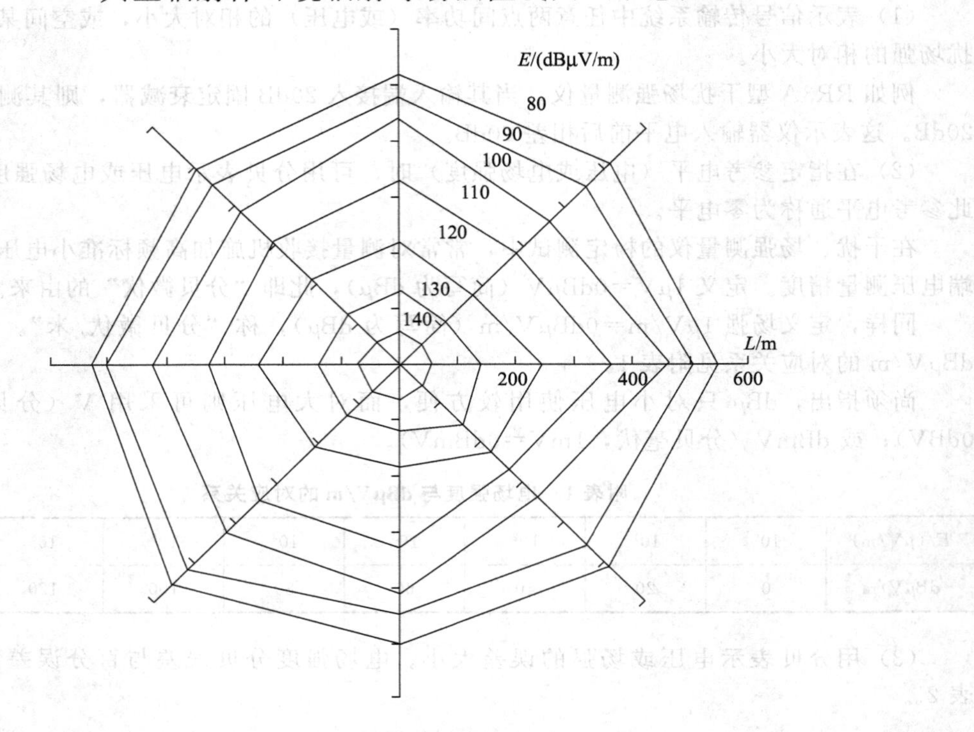

附录 B_2

居民区环境辐射电平标注

种 类	场强值/(mV/m)	种 类	场强值/(mV/m)
（交叉斜线）	＞300	（竖线）	80～130
（方格）	200～300	（密横线）	50～80
（斜线）	130～200	（疏横线）	＜50

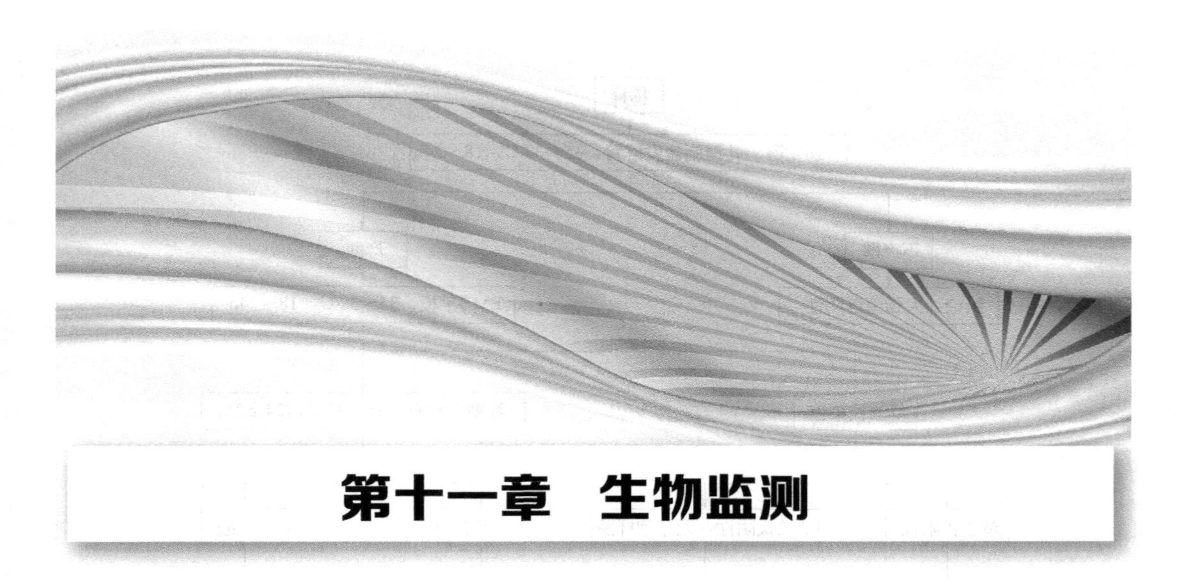

第十一章 生物监测

实验29 水中细菌总数和总大肠菌群的测定

一、实验目的与要求

(1) 了解和学习水中细菌总数和大肠菌群的测定原理和测定意义。

(2) 学习和掌握用稀释平板计数法测定水中细菌总数的方法。

(3) 学习和掌握水中大肠菌群的检测方法。

二、实验原理

1. 水中细菌总数

细菌总数是指1mL水样在普通营养琼脂培养基中，37℃经24h培养后，所生长的菌落数。本实验应用平板菌落计数技术测定水中细菌总数。由于水中细菌总数种类繁多，它们对营养和其他生长条件的要求差别很大，不可能找到一种培养基在一种条件下，使水中所有的细菌均能生长繁殖，因此，以某种培养基平板上生出来的菌落，计算出来的水中细菌总数仅是近似值。目前一般是采用普通营养琼脂培养基，该培养基营养丰富，能使大多数细菌生长。除采用平板菌落计数测定细菌总数外，现在已经有许多种快速、简便的微生物检测仪或试剂盒用来测定水中细菌总数。

2. 总大肠菌群

测定总大肠菌群的方法有多管发酵法、滤膜法和各种各样的快速、简便的微生物检测仪或试剂盒。多管发酵法为我国大多数环保、卫生和水厂等单位所采用，多管发酵法包括初发酵试验、平板分离和复发酵试验，其流程如图11-1所示。

(1) 初发酵试验　发酵管内装有乳糖蛋白胨液体培养基，并倒置放入一德汉氏小套管。乳糖能起选择作用，因为很多细菌不能发酵乳糖，而大肠菌群能发酵乳糖产酸产气。为便于观察细菌的产酸情况，培养基内加有溴甲酚紫作为pH指示剂，细菌产酸后，培养基即由原来的紫色变为黄色。溴甲酚紫还可抑制其他细菌的生长。水样接种于发酵管内，37℃培养

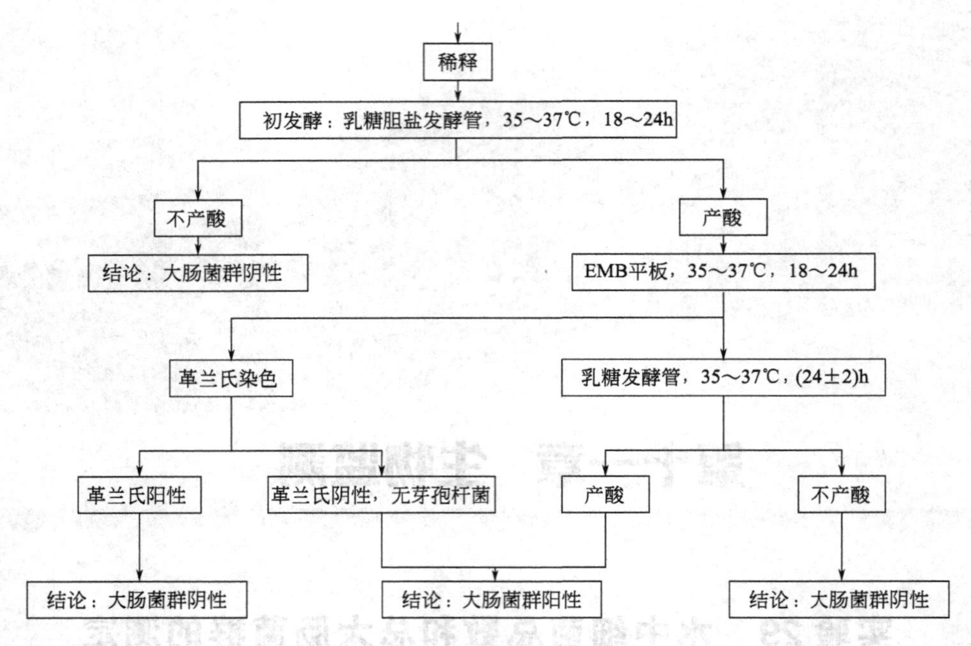

图 11-1　多管发酵法的流程

注：多管发酵法可运用于各种水样的检验，但操作繁琐，需要时间长。滤膜法仅适用于自来水和深井水，操作简单、快速，但不适用于杂质较多、易于阻塞滤孔的水样。

24h，小套管中有气体形成，并且培养基浑浊，颜色改变，说明水中存在大肠菌群，为阳性结果。但是，有个别其他类型的细菌在此条件下产气，而不属于大肠菌群；此外，产酸不产气的发酵管，也不一定是非大肠菌群，因为在量少的情况下，也可能延迟到48h后才产气，这两种情况应视为可疑结果，因此，需继续进行下面的试验，才能确定是否是大肠菌群。48h后仍不产气的为阴性结果。

（2）平板分离　平板培养基一般使用滕氏培养基或伊红美蓝培养基（EMB），前者含有碱性复红染料，在此作为指示剂，它可被培养基中的亚硫酸钠脱色，使培养基呈淡粉红色，大肠菌群发酵乳糖后产生的酸、乙醛和复红反应，形成深红色的复合物，使大肠菌群菌落变为带金属光泽的深红色。亚硫酸钠还可以抑制其他杂菌的生长。伊红美蓝琼脂平板含有伊红和美蓝染料，在此亦作为指示剂，大肠菌群发酵乳糖造成酸性环境时，该两种染料即结合成复合物，使大肠菌群产生带有核心的、有金属光泽的深紫色菌落。初发酵管24h内产酸产气和48h产酸产气的均需在以上平板上划线分离，培养后，将符合大肠菌群菌落特征的菌落进行革兰氏染色，只有染色为革兰氏阴性、无芽孢杆菌的菌落，才是大肠菌群菌落。

（3）复发酵试验　将以上两次试验已经证实为大肠菌群的菌落，接种复发酵，其原理与初发酵试验相同，经24h培养后产酸又产气的，最后确定为大肠菌群阳性结果。根据确定有大肠菌群存在的初发酵管数目，查阅专用统计表，得出大肠菌群指数。

三、试剂与仪器

1. 菌落总数的测定

（1）培养基　牛肉膏蛋白胨琼脂培养基，无菌生理盐水。

（2）器材　灭菌锥形瓶、灭菌具塞锥形瓶、灭菌平皿、灭菌吸管、灭菌试管等。

2. 大肠菌群的测定

(1) 培养基

① 乳糖胆盐蛋白胨培养基 蛋白胨 20.00g，猪胆盐（或牛、羊胆盐）5.00g，乳糖 10.00g，0.04%溴甲酚紫水溶液 25mL，水 1000mL，pH7.4。

制法 将蛋白胨、胆盐及乳糖溶于水中，校正 pH，加入指示剂，分装，每瓶 50mL 或每管 5mL，并倒置放入一个杜氏小管，115℃灭菌 15min。

双倍或三倍乳糖胆盐蛋白胨培养基 除水以外，其余成分加倍或取三倍用量。

② 伊红美蓝琼脂培养基 蛋白胨 10.00g，乳糖 10.00g，K_2HPO_4 2.00g，2%伊红水溶液 20mL，0.65%美蓝水溶液 10mL，琼脂 17.00g，水 1000mL，pH7.1。

制法 将蛋白胨、磷酸盐和琼脂溶于水中，校正 pH 后分装，121℃灭菌 15min 备用。临用时加入乳糖并熔化琼脂，冷至 50～55℃，加入伊红和美蓝溶液，摇匀，倾注平板。

③ 乳糖发酵管 除不加胆盐外，其余同乳糖胆盐蛋白胨培养基。

(2) 器材 灭菌锥形瓶，灭菌的具塞锥形瓶，灭菌平皿，灭菌吸管，灭菌试管等。

四、方法步骤与数据记录与处理

1. 水样的采集

(1) 自来水 先将自来水龙头用酒精灯火焰灼烧灭菌，再开放水龙头使水流 5min，以灭菌锥形瓶接取水样以备分析。

(2) 池水、河水、湖水等地面水源水 在距岸边 5m 处，取距水面 10～15cm 的深层水样，先将灭菌的具塞锥形瓶，瓶口向下浸入水中，然后翻转过来，除去玻璃塞，水即流入瓶中，盛满后，将瓶塞盖好，再从水中取出。如果不能在 2h 内检测的，需放入冰箱中保存。

2. 细菌总数的测定

(1) 水样稀释及培养

① 按无菌操作法，将水样做 10 倍系列稀释。

② 根据对水样污染情况的估计，选择 2～3 个适宜稀释度（饮用水如自来水、深井水等，一般选择 1∶1、1∶10 两种浓度；水源水如河水等，比较清洁的可选择 1∶10、1∶100、1∶1000 三种稀释度；污染水一般选择 1∶100、1∶1000、1∶10000 三种稀释度)，吸取 1mL 稀释液于灭菌平皿内，每个稀释度做 3 个重复。

③ 将已熔化并冷却到 45℃左右的牛肉膏蛋白胨琼脂培养基倒入平皿，每皿约 15mL，并趁热转动平皿混合均匀。

④ 另取一空的灭菌培养皿，倾注牛肉膏蛋白胨琼脂培养基 15mL，作空白对照。

⑤ 待琼脂凝固后，将平皿倒置于 37℃培养箱内培养 (24±1) h 后取出，计算平皿内菌落数目，乘以稀释倍数，即得 1mL 水样中所含的细菌菌落总数。

(2) 计算方法 做平板计数时，可用肉眼观察，必要时用放大镜检查，以防遗漏。在记下各平板的菌落数后，求出同稀释度的各平板平均菌落数。

(3) 计数的报告

① 平板菌落数的选择 选取菌落数在 30～300 之间的平板作为菌落总数测定标准。一个稀释度使用两个重复时，应选取两个平板的平均数。如果一个平板有较大片状菌落生长时，则不宜采用，而应以无片状菌落生长的平板计数作为该稀释度的菌数。若片状菌落不到平板的一半，而其余一半中菌落分布又很均匀，可计算半个平板后乘 2 以代表整个平板的菌落数。

② 稀释度的选择

a. 应选择平均菌落数在30～300之间的稀释度，乘以该稀释倍数报告之（表11-1例1）。

b. 若有两个稀释度，其生长的菌落数均在30～300之间，则视二者之比如何来决定。若其比值小于2，应报告其平均数；若比值大于2，则报告其中较小的数字（表11-1例2、例3）。

c. 若所有稀释度的平均菌落均大于300，则应按稀释倍数最低的平均菌落数乘以稀释倍数报告之（表11-1例4）。

d. 若所有稀释度的平均菌落数均小于30，则应按稀释倍数最低的平均菌落数乘以稀释倍数报告之（表11-1例5）。

e. 若所有稀释度均无菌落生长，则以小于1乘以最低稀释倍数报告之（表11-1例6）。

f. 若所有稀释度的平均菌落数均不在30～300之间，则以最接近30或300的平均菌落数乘以该稀释倍数报告之（表11-1例7）。

③ 细菌总数的报告　细菌的菌落数在100以内时，按其实有数报告；大于100时，用两位有效数字，在两位有效数字后面的数字，以四舍五入方法修约。为了缩短数字后面的0的个数，可用10的指数来表示，如表11-1“报告方式”一栏所示。

表11-1　稀释度的选择及细菌数报告方式

例次	稀释度及菌落数			两稀释度之比	菌落总数/(CFU/g或CFU/mL)
	10^{-1}	10^{-2}	10^{-3}		
1	多不可计	164	20	—	16400
2	多不可计	295	46	1.6	37750
3	多不可计	271	60	2.2	27100
4	多不可计	1650	313	—	313000
5	27	11	5	—	270
6	0	0	0	—	<10
7	多不可计	305	12	—	31000

3. 大肠菌群的测定（多管发酵法）

(1) 生活饮用水或食品生产用水的检验

① 初步发酵试验　在2个各装有50mL的3倍浓缩乳糖胆盐蛋白胨培养液（可称为三倍乳糖胆盐）的锥形瓶中（内有倒置杜氏小管），以无菌操作各加水样100mL。在10支装有5mL的三倍乳糖胆盐的发酵试管中（内有倒置小管），以无菌操作各加入水样10mL。如果饮用水的大肠菌群数变异不大，也可以接种3份100mL水样。摇匀后，37℃培养24h。

② 平板分离　经24h培养后，将产酸产气及只产酸的发酵管（瓶），分别划线接种于伊红美蓝琼脂平板（EMB培养基）上，37℃培养18～24h。大肠菌群在EMB平板上，菌落呈紫黑色，具有或略带有或不带有金属光泽，或者呈淡紫红色，仅中心颜色较深；挑取符合上述特征的菌落进行涂片，革兰氏染色，镜检。

③ 复发酵试验　将革兰氏阴性无芽孢杆菌的菌落的剩余部分接于单倍乳糖发酵管中，为防止遗漏，每管可接种来自同一初发酵管的平板上同类型菌落1～3个，37℃培养24h，如果产酸又产气者，即证实有大肠菌群存在。

④ 报告　根据证实有大肠菌群存在的复发酵管的阳性管数，查表11-2（或表11-3），报告每升水样中的大肠菌群数（MPN）。

(2) 水源水的检验　用于检验的水样量，应根据预计水源水的污染程度选用下列各量。

① 严重污染水　1mL，0.1mL，0.01mL，0.001mL各1份。

表 11-2　大肠菌群检索表（饮用水）

	0	1	2	备注
	每升水样中大肠菌群数			
0	<3	4	11	接种水样总量 300mL（100mL2 份，10mL10 份）
1	3	8	18	
2	7	13	27	
3	11	18	38	
4	14	24	52	
5	18	30	70	
6	22	36	92	
7	27	43	120	
8	31	51	161	
9	36	60	230	
10	40	69	>230	

表 11-3　大肠菌群数变异不大的饮用水

阳性管数	0	1	2	3	接种水样总量 300mL
每升水样中大肠菌群数	<3	4	11	>18	（3 份 100mL）

② 中度污染水　10mL，1mL，0.1mL，0.01mL 各 1 份。

③ 轻度污染水　100mL，10mL，1mL，0.1mL 各 1 份。

④ 大肠菌群变异不大的水源水　10mL10 份。

操作步骤同生活用水或食品生产用水的检验。同时应注意，接种量 1mL 及 1mL 以内用单倍乳糖胆盐发酵管；接种量在 1mL 以上者，应保证接种后发酵管（瓶）中的总液体量为单倍培养液量。然后根据证实有大肠菌群存在的阳性管（瓶）数，查表 11-4、表 11-5、表 11-6 或表 11-7，报告每升水样中的大肠菌群数（MPN）。

表 11-4　大肠菌群检索表（严重污染水）

接种水样量/mL				每升水样中大肠菌群数	备注
1	0.1	0.01	0.001		
−	−	−	−	<900	接种水样总量为 1.111mL(1mL，0.1mL，0.01mL，0.001mL 各一份)
−	−	−	+	900	
−	−	+	−	900	
−	+	−	−	950	
−	−	+	+	1800	
−	+	−	+	1900	
−	+	+	−	2200	
+	−	−	−	2300	
−	+	+	+	2800	
+	−	−	+	9200	
+	−	+	−	9400	
+	−	+	+	18000	
+	+	−	−	23000	
+	+	−	+	96000	
+	+	+	−	238000	
+	+	+	+	>238000	

表 11-5 大肠菌群检索表（中度污染水）

接种水样量/mL				每升水样中大肠菌群数	备注
10	1	0.1	0.01		
−	−	−	−	＜90	
−	−	−	+	90	
−	−	+	−	90	
−	+	−	−	95	
−	−	+	+	180	
−	+	−	+	190	
−	+	+	−	220	
+	−	−	−	230	接种水样总量为11.11mL(10mL,1mL,0.1mL,0.01mL 各一份)
−	+	+	+	280	
+	−	−	+	920	
+	−	+	−	940	
+	−	+	+	1800	
+	+	−	−	2300	
+	+	−	+	9600	
+	+	+	−	23800	
+	+	+	+	＞23800	

表 11-6 大肠菌群检索表（轻度污染水）

接种水样量/mL				每升水样中大肠菌群数	备注
100	10	1	0.1		
−	−	−	−	＜9	
−	−	−	+	9	
−	−	+	−	9	
−	+	−	−	9.5	
−	−	+	+	18	
−	+	−	+	19	
−	+	+	−	22	
+	−	−	−	23	接种水样总量为111.1mL(100mL,10,1mL,0.1mL 各一份)
−	+	+	+	28	
+	−	−	+	92	
+	−	+	−	94	
+	−	+	+	180	
+	+	−	−	230	
+	+	−	+	960	
+	+	+	−	2380	
+	+	+	+	＞2380	

表 11-7 大肠菌群变异不大的水源水

阳性管数	0	1	2	3	4	5	6	7	8	9	10
每升水样中大肠菌群数	＜10	11	22	36	51	69	92	120	160	230	＞230
备注	接种水样总量 100mL(10mL10 份)										

五、思考题

(1) 明确本实验中细菌总数和总大肠菌数测定的实际意义。

(2) 分析本实验中误差的来源。

实验30 发光细菌毒性试验

一、实验目的与要求

(1) 掌握发光细菌毒性测试的标准方法。

(2) 根据发光细菌发光强度的变化判断受试化合物的毒性。

(3) 初步了解发光细菌毒性测试的影响因素。

二、实验原理

发光菌的发光机制：细菌生物发光反应是由分子氧作用，胞内荧光酶催化，将还原态的黄素单核苷酸（$FMNH_2$）及长链脂肪醛氧化为FMN及长链脂肪酸，同时释放出最大发光强度在波长为450～490nm处的蓝绿光。

当发光细菌接触有毒污染物时，细菌新陈代谢则受到影响，发光强度减弱或熄灭，发光细菌发光强度变化可用发光检测仪测定出来。在一定浓度范围内，发光细菌光强度变化的大小与有毒物浓度成相关关系，因此可通过发光细菌来监测环境中的有毒污染物。发光细菌应用最多的是明亮发光杆菌，可以监测各种水体，对气体中可溶性有毒物质，可先通过吸收、溶解在溶液中，再来观察其对发光细菌的影响。

毒物的毒性可以用EC_{50}表示，即发光菌发光强度降低50%时毒物的浓度。实验结果显示，毒物浓度与菌体发光强度呈线性负相关关系。因而可以根据发光菌发光强度判断毒物毒性大小，用发光强度表征毒物所在环境的急性毒性。

三、试剂与仪器

1. 试剂

(1) 氯化钠溶液，2.00g/100mL（3.00g/100mL），称取2.00g（3.00g）氯化钠溶于100mL蒸馏水中，置于2～5℃冰箱备用。

(2) 氯化汞母液，2000mg/L，用万分之一分析天平精称密封保存良好的无结晶水氯化汞0.1000g于50mL容量瓶中，用3.00g/100mL氯化钠溶液稀释至刻度，置于2～5℃冰箱备用，保存期6个月。

(3) 氯化汞工作液，2.00mg/L，用移液管吸取氯化汞母液10mL入1000mL容量瓶，用3.00g/100mL氯化钠溶液定容。再用移液管吸取氯化汞20.00mg/L溶液25mL入250mL容量瓶，用3.00g/100mL氯化钠溶液定容，将此液倒入配有半微量滴定管的试液瓶，然后，用3.00g/100mL氯化钠溶液将氯化汞2.00mg/L溶液按表11-8稀释成系列浓度（一律稀释至50mL容量瓶中）。配制的稀释液保存期不超过24h。

表11-8 氯化汞工作液稀释配制系列（稀释至50mL容量瓶中）

加氯化汞工作液体积/mL	0.5	1.0	1.5	2.0	2.5	3.0	3.5	4.0	4.5	5.0	5.5	6.0
稀释定容后氯化汞浓度/(mg/L)	0.02	0.04	0.06	0.08	0.10	0.12	0.14	0.16	0.18	0.20	0.22	0.24

(4) 明亮发光杆菌T3小种冻干粉，安瓿瓶包装，在2～5℃冰箱内有效保存期为6个月。新制备的发光细菌休眠细胞（冻干粉）密度不低于每克800万个细胞。

2. 仪器

(1) DXY-2型生物毒性测试仪，配制2mL或5mL测试管，当氯化汞标准液浓度为

0.10mg/L 时，发光细菌的相对发光度为 50%，其误差不超过 10%。

（2）2mL 或 5mL 测试样品管，具标准磨口塞，为制造比色管的玻璃料制作，由专业玻璃仪器厂制造，分别适用于相应型号的生物放光光度计。

（3）注射器：1mL。

（4）微量注射器：10μL。

（5）定量加液瓶：5mL。

（6）吸管：2mL、10mL、25mL。

（7）试剂瓶：100mL。

（8）量桶：100mL、500mL。

（9）棕色容量瓶：50mL、250mL、1000mL。

（10）半微量滴定管：配磨口试液瓶，全套仪器均为棕色，10mL。

（11）恒温振荡器。

（12）隔水式培养箱。

（13）高压灭菌锅。

（14）比色管架。

四、方法步骤

1. 仪器预热 15min 并调零

2. 试管的排列

在塑料或铁制试管架上按以下两种情况排列测试管：

（1）当样品母液相对发光度为 1%以上者，欲以与相对发光度相当的氯化汞浓度表达结果者，如表 11-9 排列。

表 11-9 测试管在试管架上的排列

后二排	CK 预试 1							CK 预试 2						
后一排	CK	CK	CK	CK	CK	CK…	CK	CK	CK	CK	CK	CK	CK…	CK
前　排	0.02	0.02	0.02	0.04	0.04	0.04…	0.24	样品 1	样品 1	样品 1	样品 2	样品 2	样品 2…	样品 n
管　群	$HgCl_2$/(mg/L)							样　品						

左侧放参比毒物 $HgCl_2$ 系列浓度溶液管，右侧放样品管。前排放 $HgCl_2$ 溶液和样品管，后一排放对照（CK）管，后二排放 CK 预试验管。每管 $HgCl_2$ 样品液均配一管 CK（3%NaCl 溶液），设 3 次重复。每测一批样品，常需同时配置测定系列浓度 $HgCl_2$ 标准溶液。

（2）当样品母液相对发光度为 50%以下乃至零，欲以 EC_{50} 表达结果者，如下排列：

左侧仅放 0.10mg/L $HgCl_2$ 溶液管（作为检验发光菌活性是否正常的参考毒物浓度，反应 15min 的相对发光度应在 50%左右），右侧放样品稀释液管（从低浓度到高浓度依次排列）。其他同（1）。每测一批样品，均必须同时配测 0.10mg/L $HgCl_2$ 溶液。

3. 3%NaCl 溶液

用 5mL 的定量加液瓶给每支 CK 管加 2mL 或 5mL3%NaCl 溶液。

4. 加样品液

用 2mL 或 5mL 吸管给每支样品管加 2mL 或 5mL 样品液。每个样品号换一支试管。

5. 细菌冻干菌剂复苏

从冰箱2～5℃室取出含有0.5g发光细菌冻干粉的安瓿瓶和NaCl溶液，投入置有冰块的小号（1～1.5L）保温瓶，用1mL注射器吸取0.5mL冷的2%NaCl溶液（适用于5mL测试管）或1mL冷的2.5%NaCl溶液（适用于2mL测试管注入已开口的冻干粉安瓿瓶，务必充分混匀）。2min后菌即复苏发光（可在暗室内检测，肉眼应见微光）。备用。

6. 仪器检验复苏发光细菌冻干粉质量

另取一空2mL或5mL测试管，加2mL或5mL3%NaCl溶液，10μL复苏发光菌液，盖上瓶塞，用手颠倒5次以达均匀。拔去瓶塞，将该管放入各自型号仪器测试舱内，若发光量立即显示（或经过5～10min上升到）600mV以上（低于600mV时，允许将倍率调至“X2”挡，发光量达不到600mV时，更换冻干粉），此瓶冻干粉可用于测试。

7. 给各测试管加复苏菌液

在发光菌液复苏稳定（约15min）后，按（2）所述，从左到右，按$HgCl_2$或样品管（前）－CK管（后）－$HgCl_2$或样品管（前）－CK管（后）……顺序，用10μL微量注射器（勿用定量加液器，以减少误差）准确吸取10μL复苏菌液，逐一加入各管，盖上瓶塞，用手颠倒5次，拔去瓶塞，放回原位。每管在加菌液的当时务必精确计时，记录到秒，记作各管反应终止（即应该读发光量）的时间。

8. 读数

当发光细菌与样品反应达到终止时间（精确到秒），则可进行样品测量：

（1）向上拔出样品室的盖子（注意！拔出前，面板上应是红指示灯亮），然后将盛有待测样品液的比色管放入样品室，盖好盖子。

（2）抓住盖子，依顺时针方向旋转（这时面板上红灯灭，绿灯亮），1～2s，则可读取样品溶液的测定数据（读出其发光量－经光电变换－电压mV数）。

（3）抓住盖子按顺时针方向旋转，回到原处（面板上绿灯熄灭，红灯亮），这时即可向上拔出盖子，取出已测过的样品，此后，可作如下处理：

① 还有待测样品，再取一比色管放入，盖好盖子，然后按上述步骤进行测量。

② 同样品需进一步处理，不能马上测量，可以盖上盖子等待。

③ 整批样品测试完毕，盖好盖子，将仪器电源切断。

五、数据记录与处理

受试化合物的毒性作用用发光细菌的发光强度相对抑制率表示。

计算公式如下：

$$相对抑制率=\frac{对照发光强度样品发光强度－样品发光强度}{对照发光强度}\times 100\% \quad (11\text{-}1)$$

光强的相对抑制率与毒物毒性的大小成正比。通常用发光细菌光抑制50%的受试化合物浓度来表征其毒性效应（EC_{50}）。将计算的光相对抑制率与受试化合物的浓度进行回归分析，根据所得回归方程可求出相应的EC值。

六、注意事项

（1）测试时，室温必须控制在20～25℃范围。同一批样品在测定过程中要求温度波动不超过±1℃。故冬夏测定宜在室内采用空调器控温。且所有测试器皿及试剂、溶液，测前1h均置于控温的测试室内。

（2）对有色样品测定，若用常规方法测定会有干扰，因此需用方法进行校正。

（3）水环境污染后的毒性测定，应在采样后6h内进行。否则应在2～5℃下保存样品，但不得超过24h。报告中应标明采样时间和测定时间。

七、思考题

1. 测试结果误差的主要来源有哪些？

2. 测试过程中，暴露时间、温度及体系的pH等对发光细菌的发光特性是否有影响，及影响如何？

3. 发光细菌的测定方法有：（1）新鲜发光细菌培养测定法；（2）发光细菌和藻类混合测定法；（3）发光细菌冷冻干燥制剂测定法等，为什么一般选择发光细菌冷冻干燥制剂测定法？

实验31　动物体内甲基汞含量测定——冷原子吸收法

一、实验目的与要求

（1）学会动物体内甲基汞的提取。

（2）掌握冷原子测汞仪的使用。

二、实验原理

试样中的甲基汞，用氯化钠研磨后加入含有Cu^{2+}的盐酸（1+11）（Cu^{2+}与组织中结合的甲基汞交换），完全萃取后，经离心或过滤，将上清液调试至一定的酸度，用巯基棉吸附，再用盐酸（1+5）洗脱，在碱性介质中用测汞仪测定，与标准系列比较定量。

三、试剂与仪器

1. 试剂

（1）氯化亚锡溶液（300.00g/L）　称取60.00g氯化亚锡（$SnCl_2 \cdot 2H_2O$），加少量水，再加10mL硫酸，加水稀释至200mL，放置冰箱保存。

（2）铜离子稀溶液　称取50.00g氯化钠，加水溶解，加5mL氯化铜溶液（42.5g/L），加50mL盐酸（1+1），加水稀释至500mL。

（3）氢氧化钠溶液（400.00g/L）。

（4）甲基汞标准液　准确称取0.1252g氯化甲基汞，置于100mL容量瓶中，用少量乙醇溶解，用水稀释至刻度，此溶液每毫升相当于1.00mg甲基汞，放置冰箱保存。

（5）甲基汞标准使用溶液　吸取1.0mL甲基汞标准溶液，置于100mL容量瓶中，加少量乙醇，用水稀释至刻度，此溶液每毫升相当于10.00μg甲基汞，再吸取此溶液1.0mL，置于100mL容量瓶中，用水稀释至刻度。此溶液每毫升相当于0.10μg甲基汞，临用时新配。

2. 仪器

（1）巯基棉管　用内径6mm、长度20cm，一端拉细（内径2mm）的玻璃滴管内装0.10～0.15g巯基棉，均匀填塞，临用现装。

（2）玻璃仪器　均用硝酸（1+20）浸泡一昼夜，用水冲洗干净。

（3）测汞仪。

（4）pH计。

（5）离心机　带 50～80mL 离心管。

四、分析步骤

（1）称取 1.00～2.00g 去皮去刺绞碎混匀的鱼肉（称取 5.00g 虾仁，研碎），加入等量氯化钠，在乳钵中研成糊状，加入 0.5mL 氯化铜溶液（42.50g/L），轻轻研匀，用 30mL 盐酸（1＋11）分次完全转入 100mL 带塞锥形瓶中，剧烈振摇 5min，放置 30min（也可用振荡器振摇 30min），样液全部转入 50mL 离心管中，用 5mL 盐酸（1＋11）淋洗锥形瓶，洗液与样液合并，离心 10min（转速为 2000r/min），将上清液全部转入 100mL 分液漏斗中，于残渣中再加 10mL 盐酸（1＋11），用玻璃棒搅拌均匀后再离心，合并两份离心溶液。

（2）加入与盐酸（1＋11）等量的氢氧化钠溶液（40.00g/L）中和，加 1～2 滴甲基橙指示液，再调至溶液变黄色，然后滴加盐酸（1＋11）至溶液从黄色变橙色，此溶液的 pH 在 3.0～3.5 范围内（可用 pH 计校正）。

（3）将塞有巯基棉的玻璃滴管接在分液漏斗下面，控制流速约为 4～5mL/min；然后用 pH3.0～3.5 的淋洗液冲洗漏斗和玻璃管，取下玻璃管，用玻璃棒压紧巯基棉，用洗耳球将水尽量吹尽，然后加入 1mL 盐酸（1＋5）分别洗脱一次，用洗耳球将洗脱液吹尽，收集于 10mL 具塞比色管中。

（4）洗脱液收集在 10mL 具塞比色管内，补加铜离子稀溶液至 10mL。再吸取 2.0mL 此溶液，加铜离子稀溶液至 10mL。

（5）另取 12 支 10mL 具塞比色管，分别加入 5mL 铜离子稀溶液，然后分别加入 0.00mL、0.20mL、0.40mL、0.60mL、0.80mL、1.00mL 甲基汞标准使用液各两管，各补加铜离子稀溶液至 10mL（相当于 0.00μg、0.02μg、0.04μg、0.06μg、0.08μg、0.10μg 甲基汞）。将试样及汞标准溶液分别依次倒入汞蒸气发生器中，加 2mL 氢氧化钠溶液（400.00g/L）、15mL 氯化亚锡溶液（300.00g/L），通气后，记录峰高或记录最大读数，绘制标准曲线比较。

五、数据记录与处理

试样中甲基汞的含量按下式计算：

$$X=\frac{m_1\times 1000}{\frac{2}{10}\times m_2\times 1000} \tag{11-2}$$

式中　X——试样中甲基汞的含量，mg/kg；

m_1——测定用样品中甲基汞的质量，μg；

m_2——试样质量，g。

六、思考题

1. 甲基汞测定实验与总汞测定的区别？
2. 萃取过程中应避免那些误差来源？

实验 32　植物体内氟含量测定——扩散-氟试剂比色法

一、实验目的与要求

（1）掌握扩散-氟试剂法的测定原理。

（2）巩固分光光度计的使用。

二、实验原理

植物体内氟化物在扩散盒内与酸作用，产生氟化氢气体，经扩散被氢氧化钠吸收。氟离子与镧（Ⅲ）、氟试剂（茜素氨羧络合剂）在适宜 pH 下生成蓝色三元络合物，颜色随氟离子浓度的增大而加深，用或不用含胺类有机溶剂提取，与标准系列比较定量。

三、试剂与仪器

1. 试剂

本方法所用水均为不含氟的去离子水，试剂为分析纯，全部试剂贮于聚乙烯塑料瓶中。

（1）丙酮。

（2）硫酸银-硫酸溶液（20.00g/L） 称取 2.00g 硫酸银，溶于 100mL 硫酸（3＋1）中。

（3）氢氧化钠-无水乙醇溶液（40.00g/L） 称取 4.00g 氢氧化钠，溶于无水乙醇并稀释至 100mL。

（4）乙酸（1mol/L） 取 3mL 冰乙酸，加水稀释至 50mL。

（5）茜素氨羧络合剂溶液 称取 0.19g 茜素氨羧络合剂，加少量水及氢氧化钠溶液（40.00g/L）使其溶解，加 0.125g 乙酸钠，用 1mol/L 乙酸溶液调节 pH 为 5.0（红色），加水稀释至 500mL，置冰箱内保存。

（6）乙酸钠溶液（250.00g/L）。

（7）硝酸镧溶液 称取 0.22g 硝酸镧，用少量乙酸溶液（1mol/L）溶解，加水至约 450mL，用乙酸钠溶液（250.00g/L）调节 pH 为 5.0，再加水稀释至 500mL，置冰箱内保存。

（8）缓冲液（pH4.7） 称取 30.00g 无水乙酸钠，溶于 400mL 水中，加 22mL 冰乙酸，再缓缓加冰乙酸调节 pH 为 4.7，然后加水稀释至 500mL。

（9）二乙基苯胺-异戊醇溶液（5＋100） 量取 25mL 二乙基苯胺，溶于 500mL 异戊醇中。

（10）硝酸镁溶液（100.00g/L）。

（11）氢氧化钠溶液（40.00g/L） 称取 4.00g 氢氧化钠，溶于水并稀释至 100mL。

（12）氟标准溶液 准确称取 0.2210g 经 95～105℃干燥 4h 冷的氟化钠，溶于水，移入 100mL 容量瓶中，加水至刻度，混匀。置冰箱中保存。此溶液每毫升相当于 1.00mg 氟。

（13）氟标准使用液 吸取 1.0mL 氟标准溶液，置于 200mL 容量瓶中，加水至刻度，混匀。此溶液每毫升相当于 5.00μg 氟。

（14）圆滤纸片 把滤纸剪成 φ4.5cm 圆片，浸于氢氧化钠（40.00g/L）-无水乙醇溶液，于 100℃烘干、备用。

2. 仪器

（1）塑料扩散盒 内径 4.5cm，深 2cm，盖内壁顶部光滑，并带有凸起的圈（盛放氢氧化钠吸收液用），盖紧后不漏气。其他类型塑料盒亦可使用。

（2）恒温箱 （55±1）℃。

（3）可见分光光度计。

（4）酸度计 PHS-3C 型或其他型号。

（5）马弗炉。

四、方法步骤

1. 样品处理

取植物体代表部位若干，洗净、晾干、切碎、混匀，称取100.00～200.00g样品，80℃鼓风干燥，粉碎，过40目筛。结果以鲜重表示，同时要测水分。

2. 测定

(1) 取塑料盒若干个，分别于盒盖中央加0.2mL氢氧化钠-无水乙醇溶液（40.00g/L），在圈内均匀涂布，于（55±1)℃恒温箱中烘干，形成一层薄膜，取出备用。或把圆滤纸片贴于盒内。

(2) 称取1.00～2.00g处理后的样品于塑料盒内，加4mL水，使样品均匀分布，不能结块。加4mL硫酸银-硫酸溶液（20.00g/L），立即盖紧，轻轻摇匀。如样品经灰化处理，则先将灰分全部移入塑料盒内，用4mL水分数次将坩埚洗净，洗液均倒入塑料盒内，并使灰分均匀分散，如坩埚还未完全洗净，可加4mL硫酸银-硫酸溶液（20.00g/L）于坩埚内继续洗涤，将洗液倒入塑料盒内，立即盖紧，轻轻摇匀，置（55±1)℃恒温箱内保温20h。

(3) 分别于塑料盒内加0.0mL、0.2mL、0.4mL、0.8mL、1.2mL、1.6mL氟标准使用液（相当0.00μg、1.00μg、2.00μg、4.00μg、6.00μg、8.00μg氟），补加水至4mL，各加硫酸银-硫酸溶液（20.00g/L）4mL，立即盖紧，轻轻摇匀（切勿将酸溅在盖上），置恒温箱内保温20h。

(4) 将盒取出，取下盒盖，分别用20mL水，少量多次地将盒盖内氢氧化钠薄膜溶解，用滴管小心完全地移入100mL分液漏斗中。

(5) 分别于分液漏斗中加3mL茜素氨羧络合剂溶液，3.0mL缓冲液，8.0mL丙酮，3.0mL硝酸镧溶液，13.0mL水，混匀，放置10min，各加入10.0mL二乙基苯胺-异戊醇溶液（5+100)，振摇2min，待分层后，弃去水层，分出有机层，并用滤纸过滤于10mL带塞比色管中。

(6) 用1cm比色皿于580nm波长处以标准零管调节零点，测吸光值绘制标准曲线，样品吸光值与曲线比较求得含量。

五、数据记录与处理

$$X_1=\frac{m_1\times 1000}{m_2\times 1000} \tag{11-3}$$

式中 X_1——样品中氟的含量，mg/kg；

m_1——测定用样品中氟的质量，μg；

m_2——样品的质量，g。

结果的表述：报告平行测定的算术平均值的两位有效数。

六、思考题

1. 氟的测定方法很多，适合植物体内氟测定的方法有哪些？
2. 分析本实验中误差来源。

第三篇　环境监测综合性和研究性实验

实验 33 生态功能区地表灰尘重金属含量分析及分布规律

一、实验性质

本实验是环境科学与工程及相关专业方向的学生在学习了《环境监测》及相关课程后，将其课堂上学习的环境监测理论知识应用到实践的一个综合性实验。

二、实验目的与要求

（1）本实验旨在培养学生思考问题、分析问题和解决问题的能力，提高学生的创新思维和实际动手能力，提高学生驾驭知识的能力，培养学生事实求是的科学态度，百折不挠的工作作风，相互协作的团队精神，勇于开拓的创新意识。通过开展这项工作，将有利于学校培养社会所需要的高素质、创新型人才。

（2）通过实验可以实现以学生自我训练为主的教学模式，使学生更好地掌握实验原理、操作方法、步骤，全面了解生态功能区概念及划分、地表灰尘的采集方法及原理，掌握重金属含量的测定及原理，学会对监测数据规律分布进行分析，进而对生态功能区地表灰尘重金属含量及分布做出评价，旨在为针对性地进行区域生态建设政策的制定和合理地环境整治提供依据。

三、实验任务

1. 查资料

实验以小组合作方式（一般 3～4 人）在现有理论知识的基础上，再结合网络、图书馆数据库等途径查阅相关文献。

2. 被调查地区的生态功能区划

了解某市、某地区生态功能区划分的依据，对其进行生态功能区划。并对每个分区的区域特征描述，描述包括以下内容：

（1）自然地理条件和气候特征，典型的生态系统类型；

（2）存在的或潜在的主要生态环境问题，引起生态环境问题的驱动力和原因；

（3）生态功能区的生态环境敏感性及可能发生的主要生态环境问题；

（4）生态功能区的生态服务功能类型和重要性；

（5）生态功能区的生态环境保护目标，生态环境建设与发展方向。

3. 实验方案的确定

（1）采样点的布设。

（2）相应重金属含量测定实验方法整理、实验方案的确定。

4. 对测定结果做出相应的分析和总结，书写实验报告

（1）选用 Excel，Origin 或 SPSS 等软件绘图表和数据分析。

（2）总结分析结果，并进行讨论。

（3）得出本实验的结论。

（4）书写实验报告。

5. 以小组的形式进行实验汇报会

四、实验室可提供的相关仪器设备清单

（1）原子吸收分光光度计或电感耦合等离子仪

（2）冷原子测汞仪

（3）紫外可见分光光度计

（4）冰箱

（5）通风橱

（6）Cu、Zn、Pb、Cr、Cd 等常见重金属贮备液

（7）消解用常见酸

（8）测汞用相关试剂

五、实验报告参考格式

一	实验研究的背景
二	实验阶段 1. 结合实验目的及要求，制订出本实验的技术路线图。 2. 结合技术路线图，细化实验步骤。 (1)制订出各测定项目常用分析方法汇总表，最终筛选适合本实验的分析方法。 (2)给出本实验的相关实验原理及影响本实验结果的相关注意事项。
三	结果与讨论
四	结论
五	实验体会及自我评价
六	参考文献

六、参考资料

1. 环境监测教材。
2. 《水和废水监测分析方法（第四版）》。
3. 图书馆数据库等。

实验 34　河流沉积物中多环芳烃的高效液相色谱法分析

一、实验性质

本实验是环境科学与工程及相关专业方向的学生在学习了《环境监测》及相关课程后，将其课堂上学习的环境监测理论知识应用到实践的一个综合性实验。

二、实验目的与要求

（1）本实验旨在培养学生思考问题、分析问题和解决问题的能力，提高学生的创新思维和实际动手能力，提高学生驾驭知识的能力，培养学生事实求是的科学态度，百折不挠的工作作风，相互协作的团队精神，勇于开拓的创新意识。通过开展这项工作，将有利于学校培养社会所需要的高素质、创新型人才。

（2）通过实验可以实现以学生自我训练为主的教学模式，使学生更好地掌握实验原理、操作方法、步骤，全面了解掌握河流沉积物的布点、采集、预处理（萃取方法的确定），掌握高效液相色谱原理及多环芳烃的测定，学会对监测数据规律分布进行分析，进而对河流沉

积物中多环芳烃的含量及分布规律做出评价。

三、实验任务

该实验由学生（小组形式）在现有理论知识的基础上，通过网络、图书馆等途径查阅大量文献，设计出具体实验方案。本综合实验主要流程如下。

1. 了解多环芳烃的基本理化性质及危害

了解16种多环芳烃（萘、苊、二氢苊、芴、菲、蒽、荧蒽、芘、䓛、苯并［*a*］蒽、苯并［*b*］荧蒽、苯并［*k*］荧蒽、苯并［*a*］芘、二苯并［*a*,*h*］蒽、苯并［*g*,*h*,*i*］苝、茚并［1,2,3-*cd*］芘）的基本理化性质，比如苯环数、分子量、沸点及致癌活性等。

2. 自行设计河流沉积物的采集

具体可参照本书第五章第二节内容。

3. 采集样品的保存容器要求及期限

4. 沉积物预处理（多环芳烃的提取方法的确定）

目前主要有索氏提取法、超声提取法、超临界流体萃取、微波辅助萃取、加压流体萃取等方法。

5. 了解目前多环芳烃的检测方法及高效液相色谱的优点

目前主要有色谱法和分光光度法。分光光度法有紫外分光光度法、荧光光谱法、磷光法、低温发光光谱法和一些新的发光分析法等，最常用的是荧光光谱法。荧光法灵敏度较高，但需要纸色谱，步骤烦琐，对于复杂样品分离效果较差，已很少采用。目前，PAHs的监测技术应用最广的分析方法是色谱法。常用的有气相色谱法和液相色谱法等。气相色谱法使用毛细管柱进行分离，使复杂组分能够较好的分离，尤其使用质谱作为检测器时，可以同时进行定性和定量分析，因此适合于复杂样品中多环芳烃的测定，但灵敏度比荧光法低。高效液相色谱具有选择性好、灵敏度高的优点，应用最为普遍，已成为分析多环芳烃的首选方法。

6. 多环芳烃的高效液相色谱法的实验方案的确定

主要包括：色谱条件、检测器波长、标准曲线的配制、样品的测定、空白试验等。

7. 对结果计算做出分析总结，书写实验报告

（1）总结分析结果，并进行讨论。

（2）得出本实验的结论。

（3）书写实验报告。

8. 以小组的形式进行实验汇报会

四、实验室可提供的相关仪器设备清单

（1）高效液相色谱仪

（2）沉积物采样器（抓斗、柱状）

（3）冰箱

（4）通风橱

（5）固相萃取柱

（6）玻璃色谱柱

（7）二氯甲烷、甲苯、甲醇、丙酮、己烷等常用提取剂

（8）多环芳烃标准贮备液

质量浓度为 200mg/L 含十六种多环芳烃的乙腈溶液。

(9) 氮气、无水硫酸钠、氯化钠等常用试剂

五、实验报告要求

一	实验研究的背景
二	实验原理 1. 制订出各测定项目常用分析方法汇总表，最终筛选适合本实验的分析方法。 2. 给出本实验的相关实验原理及影响本实验结果的相关注意事项。
三	试剂与仪器
四	实验阶段 1. 结合实验目的及要求，制订出本实验的技术路线图。 2. 结合技术路线图，细化实验步骤。
五	结果与讨论
六	结论
七	参考文献

六、参考资料

(1) 环境监测教材。

(2)《水和废水监测分析方法（第四版）》。

(3) 图书馆数据库等。

(4)《水质 多环芳烃的测定 液液萃取和固相萃取高效液相色谱法》（HJ 478—2009）。

实验35 城市功能区环境噪声监测与评价

一、实验性质

本实验是环境科学与工程及相关专业方向的学生在学习了《环境监测》及相关课程后，将其课堂上学习的环境监测理论知识应用到实践的一个综合设计性实验。

二、实验目的与要求

(1) 本实验旨在培养学生思考问题、分析问题和解决问题的能力，提高学生的创新思维和实际动手能力，提高学生驾驭知识的能力，培养学生事实求是的科学态度，百折不挠的工作作风，相互协作的团队精神，勇于开拓的创新意识。通过开展这项工作，将有利于学校培养社会所需要的高素质、创新型人才。

(2) 通过实验可以实现以学生自我训练为主的教学模式，使学生更好地掌握实验原理、操作方法、步骤，全面了解城市功能区概念及划分，各区的噪声监测方法及原理、数据处理，学会对监测数据规律分布进行分析，结合《声环境质量标准》（GB 3096—2008）进而对城市功能区环境噪声做出评价。

三、实验任务

该实验由学生（小组形式）在现有理论知识的基础上，通过网络、图书馆等途径查阅大

量文献，设计出具体实验方案。本综合实验主要流程如下。

1. 城市功能区的划分

划分依据：依据国家《声环境质量标准》（GB 3096—2008）和《城市区域环境噪声适用区划分技术规范》（GB/T 15190），结合城区总体规划、城区环境噪声污染特点和城市环境噪声管理要求划分城区环境噪声功能区。

2. 自行设计城市功能区的环境噪声监测点位布设

主要包含：道路交通噪声、区域环境噪声进行常规性监测。

3. 相应监测点位噪声监测

4. 对结果计算做出分析总结，书写实验报告

（1）总结分析结果，并进行讨论。

（2）得出本实验的结论。

（3）书写实验报告。

5. 以小组的形式进行实验汇报会

四、实验室可提供的相关仪器设备清单

声级计若干

五、实验报告模板

一	实验研究的背景
二	实验原理 1. 城市功能区的划分。 2. 噪声监测点位布设依据、具体方案及噪声监测仪器数据采集。
三	试剂与仪器
四	实验阶段 1. 结合实验目的及要求，制订出本实验的技术路线图。 2. 结合技术路线图，细化实验步骤。
五	结果与讨论
六	结论
七	参考文献

六、参考资料

（1）环境监测教材。

（2）《声环境质量标准》（GB 3096—2008），《城市区域环境噪声适用区划分技术规范》（GB/T 15190）。

（3）图书馆数据库等。

实验 36　金鱼毒性试验

一、实验性质

本实验是环境科学与工程及相关专业方向的学生在学习了《环境监测》及相关课程后，

将其课堂上学习的环境监测理论知识应用到实践的一个综合设计性试验。

二、实验目的与要求

(1) 本实验旨在培养学生思考问题、分析问题和解决问题的能力，提高学生的创新思维和实际动手能力，提高学生驾驭知识的能力，培养学生事实求是的科学态度，百折不挠的工作作风，相互协作的团队精神，勇于开拓的创新意识。通过开展这项工作，将有利于学校培养社会所需要的高素质、创新型人才。

(2) 通过实验可以实现以学生自我训练为主的教学模式，使学生更好地掌握实验原理、操作方法、步骤，全面了解鱼类急性毒性试验的实际应用价值，了解和基本掌握测定毒物的半数致死剂量/浓度（LC_{50}）的方法，自行设计实验方案、实验数据处理及分析讨论，结合《危险化学品鱼类急性毒性分级试验方法》（GB/T 21281—2007）进而对毒性分级评价。

三、实验任务

该实验由学生（小组形式）在现有理论知识的基础上，通过网络、图书馆等途径查阅大量文献，设计出具体实验方案。本综合实验主要流程如下。

1. 自行设计不同受试物及其相应浓度

受试物：高锰酸钾、氯化汞、苯系物、酚类化合物、重金属等毒性物质。浓度可参考资料自行设计。

2. 学习测定毒物的半数致死剂量/浓度（LC_{50}）的方法

3. 实验用鱼的选择及试验前驯养

4. 实验条件的确定

主要包括：实验用水、试验周期、试验负荷（g 鱼/L）、光照时间、温度及溶解氧要求等。

5. 了解受试物剂量和生物反应的关系及计算表示方法，做出分析评价，书写实验报告

(1) 数据处理　在对数-概率坐标纸上，绘制处理浓度对死亡率的曲线。用直线内插法或常用统计程序计算出各个时间段的 LC_{50} 值，并用标准方法计算 95% 的置信限。

(2) 结果与评价　根据鱼类急性毒性试验的 LC_{50} 值，评判毒物的危害等级。

6. 以小组的形式进行实验汇报会

四、实验室可提供的相关仪器设备清单

(1) 溶解氧测定仪

(2) 增氧仪

(3) 温度控制仪

(4) pH 试纸

(5) 分光光度计及原子吸收分光光度计

(6) 气相色谱仪及液相色谱仪

(7) 玻璃水槽

(8) 抄网

尼龙制，对照和实验容器分用。

(9) 常见毒性重金属或有机物（作为受试剂）

五、实验报告模板

一	实验研究的背景
二	实验原理 1. 测定毒物的半数致死剂量/浓度(LC_{50})的方法。 2. 给出本实验的相关实验原理及影响本实验结果的相关注意事项。
三	试剂与仪器
四	实验阶段 1. 结合实验目的及要求,制订出本实验的技术路线图。 2. 结合技术路线图,细化实验步骤。
五	结果与讨论
六	结论
七	参考文献

注：实验报告内容除常规要求外，还应包含如下几项：

(1) 试验鱼的种名、来源、体重、体长、健康和驯化状况。

(2) 受试物质名称、来源物化性质和保存方法。

(3) 实验用水的来源、物化性质和实验前的处理等。

(4) 实验溶液的浓度与配制方法、实验温度。

(5) 实验条件，如容器形式、实验液的体积与深度、受试生物数目及负荷率。

六、参考资料

(1) 环境监测教材。

(2)《危险化学品鱼类急性毒性分级试验方法》(GB/T 21281—2007)。

实验37　海涂湿地典型生态带土壤有机碳氮分布规律

一、实验性质

本实验是环境科学与工程及相关专业方向的学生在学习了“环境监测”及相关课程后，将其课堂上学习的环境监测理论知识应用到实践的一个综合设计性实验。

二、实验目的与要求

(1) 本实验旨在培养学生思考问题、分析问题和解决问题的能力，提高学生的创新思维和实际动手能力，提高学生驾驭知识的能力，培养学生事实求是的科学态度，百折不挠的工作作风，相互协作的团队精神，勇于开拓的创新意识。通过开展这项工作，将有利于学校培养社会所需要的高素质、创新型人才。

(2) 通过实验可以实现以学生自我训练为主的教学模式，使学生更好地掌握实验原理、操作方法、步骤，全面掌握湿地土壤布点原则，采集工具及相关注意事项，湿地土壤有机碳氮测定的预处理，有机碳氮的测定，进而分析海涂湿地典型生态带土壤有机碳氮分布规律。

三、实验任务

该实验由学生（小组形式）在现有理论知识的基础上，通过网络、图书馆等途径查阅大量文献，设计出具体实验方案。本综合实验主要流程如下。

(1) 研究区概况调查

(2) 自行设计湿地不同生态带土壤样品的采集

可参照本书第五章第三节内容

(3) 土壤样品碳氮测定的预处理

(4) 土壤碳、氮测定方法的筛选

(5) 分析湿地典型生态带土壤有机碳氮分布（包含垂直方向比较），做出分析总结，书写实验报告

(6) 以小组的形式进行实验汇报会

四、实验室可提供的相关仪器设备清单

(1) 紫外可见分光光度计

(2) pH 计

(3) 溶解氧测定仪

(4) 氮蒸馏装置

(5) 湿地土壤采集工具

(6) C、N 测定的常规试剂

五、实验报告模板

一	实验研究的背景
二	实验原理 给出本实验的相关实验原理及影响本实验结果的相关注意事项。
三	试剂与仪器
四	实验阶段 1. 结合实验目的及要求，制订出本实验的技术路线图。 2. 结合技术路线图，细化实验步骤。
五	结果与讨论
六	结论
七	参考文献

六、参考资料

(1) 环境监测教材。

(2) 土壤农化分析相关教材。

(3)《土壤环境监测技术规范》(HJ/T 166—2004)。

第四篇　环境监测实训

实训一　校园及周边空气环境分析与监测

一、实训目的与要求

（1）通过实训进一步巩固课本知识的学习和掌握，掌握空气环境质量监测方案的制订、采样点布设、各污染因子的采样方法、指标分析方法、误差分析及数据处理等。

（2）对校园的环境空气定期监测，评价校园的环境空气质量，研究校园及周边空气环境质量变化规律，同时追踪污染源，为校园环境污染的治理提供依据。

（3）培养团队协作精神，综合分析与处理问题的能力。

二、监测资料的收集

1. 基础资料收集

收集或绘制校园平面布置图，明确学校功能区分布、人口分布与健康状况、污染源分布及排污情况。

大气污染受气象、季节、地形、地貌等因素的强烈影响而随时间变化，因此应收集气象资料，对校园内各种空气污染源、空气污染物排放状况及自然与社会环境特征进行调查，并对大气污染物排放做初步估算。

校园所在地气象数据，主要包括风向、风速、气温、气压、降水量、相对湿度等，具体调查内容如表1所示。

表1　气象资料调查

项　目	调查内容
风向	主导风向、次主导风向及频率等
风速	年平均风速、最大风速、最小风速、年静风频率等
气温	年平均气温、最高气温、最低气温等
降水量	平均年降水量、每日最大降水量等
相对湿度	年平均相对湿度

2. 校园空气污染源调查

校园空气污染源调查主要调查校园空气污染物的排放源、数量、燃料种类和污染物名称及排放方式等，为空气环境监测项目的选择提供依据，可按表2的方式进行调查。

表2　校园空气污染源情况调查

序号	污染源		位置	燃料种类	污染物名称	污染物治理措施	污染物排放方式	备注
1	生活区	食堂						
2		澡堂						
3		公寓						
4		商业区						
5	教学区	教室						
6		实验室						
7		实习工厂						
8	校园周边	建筑工地						
9		居民区						
10		道路						
11		商业区						
12		工业区						

三、大气监测方案

1. 采样点的布设

根据污染物的等标排放量，结合校园各环境功能区的要求，及当地的地形、地貌、气象条件，按功能区划分的布点法和网格布点法相结合的方式来布置采样点。

绘制校园平面布置图，结合气象资料及污染源位置分布情况，明确采样点位置及数量，并在平面图上标出。

采样点布设方法参照第一篇中第三章和第四章的具体内容。

2. 监测项目和分析方法的确定

根据国家环境空气质量标准和校园及其周边的大气污染物排放情况来筛选监测项目，结合大气污染源调查结果，可选区域特征污染物、TSP（总悬浮颗粒物，下同）、PM_{10}、SO_2、NO_2、CO 等作为大气环境监测项目。大气现状监测布点及监测项目见表 3。

根据大气环境监测因子的筛选结果所确定的监测项目，按照《空气和废气监测分析方法》、《环境监测技术规范》和《环境空气质量标准》所规定的采样和分析方法执行。

采样频率根据《环境监测技术规范》和实际情况而定，连续监测 7d，每天 4 次，每次采样时间不低于 45min；PM_{10} 连续监测 7d，每天至少有 12h 采样量。采样应同时记录气温、气压、风向、风速、阴晴等气象因素。

监测分析方法与采样方法、采样频率和采样时间的记录按表 4 与表 5 进行。

表 3　大气现状监测布点及监测项目

监测点	功能区	所处方位	监测项目	采样频率
G_1	校园边界	上风向 10m	SO_2、NO_2、PM_{10}、区域特征污染物	连续监测 7d，每天 4 次，每次采样时间不低于 45min；PM_{10} 连续监测 7d，每天至少有 12h 采样量
G_2	生活区 1			
G_3	生活区 2			
G_4	教学区 1			
G_5	教学区 2			
G_6	校园边界	下风向 10m		

表 4　监测分析方法

序号	监测项目	分析方法	监测下限	备注
1	二氧化硫			
2	二氧化氮			
3	PM_{10}			
4	特征污染物			

表 5　采样方法、采样频率和采样时间

监测项目	采样方法	流量/(L/min)	采样日期	采样频率和时段		每次采集时间

四、监测结果

大气环境监测采样和交接记录见表 6，大气环境现状监测结果见表 7。

表 6　大气环境采样和交接记录

项目名称＿＿＿＿＿＿＿采样地点＿＿＿＿＿＿＿测点编号＿＿＿＿＿＿＿功能区类＿＿＿＿＿＿＿

采样器名称及编号＿＿＿＿＿＿＿流量校准值＿＿＿＿＿＿＿校准人＿＿＿＿＿＿＿校准日期＿＿＿＿＿＿＿

采样点序号	测试项目	样品编号	采样起止时间	采样流量/(L/min)	采样体积/L	标态体积/L	采样期间气象条件					备注
							风向	风速/(m/s)	气温/℃	气压/kPa	天气情况	
G_1												
G_i												

采样人员＿＿＿＿＿＿采样日期＿＿＿＿＿＿送样者＿＿＿＿＿＿送样日期＿＿＿＿＿＿接样者＿＿＿＿＿＿接样日期＿＿＿＿＿＿

表 7 大气环境质量监测结果

采样点	项目	小时浓度			日均浓度		
		范围/(mg/m^3)	超标率/%	最大超标倍数	范围/(mg/m^3)	超标率/%	最大超标倍数
G_1	SO_2						
	NO_2						
	PM_{10}						
	特征污染物						
G_i	SO_2						
	NO_2						
	PM_{10}						
	特征污染物						

五、数据处理

1. 数据整理

监测结果的原始数据要根据有效数字的保留规则正确书写，监测数据的运算要遵循运算规则。在数据处理中，对出现的可疑数据，首先从技术上查明原因，然后再用统计检验处理，经检验验证属离群数据应予剔除，以使测定结果更符合实际。统计结果表见表 8。

表 8 ________污染物环境空气监测结果统计

编号	测点名称	样品数	检出率/%	小时平均值		日均值	
				浓度范围	超标率/%	浓度范围	超标率/%
1							
2							
…							
________污染物标准值							

2. 大气监测结果及分析

样品采集后，按照规定立即进行分析，并对分析结果进行数据处理。

将监测结果按样品数、检出率、浓度范围进行统计并制成表格，可按表 9 和表 10 统计分析结果。

大气环境质量现状评价采用单因子指数评价法，其计算公式如下：

$$P_i=\frac{C_i}{S_i}$$

式中 P_i——污染因子 i 的评价指数；

C_i——污染因子 i 的浓度值，mg/m^3；

S_i——污染因子 i 的环境质量标准值，mg/m^3。

评价区各测点污染因子评价指数见表 9 和表 10。

表 9 各污染因子的评价指数（一次值）

监测点	评价指数(P_i)			
	SO_2	NO_2	PM_{10}	特征污染物
G_1				
G_2				
G_3				
G_4				
G_5				
G_6				

表 10　各污染因子的评价指数（日均值）

监测点	评价指数(P_i)			
	SO_2	NO_2	PM_{10}	特征污染物
G_1				
G_2				
G_3				
G_4				
G_5				
G_6				

六、校园环境空气质量的评价

1. 对监测结果的讨论

首先每一个采样点上的采样人员介绍本采样点及其周围环境，监测过程中出现哪些异常问题；对本组所得监测结果进行总结；找出本组各采样时段内不同的空气污染物的变化规律与其他组的相应结果进行比较，得出本采样点周围的空气环境质量。

2. 对校园空气质量评价

将校园的空气环境质量与国家相应标准比较得出结论。

从大气监测结果和评价指数来看，评价区各监测点各项指标均满足 GB 3095—1996 级标准，超标因子是__________，超标倍数为__________。

分析校园空气环境质量现状。找出出现目前校园空气环境质量现状的原因；预测未来两年内的校园空气环境质量；提出改善校园空气环境质量的建议及措施。

七、实训报告模版

校园环境空气质量现状监测

实训报告

班级：____________________ 姓名：____________________ 学号：____________________

组别：____________________ 组员：____________________ 成绩：____________________

一、实训目的

二、监测区域地理环境特征描述

三、监测网点布设情况

四、监测项目及分析方法

五、采样方法、采样频率和时间

六、实习操作过程的描述

七、监测数据及监测区空气质量评价

1. 监测数据

2. 监测区空气质量评价

八、监测结果分析与讨论

九、总结

实训二　校园河流水环境质量现状监测与评价

一、实训目的与要求

（1）通过实训进一步巩固课本知识的学习和掌握，掌握地表水环境质量监测方案的制订、采样点布设、各污染因子的采样方法、指标分析方法、误差分析及数据处理等。

（2）对校园的地表水环境质量进行定期监测，评价校园的地表水环境质量，研究校园地表水环境质量变化规律，同时追踪污染源，为校园环境污染的治理提供依据。

（3）培养团队协作精神，综合分析与处理问题的能力。

二、水环境调查和资料收集

（1）河流的水文、地质、地貌、气候资料，如水位、水量、流速、及流向的变化；降雨量及历史上的水情；河流的宽度、深度、河床结构及地质状况；湖泊沉积物的特性、间温层分布、等深线等。

（2）水体沿岸污染源及其排污情况。

（3）水体沿岸的资源现状和水资源的用途，水体流域土地功能及近期使用计划。

（4）历年水质监测方案资料。

三、采样点布点与采样

监测断面在总体和宏观上须能反映水系或所在区域的水环境质量状况。各断面的具体位置须能反映所在区域环境的污染特征；尽可能以最少的断面获取足够的有代表性的环境信息；同时还须考虑实际采样时的可行性和方便性。

（1）监测断面的设置数量　应根据掌握水环境质量状况的实际需要，考虑对污染物时空分布和变化规律的了解、优化的基础上，以最少的断面、垂线和测点取得代表性最好的监测数据。

（2）监测断面的设置方法　采样断面、采样垂线及采样点的设置参照第一篇中第三章和第四章的具体内容。

（3）采样点位的确定　校园河流水质监测断面及采样点设置见表1。

表1　监测断面及监测点的设置

断面名称	位置	断面类型	断面宽/深度/m	采样垂线位置	采样点数目及位置	
W_1	河流流入校园处	对照断面	7.50m/1.50m	中泓线	1	水面下0.50m
W_2	排污口后100m	控制断面	7.50m/1.50m	中泓线	1	水面下0.50m
W_3	排污口后500m	控制断面	7.50m/1.50m	中泓线	1	水面下0.50m
W_4	河流流出校园处	消减断面	7.50m/1.50m	中泓线	1	水面下0.50m

四、地表水监测的布点与采样

监测项目要根据水体被污染情况、水体功能和废（污）水中所含污染物及经济条件等因素确定。基本监测项目包括：水温、pH值、电导率、溶解氧、高锰酸盐指数、化学需氧量、五日生化需氧量、氨氮、硝酸盐氮、色度、浊度、悬浮固体。

地表水的监测项目见表2，根据表2确定本校园河流监测项目，见表3。

表2　地表水监测项目

	必测项目	选测项目
河流	水温、pH、溶解氧、高锰酸盐指数、化学需氧量、BOD_5、氨氮、总氮、总磷、铜、锌、氟化物、硒、砷、汞、镉、铬(六价)、铅、氰化物、挥发酚、石油类、阴离子表面活性剂、硫化物和粪大肠菌群	总有机碳、甲基汞，其他项目根据纳污情况由各级相关环境保护主管部门确定

表3　校园河流监测确定的监测项目

断面	监测项目
$W_{1\sim4}$	水温、pH、溶解氧、COD、氨氮、BOD_5、总氮、总磷、色度、悬浮物、氟化物、油

五、采样方法

1. 制订采样计划

采样负责人在制订计划前要充分了解该项监测任务的目的和要求；应对要采样的监测断面周围情况了解清楚；并熟悉采样方法、水样容器的洗涤、样品的保存技术。在有现场测定项目和任务时，还应了解有关现场测定技术。采样计划应包括：确定的采样垂线和采样点位、测定项目和数量、采样质量保证措施、采样时间和路线、采样人员和分工、采样器材和交通工具以及需要进行的现场测定项目和安全保证等。

2. 采样器材与现场测定仪器的准备

采样器材主要是采样器和水样容器。关于水样保存及容器洗涤方法见表6。表6所列洗涤方法，系指对已用容器的一般洗涤方法。如新启用容器，则应事先做更充分的清洗，容器应做到定点、定项。

采样器的材质和结构应符合《水质自动采样器技术要求及检测方法》（HJ/T 372—2007）中的规定。

3. 采样方法

(1) 采样器的选取　采样器应有足够强度，且使用灵活、方便可靠，与水样接触部分应采用惰性材料，如不锈钢、聚四氟乙烯。采样器在使用前，应先用洗涤剂洗去油污，用自来水冲净，再用10%盐酸洗刷，自来水冲净后备用。

(2) 采样方法

① 乘监测船、采样船或手划船等交通工具到采样点采集。

② 采集表层水样　可用适当的容器如塑料筒等直接采集。

③ 采集深层水样　可用简易采水器、深层采水器、采水泵、自动采水器等。

在采样时要完成的采样登记见表4和表5。

表4　样品采集方法准备

样品编号	采样方法	采样器	采样时间	采样频率	样品保存方法

表 5　采样现场登记

采样人员：			天气情况：						
采样地点	样品编号	采样日期	时间		pH	温度	其他参数		
			采样开始	采样结束					

六、样品的保存和运输

1. 贮样容器选择与使用要求

（1）测定有机及生物项目的贮样容器应选用硬质（硼硅）玻璃容器。

（2）测定金属、放射性及其他无机项目的贮样容器可选用高密度聚乙烯或硬质（硼硅）玻璃容器。

（3）测定溶解氧及五日生化需氧量（BOD_5）应使用专用贮样容器。

（4）容器在使用前应根据监测项目和分析方法的要求，采用相应的洗涤方法洗涤。

2. 水样的保存方法

（1）冷藏或冷冻法，2～50℃。

（2）加入化学试剂保存法

① 加入生物抑制剂　如在测定氨氮、硝酸盐氮、化学需氧量的水样中加入氯化汞，可抑制生物的氧化还原作用。

② 调节 pH 值　如测定金属离子的水样用硝酸酸化至 pH 为 1～2，既可防止重金属离子水解沉淀，又可避免金属被器壁吸附。

③ 加入氧化剂或还原剂　如测定硫化物的水样，加入抗坏血酸，可以防止被氧化；测定溶解氧的水样需加入少量硫酸锰和碘化钾固定溶解氧等。

3. 水样的运输

水样采集后，应尽快送回实验室，根据采样点的地理位置和测定项目最长可保存时间，选择适当的运输方式，如果在市内，可以立即返回处理样品，分析；如果在市外，则应在样品最长保存时间内赶回实验室进行处理。在运输时应做到以下三点：

（1）为避免水样在运输过程中振动、碰撞导致损失或沾污，应将其装箱，并用泡沫塑料或纸条挤紧，在箱顶贴上标记；

（2）需冷藏的样品，应采取制冷保存措施，冬季应采取保温措施，以免冻裂样品瓶；

（3）水样交化验室时，应有交接手续。

确定校园河流监测水样的保存方法，参见《地表水和污水监测技术规范》（HJ/T 91—2002），部分监测项目保存方法见表 6。

表 6　水样保存方法

项目	容器材质	保存方法	保存期	采样量/mL①	容器洗涤方法
pH*	G. P.		12h	250	Ⅰ
COD	G.	加 H_2SO_4，pH≤2	2d	500	Ⅰ
DO*	溶解氧瓶	加入硫酸锰，碱性 KI 叠氮化钠溶液，现场固定	24h	250	Ⅰ

续表

项目	容器材质	保存方法	保存期	采样量/mL①	容器洗涤方法
BOD5**	溶解氧瓶		12h	250	Ⅰ
Mn	G. P.	HNO_3，1L 水样中加浓 HNO_3 10mL	14d	250	Ⅲ
Zn	P	HNO_3，1L 水样中加浓 HNO_3 10mL②	14d	250	Ⅲ
Cd	G. P.	HNO_3，1L 水样中加浓 HNO_3 10mL②	14d	250	Ⅲ
阴离子表面活性剂	G. P.		24h	250	Ⅳ
油类	G	加入 HCl 至 pH≤2	7d	250	Ⅱ
生物**	G. P.	不能现场测定时用甲醛固定	12h	250	Ⅰ

① 为单项样品的最少采样量；

② 如用溶出伏安法测定，可改用 1L 水样中加 19mL 浓 $HClO_4$。

注：1. * 表示应尽量作现场测定；** 低温（0～4℃）避光保存。

2. G 为硬质玻璃瓶；P 为聚乙烯瓶（桶）。

3. Ⅰ，Ⅱ，Ⅲ，Ⅳ表示四种洗涤方法，如下：

Ⅰ：洗涤剂洗一次，自来水三次，蒸馏水一次；

Ⅱ：洗涤剂洗一次，自来水洗二次，1+3 HNO_3 荡洗一次，自来水洗三次，蒸馏水一次；

Ⅲ：洗涤剂洗一次，自来水洗二次，1+3 HNO_3 荡洗一次，自来水洗三次，去离子水一次；

Ⅳ：铬酸洗液洗一次，自来水洗三次，蒸馏水洗一次。

如果采集污水样品可省去用蒸馏水、去离子水清洗的步骤。

4. 经 160℃干热灭菌 2h 的微生物、生物采样容器，必须在两周内使用，否则应重新灭菌；经 121℃高压蒸气灭菌 15min 的采样容器，如不立即使用，应于 60℃将瓶内冷凝水烘干，两周内使用。细菌监测项目采样时不能用水样冲洗采样容器，不能采混合水样，应单独采样后 2h 内送实验室分析。

七、分析方法与数据处理

1. 分析方法

分析方法按原国家环保局规定的《水和废水监测分析方法》选择。

根据列出的分析方法对水样的污染因子进行测定，并记录实验数据，按表 7 进行。

表 7　监测结果记录

<table>
<tr><td rowspan="2">河流(湖库)名称</td><td rowspan="2">断面(垂线)名称</td><td colspan="3">采样时间</td><td colspan="2" rowspan="2">水期</td><td colspan="2" rowspan="2">水温/℃</td><td rowspan="2">水深/m</td><td colspan="2" rowspan="2">流量/(m³/s)</td></tr>
<tr><td colspan="2">月</td><td>日</td></tr>
<tr><td></td><td></td><td colspan="2"></td><td></td><td colspan="2"></td><td colspan="2"></td><td></td><td colspan="2"></td></tr>
<tr><td rowspan="2">监测项目</td><td rowspan="2">监测结果
单位</td><td colspan="10">采样点位置</td></tr>
<tr><td></td><td></td><td></td><td></td><td></td><td></td><td></td><td></td><td></td><td></td></tr>
<tr><td></td><td></td><td></td><td></td><td></td><td></td><td></td><td></td><td></td><td></td><td></td><td></td></tr>
<tr><td></td><td></td><td></td><td></td><td></td><td></td><td></td><td></td><td></td><td></td><td></td><td></td></tr>
</table>

2. 数据处理

监测结果的原始数据要根据有效数字的保留规则正确书写，监测数据的运算要遵循运算规则。在数据处理中，对出现的可疑数据，首先从技术上查明原因，然后再用统计检验处理，经检验验证后属离群数据应予剔除，以使测定结果更符合实际。监测结果统计按表 8 进行。

表 8　监测结果统计

监测点位	监测日期	监测项目								
		水温/℃	pH	DO /(mg/L)	BOD_5 /(mg/L)	COD /(mg/L)	NH_3-N /(mg/L)	总氮 /(mg/L)	总磷 /(mg/L)	SS /(mg/L)
W_1										
	平均值									
W_2										
	平均值									

八、水环境质量评价

采用单因子标准指数法进行水环境质量现状评价。单项水质参数 i 在第 j 点的标准指数为：

$$S_{i,j}=C_{i,j}/C_{si} \tag{1}$$

pH 的标准指数为：

$$S_{pH,j}=\frac{7.0-pH_j}{7.0-pH_{sd}} \qquad pH_j \leqslant 7.0 \tag{2}$$

$$S_{pH,j}=\frac{pH_j-7.0}{pH_{su}-7.0} \qquad pH_j > 7.0 \tag{3}$$

DO 的标准指数为：

$$S_{DO,j}=\frac{DO_f-DO_j}{DO_f-DO_s} \qquad DO_j \geqslant DO_s \tag{4}$$

$$S_{DO,j}=10-9\frac{DO_j}{DO_s} \qquad DO_j \leqslant DO_s \tag{5}$$

$$DO_f=458/[31.6+T] \tag{6}$$

式中　$S_{i,j}$——污染物 i 在监测点 j 的标准指数；

$C_{i,j}$——污染物 i 在监测点 j 的浓度，mg/L；

C_{si}——水质参数 i 的地表水水质标准，mg/L；

$S_{pH,j}$——监测点 j 的 pH 值标准指数；

$S_{DO,j}$——监测点 j 的 DO 值标准指数；

pH_j——监测点 j 的 pH 值；

pH_{sd}——地表水水质标准中规定的 pH 值下限；

pH_{su}——地表水水质标准中规定的 pH 值上限；

DO_f——某水温 T 下的饱和溶解氧值；

DO_j——监测点 j 的溶解氧值；

DO_s——溶解氧标准值。

按表 9 对水质监测结果进行统计。

表 9　水环境现状单因子指数

监测断面	单项水质参数的评价指标($S_{i,j}$)								
	水温	pH	DO /(mg/L)	BOD_5 /(mg/L)	COD /(mg/L)	NH_3-N /(mg/L)	总氮 /(mg/L)	总磷 /(mg/L)	SS /(mg/L)
W_1	/								
W_2	/								
W_3	/								
W_4	/								

评价结论（供参考）。

监测河段执行《地表水环境质量标准》(GB 3838—2002) Ⅲ类水标准。

依据《地表水环境质量评价办法》各断面水质分析如下：

(1) W_1 断面　该断面水质符合Ⅲ类水质，轻度污染，表征颜色为黄色。

(2) W_2 断面　该断面水质符合Ⅲ类水质，轻度污染，表征颜色为黄色。

(3) W_3 断面　该断面水质符合Ⅲ类水质，轻度污染，表征颜色为黄色。

(4) W_4 断面　该断面水质符合Ⅲ类水质，轻度污染，表征颜色为黄色。

从单因子标准指数看，除总氮外，各因子评价指数均小于 1，总氮超标主要是水体受农业面源影响导致的。

九、实训报告模版

校园河流水环境质量现状监测与评价

实训报告

班级：＿＿＿＿＿＿＿＿＿＿姓名：＿＿＿＿＿＿＿＿＿＿学号：＿＿＿＿＿＿＿＿＿＿

组别：＿＿＿＿＿＿＿＿＿＿组员：＿＿＿＿＿＿＿＿＿＿成绩：＿＿＿＿＿＿＿＿＿＿

一、实训目的

二、监测区域地理环境特征描述

三、监测网点布设情况

四、监测项目及分析方法

五、采样方法、采样频率和时间

六、实习操作过程的描述

七、监测数据及监测区地表水环境质量评价

1. 监测数据

2. 监测区地表水环境质量评价

八、监测结果分析与讨论

九、总结

实训三　突发性环境污染事件应急监测方案的制订

一、实训目的与要求

(1) 熟悉事故应急监测的整个过程。

（2）掌握环境应急监测的布点及采样方法、监测频次与跟踪监测方案的制订、污染物监测项目与分析方法及监测报告与上报程序等。

二、应急突发事故介绍

2007年5月13日下午，某地化工厂液氯贮罐泄漏，近千名村民疏散。本次氯气泄漏污染事故水未外排，对地表水、地下水和土壤危害影响很小，可以忽略不计，对当地空气环境影响较大，重点进行空气环境质量监测。

三、应急监测启动

1. 应急接报

5月13日18时30分，应急监测小组接报，某化工厂液氯贮罐泄漏，应急监测小组紧急赶赴现场，并紧急调度实验分析组、后勤保障组、评价报告组集合待命，20时30分现场监测人员携带仪器、装备到达现场。

2. 现场情况

消防战士正在用高压水龙向厂区内喷洒，事发时为偏南风，风力三级，利于污染物扩散，此时氯气已基本散尽，现场没有刺鼻的氯气味道。

3. 污染物特性

氯气是一种比空气重的同时又具有腐蚀性的黄绿色剧毒气体，有窒息味。

（1）危险性　不燃，一般可燃物大都能在氯气中燃烧，一般易燃性气体或蒸气也都能与其形成爆炸性混合物。能与许多化学品发生猛烈反应而引起火灾或爆炸，如松节油，乙醚等。

（2）急性致死　人吸入最低致死浓度（LD_{10}）为$500 \times 10^{-6} \cdot 5min$。

（3）急性中毒表现　对眼、呼吸道黏膜及皮肤有强烈的刺激作用。短期吸入大量氯气后可出现流泪，流涕，咽干，咽痛，咳嗽，咯少量痰，胸闷，气急，紫绀。严重者可发生声门水肿致窒息或肺水肿，成人呼吸窘迫综合征。

4. 应急措施

（1）泄漏处置　迅速撤离泄漏污染区人员至上风向，并隔离直至气体散尽。应急处理人员戴正压自给式呼吸器，穿化学防护服（完全隔离）。避免与乙炔、松节油、乙醚等物质接触。合理通风，切断气源，喷雾状水稀释，溶解，抽排（室内）或强力通风（室外）。也可以将漏气钢瓶置于石灰乳液中。漏气容器不能再使用，且要经过技术处理以清除可能剩余的气体。

（2）急救措施　立即脱离现场至空气新鲜处，保持安静及保暖。注意发现早期病情变化，必要时做胸部X射线检查，及时处理。出现刺激反应者，至少观察12h。

（3）消防方法　不燃。切断气源。喷水冷却容器。将容器从火场移至空旷处。

四、应急监测方案

1. 人员分工

（1）现场调查　现场监测人员身穿重体防护服，佩戴正压自给式呼吸器负责对污染源对环境影响进行调查。及时了解污染物扩散情况。

（2）现场监测　现场监测人员主要携带手持式仪器根据监测方案在监测点监测，在做好个人防护的情况下进行监测工作。

（3）站内分析　实验分析组主要对现场采集的样品进行分析。

（4）材料报告　评价报告组根据领导要求向各级领导上报监测数据，出具监测报告，随时上报事故区污染情况。

（5）后勤保障　后勤保障组负责人员的协调，应急监测车辆的准备，现场各监测点位和外围点位的通信联系，现场采集样品的收集运输。

人员分工如表1所示。

表1　人员分工

序号	工种	工作内容	人员
1	现场调查		
2	现场监测		
3	站内分析		
4	材料报告		
5	后勤保障		

2. 监测布点

网点的布设方法按经验法执行，采样点设在整个监测区域的高、中、低三种不同污染物浓度的地方。在受氯气污染敏感点以及300m、600m、1000m处用大气综合采样器对氯气使用甲基橙溶液进行吸收法采样，测定网点小时值。每隔1h测定一次。事故发生点、对照点、其他点位由快速监测管、便携式氯气监测仪、氯化氢检测器进行监测。

在指挥部采取措施处理罐中剩余气体时，监测人员对作业场所实施实时监测，保障现场处理人员的安全。

在污染事故源处理完成后，对照空气质量标准对环境空气进行监测，以保证疏散群众尽早返回家园。

3. 监测因子的确定

在氯气泄漏时，氯气以分子形态存在，但其活性很强，遇到空气中的水蒸气生成氯化氢。因此确立前期以监测氯气为主，后期同时监测氯气和氯化氢。

大气监测布点、监测因子、监测频次的确定如表2所示。

表2　监测布点、监测因子、监测频次

编号	位置	监测因子	监测频次
G_1	泄漏点	氯气、氯化氢	每小时1次
G_2	下风向300m	氯气、氯化氢	每小时1次
G_3	下风向600m	氯气、氯化氢	每小时1次
G_4	下风向1000m	氯气、氯化氢	每小时1次
G_5	其他敏感点	氯气、氯化氢	每小时1次

4. 监测方法的选择

空气中的氯气监测分别采用国家环保总局行业标准HJ/T 30—1999甲基橙分光光度法、应急监测管法、Cl_2传感器现场测定仪法；氯化氢监测分别采用国家环保总局行业推荐方法离子色谱法和傅里叶红外现场分析。评价标准：GBZ 1—2010《工业企业设计卫生标准》Cl_2浓度一次性监测值为0.10mg/m^3，日均值为0.05mg/m^3；HCl浓度一次性监测值为

表 3　监测因子及监测方法选择

编号	监测因子	监测方法	监测下限
1	氯气	HJ/T 30—1999 甲基橙分光光度法； 应急监测管法； Cl_2 传感器现场测定仪法	GBZ 1—2010《工业企业设计卫生标准》：Cl_2 浓度一次性监测值为 0.10mg/m³；日均值为 0.05mg/m³
2	氯化氢	离子色谱法； 傅里叶红外现场分析	GBZ 1—2010《工业企业设计卫生标准》：HCl 浓度一次性监测值为 0.05mg/m³；日均值为 0.015mg/m³

0.05mg/m³，日均值为 0.015mg/m³。监测因子及监测方法的选择见表 3。

五、大气监测结果与效用

1. 监测范围的确定

在赶到现场时，马上使用应急快速监测管和 PGM-7840 多功能检测仪从下风向，由远至近地进行扫描监测，根据氯气浓度和氯化氢浓度的变化情况，确定事故污染源的影响范围。

在事故处理的过程中，应多次用应急快速监测管和 PGM-7840 多功能检测仪在污染源影响范围内进行定量分析，找到环境中的污染物浓度最高点，同时对附近的居民敏感点进行浓度监测。

PGM-7840 多功能检测仪能定量，其最低响应值为 0.10×10^{-6}，使用该仪器在现场移动监测能快速确定氯气污染的安全距离在 1km。应急监测管 120.00mg/m³ 的测定上限较为粗糙，适于测定事故污染源中心区域监测。

2. 监测结果的效用

监测结果对事故处置的效用，环境监测中心站通过对氯苯泄漏点周边空气的全程跟踪扫描监测，可快速确定污染物种类和对环境影响的范围、程度。每监测一个数据，就向指挥部及时报告，使指挥部对周边环境空气污染程度做到心中有数，决策有依据。

对事故处置过程的监测，包括泄漏点和附近居民敏感点的跟踪监测，这既为政府部门采取环境恢复措施，追究责任赔偿提供了有力证据，同时也可确保周边居民及时安全地返回家园。

突发环境事故应急监测现场记录按表 4 进行。

表 4　突发环境事故应急监测现场记录

发警人：		接警人：
现场监测人员：		
接警时间：		出警时间：
后勤人员：		监测车辆：
到达现场时间：		采样时间：
离开现场时间：		返回时间：
事故地点：		
GPS 定位	东经：	北纬：
事故发生时间：		

续表

污染事故单位名称：	
污染事故单位联系方式：	
环境敏感点类型：	
环境敏感点距离事故地点距离和方位：	
气象参数：　　气温：　℃；大气压：　kPa；风向：　风速：　m/s	
水文参数：　　水温：　℃；　流量：　m/s；　水流流向：	
事故描述及事故发生的原因：	
可能存在的污染物名称：	流失量：
影响范围：	
污染物的有害特性：	
监测方案	
监测项目：	
现场监测仪器：	
采样断面：	
监测频次：	
送至实验室分析样品类别、分析项目、数量：	
监测结果	
现场负责人：	记录人：
审核人：	上报部门：
记录时间：	上报时间：

本实训参考了河北衡水市环境监测站栾英男的文章《液氯泄漏事故应急监测处理案例分析》。

六、实训报告模版

液氯泄漏事故应急监测方案的制订
实训报告

班级：＿＿＿＿＿＿＿＿ 姓名：＿＿＿＿＿＿＿＿ 学号：＿＿＿＿＿＿＿＿

组别：＿＿＿＿＿＿＿＿ 组员：＿＿＿＿＿＿＿＿ 成绩：＿＿＿＿＿＿＿＿

一、实训目的

二、突发事故介绍
三、应急监测的启动
四、监测项目及分析方法
五、采样方法、采样频率和时间
六、实习操作过程的描述
七、监测结果及监测结果的效用
1. 监测数据
2. 监测结果效用
八、总结

阅读资料　环境应急监测技术方案的制订

环境应急监测技术方案主要包括监测点位的布点原则、采样方法、样品的分类保存；确定监测频次；检测项目的筛选、项目的确定；确定应急监测方法；选择应急监测仪器和器材；应急监测数据的统计处理（原始记录、监测数据有效性检验、应急监测报告）；应急监测的质量保证。

1. 应急布点要求

应急监测布点应考虑事件发生的类型、污染影响的范围、污染危害程度、事故发生中心区域周围的地理社会环境、事件发生时的气候条件等重要因素。

（1）大气污染事件应急监测方法　应以事故地点为中心就近采样，再根据事发地的地理特点、风向等自然条件，在污染气团飘移经过的下风向，按一定间隔的圆形布点采样，同时根据污染趋势在不同高度采样，同时在事发中心的上风向适当位置对照采样，还要考虑在居民区等敏感区域布点采样。利用检气管快速检测污染物的种类和浓度，再检测采样流量和时间。

（2）地表水污染事件应急监测方法　以事发地为中心根据水流方向、速度和现场地理条件，进行布点采样，同时测定流量，以便测定污染物下泄量。现场应采集平行双样，一份供现场检测用，另一份加保护剂，速送回实验室检测，如需要还可采集事发中心水域沉积物进行检测。对江河污染的，在事发地江河下游按一定距离设置采样点，上游一定距离设对照断面采样点，在污染影响区域内和农灌取水口处必须设置采样断面。对湖库水污染的，以事发中心水流方向按一定间隔圆形布点，根据污染特征同一断面，可分不同水层采样后，再混为一个水样，在上游一定距离设对照断面采样点。在湖库出水口和饮用取水口处设置采样断面。

（3）地下水污染事件应急监测方法　以事发地为中心，根据地下水流向采用网格法或辐射法在周围 2km 范围内设监测井采样，同时根据地下水流补给源，在垂直于地下水流的上方，设对照监测井采样，在以地下水为饮用水源的取水口应设采样点。

（4）土壤污染事件应急监测方法　以事发地为中心，按一定距离间隔布点采样，并根据污染物特征在不同深度采样，同时采集未受污染区域样品进行对照。

（5）注意事项　现场无法测定的项目，应尽快将样品送至实验室检测。样品必须保存至应急结束后才可废弃。

2. 应急监测频次要求

应急监测的采样频次应根据突发事件现场情况区别确定，事件刚发生时，应加密采样频次，等了解污染规律后，可减少采样频次。应急监测频次确定原则详见表 1。

表1 应急监测频次确定原则

事故类型	监测点位	应急监测频次	跟踪监测频次
大气污染	事发地	初始加密(数次/d),随污染物浓度下降逐渐降低频次	连续两次监测浓度均低于空气质量标准值或已接近可忽略水平为止
	事发地周围敏感区域	初始加密(数次/d),随污染物浓度下降逐渐降低频次	连续两次监测浓度均低于空气质量标准值或已接近可忽略水平为止
	事发地下风向	3～4次/d或与事故发生地同频次(应急期间)	3～4次/d连续2～3d
	事发地上风向对照点	2～3次/d(应急期间)	
地表水污染	江河事发地及其下游	初始加密(数次/d),随污染物浓度下降逐渐降低频次	连续两次监测浓度均低于地表水质量标准值或已接近可忽略水平为止
	湖库事发地及受影响的出水口	2～4次/d(应急期间)	连续两次监测浓度均低于地表水质量标准值或已接近可忽略水平为止
	江河事发地其上游对照点	1次/d(应急期间),以平行双样数据为准	
	近海海域监测点	2～4次/d,随污染物浓度下降逐渐降低频次	连续两次监测浓度均低于海水质量标准值或已接近可忽略水平为止
地下水污染	事发地中心周围2km内的水井	初始1～2次/d,第3天后,1次/周直至应急结束	连续两次监测浓度均低于地下水质量标准值或已接近可忽略水平为止
	地下水流经区域沿线水井	初始1～2次/d,第3天后,1次/周直至应急结束	连续两次监测浓度均低于地下水质量标准值或已接近可忽略水平为止
	事发地对照点	1次/d(应急期间),以平行双样数据为准	
土壤污染	事发地污染区域	初始1～2次/d(应急期间),视处置进展情况逐渐降低频次	应急结束后,1次
	对照点	1次/d(应急期间),以平行双样数据为准	

(摘自李国刚编著的《环境化学污染事故应急监测技术与装备》)

3. 监测项目的选择

环境突发事件现场情况十分复杂，除非事故的起因和背景十分清楚，可以很快确定主要污染物，有时因现场情况复杂或事故背景不清，很难迅速确定主要污染物质，需要筛选应监测的主要污染物。可以通过现场事故的分析或现场调查情况（污染源资料、生产背景情况、污染物颜色、气味、人员与动植物中毒反应等）确定主要污染物，也可以采用便携式检测仪器、快速检测管等快速检测手段确定主要污染物，还可以根据企业的环境应急预案对相应危险源设定的污染要素确定主要污染物。

项目筛选原则如下：

① 对固定源产生的突发环境事件，可以通过对生产单位有关人员的询问，以及对事故现场背景（事故现场的设备、原辅材料、中间品、产品）的调查，再采集有代表性的污染物样品，确认主要污染物和监测项目。

② 对流动源产生的突发环境事件，通过对有关人员的询问及运输的危险化学品、危险废物的信息资料，再采集有代表性的污染物样品，确认主要污染物和监测项目。

③ 对未知污染源产生的突发环境事件，通过事故现场的一些特征如颜色、气味、挥发性、对周围环境和动植物的污染和毒性，初步确认主要污染物和检测项目，再采集有代表性的污染物样品，进一步确认主要污染物和监测项目。

通过事故现场采集到的有代表性的污染源样品，利用快速检测仪器在现场进行快速检测分析，来确定主要污染物和监测项目。如现场还不能确定，可送至实验室做进一步的检测分析，确定主要污染物和监测项目。利用感官初步确定污染物的定性方法见表2。

表 2　利用感官初步确定污染物的定性方法

表象类型	特征	根据表象特征估计污染物质
颜色	黄色	可能是硝基化合物；也可能是亚硝基化合物（固态多为淡黄或无色，液态多为无色）；偶氮类化合物（也有红色、橙色、棕色或紫色的）；氧化氮类化合物（也有橙黄色的）；醌（也有淡黄色、棕色、红色的）；醌亚胺类；邻二酮类；芳香族多羟酮类等
	红色	可能是某些偶氮化合物（多为黄色、橙色，也有棕色或紫色的）；某些醌；在空气中放置久了的苯酚
	棕色	可能是某些偶氮化合物（多为黄色、橙色，也有棕色或紫色的）；苯胺（新蒸馏出来的为淡黄色）
	紫色	可能是某些偶氮化合物（多为黄色、橙色，也有棕色或紫色的）
	绿色或蓝色	可能是液体
气味	醚香	典型的化合物有乙酸乙酯、乙酸戊醇、乙醇、丙酮等
	苦杏仁香	典型的化合物有硝基苯、苯甲醛、苯甲腈等
	樟脑香	典型的化合物有樟脑、百里香酚、黄樟素、丁（子）香酚、香芹酚等
	柠檬香	典型的化合物有柠檬醛、乙酸沉香酯等
	花香	典型的化合物有邻氨基苯甲酸甲酯、香茅醇、萜品醇等
	百合香	典型的化合物有胡椒醛、肉桂醇等
	香草香	典型的化合物有香草醛、对甲氧基苯甲醛等
	麝香味	典型的化合物有三硝基异丁基甲苯、麝香精、麝香酮等
	蒜臭味	典型的化合物有二硫醚等
	二甲胂臭	典型的化合物有四甲二胂、三甲胺等
	焦臭味	典型的化合物有异丁醇、苯胺、甲酚、愈创木酚等
	腐臭味	典型的化合物有戊酸、己酸、甲基庚基甲酮、甲基壬基甲酮等
	麻醉味	典型的化合物有吡啶、胡薄荷酮等
	粪臭味	典型的化合物有粪臭素（3-甲基吲哚）、吲哚等

（摘自李国刚编著的《环境化学污染事故应急监测技术与装备》）

4. 应急监测方法的选择

在环境突发事件发生后，尽快确定对环境影响大的主要污染物的种类以及污染程度，是应急监测在现场的首要工作。这项工作就是力争在最短时间内，采用最合适、最简单的分析方法获得最准确的环境监测数据，这里就涉及如何选择最佳的应急监测方法（详见表 3）。

表 3　合理的应急监测方法

事故及污染物种类		可供选择的监测方法
事故	大气污染事故	优先考虑选用气体检测管、便携式气体检测仪、便携式气相色谱法、便携式红外光谱法和便携式气相色谱-质谱联用仪器法等，还可以从企业在线自动监测系统和环境自动监测站的连续监测数据得到相关信息
	水或土壤污染事故	优先考虑选用检测试纸法、水质检测管法、化学比色法、便携式分光光度计法、便携式综合水质检测仪器法、便携式电化学检测仪器法、便携式气相色谱法、便携式红外光谱法和便携式气相色谱-质谱联用仪器法等，还可以从企业在线自动监测系统和环境自动监测站的连续监测数据得到相关信息
	无机物污染事故	优先考虑选用检测试纸法、气体或水质检测管法、便携式检测仪、化学比色法、便携式分光光度计法、便携式综合检测仪器法、便携式离子选择电极法以及便携式离子色谱法等
	有机物污染事故	优先考虑选用气体或水质检测管法、便携式气相色谱法、便携式红外光谱法、便携式质谱仪和便携式色谱-质谱联用仪器法等
	不确定污染事故	对于现场无法分析的污染物，尽快采集样品，迅速送到实验室进行分析，必要时，可采用生物监测法对样品毒性进行综合测试
大气污染物	氯气	可采用检测试纸法、便携式分光光度法、气体检测管法、便携式电化学传感器法
	氯化氢	可采用检测试纸法、便携式分光光度法、气体检测管法、便携式电化学传感器法
	氨	可采用检测试纸法、气体检测管法、便携式光学式检测器法
	硫化氢	可采用检测试纸法、便携光学式检测器法、便携式分光光度法、便携式离子色谱法、气体检测管法、便携式电化学传感器法

事故及污染物种类		可供选择的监测方法
大气污染物	二氧化硫	可采用检测试纸法、便携光学式检测器法、气体检测管法、便携式电化学传感器法
	氟化物	可采用检测试纸法、气体检测管法、化学测试组件法(茜素磺酸锆指示液)
	光气	可采用检测试纸法(二甲苯胺指示剂)、便携式分光光度法、气体检测管法、便携式仪器法
	氰化物	可采用检测试纸法、便携式分光光度法、气体检测管法、便携式电化学传感器法
	沥青烟	气体检测管法、便携式 VOC 检测仪法、便携式气相色谱法
	酸雾	可采用检测试纸法(pH 试纸)、气体检测管法、便携式仪器法(酸度计)
	PH_3	可采用检测试纸法(pH 试纸)、气体检测管法、便携式气相色谱法、便携式电化学传感器法
	AsH_3	可采用检测试纸法(氯化汞指示剂)、气体检测管法、便携式电化学传感器法
	总烃	可采用气体检测管法、目视比色法、便携式 VOC 检测仪法
	铅雾	可采用气体检测管法、便携式离子计法、便携式比色计/光度计法
	一氧化碳	可采用检测试纸法、气体检测管法、便携式电化学传感器法、便携光学式(非分散红外吸收)检测器法
	氮氧化物	可采用检测试纸法、气体检测管法、便携式电化学传感器法、便携光学式检测器法
污染大气、水、土壤的污染物	二硫化碳	可采用现场吹脱捕集-检测管法、化学测试组件法(醋酸铜指示剂)、便携式气相色谱法
	甲醛	可采用检测试纸法、气体检测管法、水质检测管法、化学测试组件法、便携式检测仪法
	醇类	可采用气体检测管法、便携式气相色谱法、便携式气相色谱-质谱联用仪器法、实验室快速气相色谱法、便携式红外分光光度计法
	苯系物(芳烃)	可采用气体检测管法、现场吹脱捕集-检测管法、便携式 VOC 检测仪法、便携式气相色谱法、便携式气相色谱-质谱联用仪器法、实验室快速气相色谱法、便携式红外分光光度法
	酚类物质及衍生物	可采用气体检测管法、水质检测管法、化学测试组件法、便携式比色计/光度计法、便携式分光光度计法、便携式气相色谱法、便携式气相色谱-质谱联用仪器法、实验室快速气相色谱法、便携式红外分光光度法
	醛酮类	可采用气体检测管法、便携式气相色谱法、实验室快速气相色谱法、便携式气相色谱-质谱联用仪器法、实验室快速液相色谱法、便携式红外分光光度法
	氯苯类 硝基苯类 醚酯类	可采用气体检测管法、便携式气相色谱法、实验室快速气相色谱法、便携式气相色谱-质谱联用仪器法、便携式红外分光光度法
	苯胺类	可采用气体检测管法、便携式气相色谱法、实验室快速气相色谱法、便携式气相色谱-质谱联用仪器法、便携式红外分光光度法
	石油类	可采用气体检测管法、水质检测管法、便携式 VOC 检测仪法、便携式气相色谱法、便携式红外分光光度计法
	烯炔烃类	可采用气体检测管法、便携式 VOC 检测仪法、便携式气相色谱法、便携式红外分光光度法
	有机磷农药	可采用残留农药测试组件法(>1.60×10^{-9}西玛津除草剂)、便携式气相色谱法、便携式气相色谱-质谱联用仪器法、实验室快速气相色谱法、便携式红外分光光度法
	铅、铬、钡、镉、锌、锰、锡	可采用检测试纸法、水质检测管法、化学测试组件法、便携式比色计/光度计法、便携式分光光度计法、便携式 X 射线荧光光谱仪法
	汞	可采用气体检测管法、水质检测管法、便携式分光光度计法
	铍	可采用化学测试组件法、便携式分光光度计法、便携式 X 射线荧光光谱仪法
	砷	可采用检测试纸法、砷检测管法、便携式分光光度计法、便携式 X 射线荧光光谱仪法
	氰化物、氟化物、碘化物、氯化物、硝酸盐、磷酸盐	可采用检测试纸法、水质检测管法、化学测试组件法、便携式比色计/光度计法、便携式分光光度计法、便携式离子计法、便携式离子色谱法
	总氮	可采用水质检测管法、便携式比色计/光度计法、便携式分光光度计法
	总磷	可采用水质检测管法、化学测试组件法、便携式分光光度计法
	硫氰酸盐	可采用便携式比色计/光度计法、便携式分光光度计法、便携式离子色谱法
	α、β 放射性	可采用液体闪烁谱仪、α、β 测量仪、X 剂量率应急检测仪、α、β 表面污染测量仪
	γ 放射性	可采用 γ 辐射应急检测仪、便携式巡测 γ 谱仪

注：摘自李国刚编著的《环境化学污染事故应急监测技术与装备》。

5. 应急监测数据及报告

(1) 现场的原始记录包括以下内容：

绘制事故现场的示意图，标出采样点位；

记录事件发生时间、事件持续时间、每次采样时间；

现场状况描述，必要的地理、水文、气象参数（如水流向、流速、流量、水温、气温、气压、风向、风速等）；

事故可能产生的污染物种类、毒性、流失量及影响范围；

现场测试出的污染物有关数据，如有多组数据应编制成数据表，并附有简单分析；

现场监测记录是应急监测结果的依据之一，应按规范格式填写，主要项目包括环境条件、分析项目、分析方法、测试时间、样品类型、仪器名称、型号、编号、测试结果；

原始记录应有测试人员、分析人员、校核人员、审核人员等相关人员的签字；

发生事故的单位的名称、联系电话等。

(2) 应急监测报告的主要内容包括：

时间——事故发生时间、接到通知时间、到达现场监测的时间；

自然环境——事故发生地及周边的自然环境（附现场示意图及照片、录像资料）；

监测结果——采样点位（断面）、监测频次、监测方法、主要污染物的种类、浓度、排放量；

污染事件的类型和性质——根据规定和现场情况确定事故类型（附现场收集到的证据、勘察记录、当事人陈述）、污染事件的性质；

污染事故的危害与损失——污染事故对环境的危害、造成的经济损失、人员的伤亡等；

简要说明污染事故排放的主要污染物的危险性、毒性与应急处置的相应建议；

应急监测现场负责人的签字。

6. 突发性环境事件应急监测的主要技术

(1) 有毒气体应急监测特点和方法　当氯气、氰化氢、硫化氢、二硫化碳、氟化氢、光气、一氧化碳、砷化氢等有毒气体泄漏时，其污染的特点如下：污染范围广，能随风扩散一定距离，尤其是事故源下风向污染浓度较高；受气候和地形影响较大，如风力、风向、山地、森林都会对污染浓度分布有较大影响。

可以使用便携式气体监测仪器、常用快速化学分析方法进行应急监测。

(2) 有毒化学品应急监测特点和方法　有毒化学品种类繁多，性质区别较大，现场应急监测有以下特点：能对浓度分布非常不均匀的各类样品进行有选择的分析；可以进行快速、便捷和连续的监测；定性和定量分析都能做到快速实现。现场的应急监测的设备往往不够，为了做出准确的分析判断，还须根据现场监测结果，准确确定用于实验室分析的采样地点、采样方法及分析方法。最终确定污染事件的各项特征，如化学物质的理化性质、毒性、挥发性、残留性、泄漏量、向环境的扩散速度、水和大气中主要污染物的浓度、污染的区域、降解的速率等。

目前这类监测技术主要有：试纸法、水质速测管法-显色反应型、气体速测管法-填充管型、化学测试组件法、便携式分析仪器测试法。

(3) 易燃易爆性物质应急监测特点和方法　易燃易爆危险物质包括易爆性物质（包括易爆固体和凝结性液体，如过氧化物、硝铵、硝基、硝胺和硝酸酯等的化合物等）；混合型易爆物质（混合产生易燃易爆）；可燃性气体或挥发蒸气（如石油气、天然气、乙烯、乙炔、乙醚、苯、酒精等）；易燃液体（酒精、汽油、柴油等）；可燃性粉尘（铝粉、镁粉、硫黄粉等）；水解易燃性物质（吸收水分时，产生易燃易爆性物质）。

燃烧和爆炸的条件：由可燃性物质存在；有助燃物质存在；有导致燃烧的能源（如明火、高温表面、过热、电火花、撞击、摩擦、绝热压缩等）。

在燃烧爆炸现场应使用快速监测仪器，快速测定燃爆产生物质的成分和浓度，确定是否为对人体有毒有害的物质，以便采取防护措施；确定是否对环境有明显危害，以便采取控制污染和消除污染的措施。监测方法有各种检测管技术。

（4）溢油污染事件的应急监测特点和方法　溢油是在石油开采、炼制、加工、储运过程中由于突发事故或操作失误，造成油品泄漏进入地表水面的事件。水面产生溢油，首先要准确了解泄漏的油量，溢流的流向和流速。溢流的快速监测或实验室监测，水样的采集十分重要，要有代表性。分析方法有气相色谱法、红外分析法、GC-MS 法、元素分析法、紫外分析法，国外多采用红外分析法，人为干扰小、比较灵敏。

（5）农药污染事件的应急监测特点和方法　农药生产、储运过程中，原料、产品和废水废渣排放，会造成突发性环境事件。农药的污染物类型复杂，应先进行现场调查，初步估计污染类型，再确定相应的测试技术。常见的农药检测技术有比色法、紫外光谱法、气相色谱法、高效液相色谱法、气相色谱-质谱法联用技术等。

7. 快速应急监测技术

（1）试纸法　使用对污染物有选择性反应的分析试剂制成的专用分析试纸，对污染物进行测试，通过试纸颜色的变化可对污染物进行定性分析。将变色后的试纸与标准色阶比较可以得到定量化的测试结果。商品试纸本身已配有色阶，有的还会配备标准比色板。常用化学试纸见表 4。

表 4　化学试纸类型

试纸类型	用　途	色阶标准
pH 试纸	用于测试酸碱度	一般色阶分为 11～14，常用的有石蕊试纸、酚酞试纸、硝嗪黄试纸等，不同的试纸有不同色阶颜色标准
砷试纸	用于测试砷和 AsH_3	白色变为棕黑
铬试纸	用于测试六价铬	存在六价铬时，白色试纸呈紫色斑点
氟化物试纸	用于测氟化物和 HF	当存在氟化物时，粉红色试纸变为黄白色
氰化物试纸	用于测氰化物和 HCN	当存在氰化物时，淡绿色试纸变为蓝色或白色变为红紫色；试纸对碱性氰化物溶液不反应，对酸性氰化物溶液反应灵敏
KI-淀粉试纸	用于测余氯、余碘、余溴	当存在以上物质时，浅黄色试纸变为蓝色或白色变为红紫色
氨或铵离子试纸	用于测氨或铵离子	当存在氨或铵离子时，白色试纸变为棕黄色或黄色变为橙色
锌离子试纸	用于测是锌离子	当存在锌离子时，橘黄色试纸变为红色

（2）检测管法　检测管法对有毒气体或挥发性污染物的现场检测十分方便。检测管法的原理是根据被测气体通过检测管时造成管内填充物颜色变化程度来测定污染物及其含量，检测管一般附有标准色阶。

① 大气污染检测管法　大气检测管又分为短时检测管、长时检测管和气体快速检测箱。

短时检测管多为填充显色型，用于短时间测试，目前已有 160 多种短时检测管，将几种短时检测管组合成组件，可同时测试几种污染物。

长时检测管用于长时间（8h）连续监测，长时检测管可用于测定一段时间（1～8h）内污染物的平均浓度。

气体快速检测箱将多种气体检测管组装在一种特制的检测箱内，以便于携带和现场进行多项目的监测。

② 水污染检测管法　水污染检测管法又分直接检测试管法、色柱检测法、气提-气体检

测管法、水污染检测箱。

直接检测试管法。将显色试剂封入塑料试管里，测定时，将检测管刺一小孔吸入待测水样，变化的颜色与标准色阶比色，对比确定污染物和浓度。

色柱检测法。将一定量水样通过检测管内，水样中的待测离子与管内填装显色试剂反应，产生一定颜色的色柱，色柱长度与被测离子浓度成比例。

气提-气体检测管法。利用液体提取装置与各类气体检测管进行组合，可以简单、快捷测定水样中易挥发性污染物（如氯代烃、氨、石油类、苯系物等）。

水污染检测箱。将多种水质检测管组合在一起形成整套检测设备，可以对水污染现场的多种污染物进行快速检测。

（3）紫外-可见分光光度法　紫外-可见分光光度法是利用污染物质本身的分子吸收特性，与特定的显色试剂在一定条件下的显色反应而具有的对紫外-可见光的吸收特性进行比色分析的一种方法。便携式分光光度计是常用的分光光度法仪器，其重量轻，携带方便，一台仪器可进行多项目测试，常为浓度直读，可以迅速读出浓度值。根据光度计的构造，可以分为单参数比色计、滤光分光比色计、分光光度计三种。

（4）化学测试组件法　为了同时进行多项目污染物质的测试可以采用化学测试组件法，化学测试组件法多采用比色方法或容量法（滴定）进行分析。化学测试组件法是将粉枕（可以放在塑料、铝箔、试剂管内）中的特定分析试剂加入一定量的样品中，通过颜色的变化，与标准色阶进行比较可以估计待测污染物的浓度的方法。

化学试剂测试组件进行现场测试时，可以采用不同的分析方法，如比色立体柱、比色盘、比色卡、滴定法、计数滴定器、数字式滴定器，前3种是比色法，后3种是容量法。

（5）便携式色谱与质谱分析技术　对一般性污染物的快速检测，检测管法可以发挥较好作用，但对于未知污染物或种类繁多的有机物的应急监测，检测管法已经不能满足现场的定性或定量的监测分析。便携式气相色谱仪和便携式色谱-质谱联用仪在有机污染物的现场监测中可以发挥重要作用。

现场使用的气相色谱仪有便携式的和车载式的，便携式气相色谱仪分析的样品可以是气态或液态样品，全部操作程序化，可以做复杂的污染物定性或定量化检测分析。

便携式色谱-质谱联用仪可以分析有毒有害大气污染物，可用于化学品的泄漏检测，有害废物的检测，具有采样、读数、扫描定性、定量与记录功能，现场可以给出大气、水体、土壤中未知的挥发物或半挥发物的检测结果。便携式色谱-质谱联用仪便于在现场进行灾情判断、确认、评估和启动标准处理程序。

便携式离子色谱仪主要用于检测和分析碱金属离子、碱土金属离子、多种阴离子。

（6）便携式光学分析仪器　光学分析仪器采用光谱分析技术对多种环境污染物（尤其是有机污染物）进行分析，根据光谱范围目前使用的有便携式红外光谱仪、便携式X荧光光谱仪、专用光谱/广度分析仪、便携式荧光光度计、便携式浊度分析仪、便携式分光光度计等光学分析仪器，它们都可以对现场样品中的多元素进行监测或单点分析。光学分析仪器有便携式的和车载式的。

（7）便携式电化学分析仪器　电化学传感器是利用有毒有害气体同电解液反应产生电压来识别有毒有害污染物的一种监测仪器，可以检测硫化氢、氮氧化物、氯气、二氧化硫、氢氰酸、氨气、一氧化碳、光气等有害气体。各类电化学传感器既可以单独使用，也可以根据需要组合成多参数的电化学气体分析仪器。常见的电化学气体分析仪器主要是各类便携式选择离子分析仪（如离子计、pH计、pH测试笔、手提式DO仪、手提式电导率分析仪、手提式多参数分析仪、多参数水质分析仪等）。

（8）有毒有害气体检测器　对于一般已知污染物类型的检测，检测管法可以发挥较大作用，对于污染物种类较多或未知污染物种类，尤其是有机污染，检测管法已不能满足现场定性和定量的检测分析，高性能便携式气体检测器可以满足这方面检测分析的需要。

有毒有害气体检测器主要有易燃易爆气体检测器、光离子化检测器、金属氧化物半导体传感器、火焰离子化检测器、电化学传感器等。

8. 突发环境事故应急监测现场记录

突发环境事故的应急现场记录除了记录有关监测信息，还要记录事故地点及监测点位示意图（附事故现场照片）和事故相关信息（主要为盛放污染物的容器、标签等的照片）等。

实训四　重金属污染企业搬迁涉及的土壤污染修复中环境监测

一、实训目的与要求

通过重金属污染企业搬迁涉及的土壤污染修复中环境监测实训进一步巩固课本知识，深入了解土壤环境监测中采样方法、分析方法、误差分析及数据处理等方法，并掌握土壤环境质量评价方法。

二、项目简介

某农化有限公司 2004 年底被国家发改委批准为农药生产定点单位，公司主要产品有农药杀菌剂、农药杀虫剂和农药中间体三大系列十多个产品，产品主要包括三苯基乙酸锡、功夫酸、联苯醇、氨基吡啶、高效氯氟氰菊酯、联苯菊酯等。为了公司更好地发展，为充分发挥现有项目的优势，有利于更好地开发一些新的项目，公司决定走搬迁至其他地市。

原厂址土壤因受到重金属污染，现需开展土壤修复，需要对重金属污染企业搬迁涉及的土壤进行环境监测，以清楚掌握土壤污染的现状，为选择污染修复措施提供依据。

三、土壤环境质量现状调查

1. 资料收集

收集包括：监测区域土类、成土母质等土壤信息资料；工程建设或生产过程对土壤造成影响的环境研究资料；造成土壤污染的主要污染物的毒性、稳定性以及如何消除等资料；监测区域气候资料（温度、降水量和蒸发量）、水文资料。

2. 现场踏勘

针对厂区现状进行实地调查测量，确实示范区地形、地貌、面积、形状、地面坡度、覆土厚度、土层物质组成、土壤物理性质、土壤化学性质、生物因子等指标。绘制厂区草图。

绘制现状做采样工作图和标注采样点位图。

现场踏勘，将调查得到的信息进行整理和利用，丰富采样工作图的内容。

四、土壤样品采集及预处理

1. 布设采样点

厂区布设土壤监测点有四个，即一个在主导风向的上厂界；一个设在生产原料或产品贮存的罐区处；一个设在原生产车间处；一个在主导风向的下厂界。

绘制采样布点图。

2. 采样器具准备

工具类：铁锹、铁铲、圆状取土钻、螺旋取土钻、竹片以及适合特殊采样要求的工具等。

器材类：GPS、罗盘、照相机、卷尺、铝盒、样品袋、样品箱等。

文具类：样品标签、采样记录表、铅笔、资料夹等。

安全防护用品：工作服、工作鞋、安全帽、药品箱等。

3. 采样方法

（1）采样点具体位置　采样点可采表层样或土壤剖面。一般监测采集表层土，采样深度0～20cm，特殊要求的监测（土壤背景、环评、污染事故等）必要时选择部分采样点采集剖面样品。剖面的规格一般为长1.5m，宽0.8m，深1.2m。挖掘土壤剖面要使观察面向阳，表土和底土分两侧放置。

一般每个剖面采集A、B、C三层土样。地下水位较高时，剖面挖至地下水初露时为止；山地丘陵土层较薄时，剖面挖至风化层。

对B层发育不完整（不发育）的山地土壤，只采A、C两层。

干旱地区剖面发育不完善的土壤，在表层5～20cm、心土层50cm、底土层100cm左右采样。

对A层特别深厚，沉积层不甚发育，1m内见不到母质的土类剖面，按A层5～20cm、A/B层60～90cm、B层100～200cm采集土壤。草甸土和潮土一般在A层5～20cm、C_1层（或B层）50cm、C_2层100～120cm处采样。

（2）采样顺序　采样次序自下而上，先采剖面的底层样品，再采中层样品，最后采上层样品。测量重金属的样品尽量用竹片或竹刀去除与金属采样器接触的部分土壤，再用其取样。

（3）采样量　剖面每层样品采集1.00kg左右，装入样品袋，样品袋一般由棉布缝制而成，如潮湿样品可内衬塑料袋（供无机化合物测定）或将样品置于玻璃瓶内（供有机化合物测定）。

（4）采样记录　采样的同时，由专人填写样品标签、采样记录；标签一式两份，一份放入袋中，一份系在袋口，标签上标注采样时间、地点、样品编号、监测项目、采样深度和经纬度。采样结束，需逐项检查采样记录、样袋标签和土壤样品，如有缺项和错误，及时补齐更正。将底土和表土按原层回填到采样坑中，方可离开现场，并在采样示意图上标出采样地点，避免下次在相同处采集剖面样。标签和采样记录格式见表1和表2。

表1　土壤样品标签样式

土壤样品标签
样品编号：
采用地点： 东经　　　　北纬
采样层次：
特征描述：
采样深度：
监测项目：
采样日期：
采样人员：

表 2　土壤现场记录

<table>
<tr><td colspan="2">采用地点</td><td></td><td>东经</td><td></td><td>北纬</td><td></td></tr>
<tr><td colspan="2">样品编号</td><td></td><td colspan="2">采样日期</td><td colspan="2"></td></tr>
<tr><td colspan="2">样品类别</td><td></td><td colspan="2">采样人员</td><td colspan="2"></td></tr>
<tr><td colspan="2">采样层次</td><td></td><td colspan="2">采样深度/cm</td><td colspan="2"></td></tr>
<tr><td rowspan="3">样品描述</td><td>土壤颜色</td><td></td><td colspan="2">植物根系</td><td colspan="2"></td></tr>
<tr><td>土壤质地</td><td></td><td colspan="2">砂砾含量</td><td colspan="2"></td></tr>
<tr><td>土壤湿度</td><td></td><td colspan="2">其他异物</td><td colspan="2"></td></tr>
<tr><td colspan="2">采样点示意图</td><td colspan="2"></td><td>自下而上植被描述</td><td colspan="2"></td></tr>
</table>

4. 土壤采样样品流转

装运前核对：在采样现场样品必须逐件与样品登记表、样品标签和采样记录进行核对，核对无误后分类装箱。

运输中防损：运输过程中严防样品的损失、混淆和沾污。对光敏感的样品应有避光外包装。

样品交接：由专人将土壤样品送到实验室，送样者和接样者双方同时清点核实样品，并在样品交接单上签字确认，样品交接单由双方各存一份备查。

5. 样品制备

制样工作室要求：分设风干室和磨样室，风干室朝南（严防阳光直射土样），通风良好，整洁，无尘，无易挥发性化学物质。

制样工具及容器：风干用白色搪瓷盘及木盘；粗粉碎用木锤、木滚、木棒、有机玻璃棒、有机玻璃板、硬质木板、无色聚乙烯薄膜；磨样用玛瑙研磨机（球磨机）或玛瑙研钵、白色瓷研钵；过筛用尼龙筛，规格为 2～100 目。

样品分装：装样用具塞磨口玻璃瓶、具塞无色聚乙烯塑料瓶或特制牛皮纸袋，规格视量而定。

6. 样品保存

样品按名称、编号和粒径分类保存。

新鲜样品的保存介绍如下：

对于易分解或易挥发等不稳定组分的样品要采取低温保存的运输方法，并尽快送到实验室分析测试。测试项目需要新鲜样品的土样，采集后用可密封的聚乙烯或玻璃容器在 4℃以下避光保存，样品要充满容器。避免用含有待测组分或对测试有干扰的材料制成的容器盛装保存样品，测定有机污染物用的土壤样品要选用玻璃容器保存。具体保存条件见表 3。

预留样品：预留样品在样品库造册保存。

分析取用后的剩余样品：分析取用后的剩余样品，待测定全部完成数据报出后，也移交样品库保存。

保存时间：分析取用后的剩余样品一般保留半年，预留样品一般保留 2 年。特殊、珍稀、仲裁、有争议样品一般要永久保存。

样品库要求：保持干燥、通风、无阳光直射、无污染；要定期清理样品，防止霉变、鼠害及标签脱落；样品入库、领用和清理均需记录。

表3　样品的保存条件和保存时间

测试项目	容器材质	温度/℃	可保存时间/d	备注
金属(汞和六价铬除外)	聚乙烯、玻璃	＜4	180	
汞	玻璃	＜4	28	
砷	聚乙烯、玻璃	＜4	180	
六价铬	聚乙烯、玻璃	＜4	1	
氰化物	聚乙烯、玻璃	＜4	2	
挥发性有机物	玻璃(棕色)	＜4	7	采样瓶装满装实并密封
半挥发性有机物	玻璃(棕色)	＜4	10	采样瓶装满装实并密封
难挥发性有机物	玻璃(棕色)	＜4	14	

五、土壤分析测定

(1) 测定项目　pH、Pb、Hg、As、Cd、Cr、Cu。

(2) 样品处理

普通酸分解法：

准确称取0.50g（准确到0.10mg，以下都与此相同）风干土样于聚四氟乙烯坩埚中，用几滴水润湿后，加入10mL HCl（ρ=1.19g/mL），于电热板上低温加热，蒸发至约剩5mL时加入15mL HNO_3（ρ=1.42g/mL），继续加热蒸至近黏稠状，加入10mL HF（ρ=1.15g/mL）并继续加热，为了达到良好的除硅效果应经常摇动坩埚。最后加入5mL $HClO_4$（ρ=1.67g/mL），并加热至白烟冒尽。对于含有机质较多的土样应在加入$HClO_4$之后加盖消解，土壤分解物应呈白色或淡黄色（含铁较高的土壤），倾斜坩埚时呈不流动的黏稠状。用稀酸溶液冲洗内壁及坩埚盖，温热溶解残渣，冷却后，定容至100mL或50mL，最终体积依待测成分的含量而定。

(3) 分析方法　标准方法（即仲裁方法），按《土壤环境质量标准》中选配的分析方法，见表4。

表4　土壤监测项目及分析方法

序号	监测项目	分析方法	方法标准
1	pH	玻璃电极法 固体废物浸出毒性测定方法	GB/T 15555.12—1995
2	铅	土壤质量 铅、镉的测定石墨炉原子吸收分光光度法	GB/T 17141—1997
3	汞	土壤质量 总汞的测定　冷原子吸收分光光度法	GB/T 17136—1997
4	砷	原子荧光光度法	《水和废水监测分析方法》(第四版) 国家环保总局 2002
5	镉	土壤质量 铅、镉的测定石墨炉原子吸收分光光度法	GB/T 17141—1997
6	铬	土壤 总铬测定　火焰原子吸收分光光度法	HJ 491—2009
7	铜	土壤质量 铜、锌的测定　火焰原子吸收分光光度法	GB/T 17138—1997

(4) 分析记录　分析记录一般要设计成记录本格式，页码、内容齐全，用碳素墨水笔填写翔实，字迹要清楚，需要更正时，应在错误数据（文字）上划一横线，在其上方写上正确内容，并在所划横线上加盖修改者名章或者签字以示负责。实验室原始分析记录按表5进行。

分析记录也可以设计成活页，随分析报告流转和保存，便于复核审查。

分析记录也可以是电子版本式的输出物（打印件）或存有其信息的磁盘、光盘等。

记录测量数据，要采用法定计量单位，只保留一位可疑数字，有效数字的位数应根据计量器具的精度及分析仪器的示值确定，不得随意增添或删除。

表 5　实验室分析原始记录

样品类别______________室温______℃ 湿度______%分析日期________

分析方法____

使用仪器_________________________仪器编号__________

样品前处理____

样品编号	分析项目	称样量/g	水分/%	定容体积/mL	测定浓度/(mg/L)	样品浓度/(mg/kg)	样品平均浓度/(mg/kg)

分析者______________校核者______________审核者______________

(5) 数据运算　有效数字的计算修约规则按 GB 8170 执行。采样、运输、贮存、分析失误造成的离群数据应剔除。

(6) 结果表示　平行样的测定结果用平均数表示，一组测定数据用 Dixon 法、Grubbs 法检验剔除离群值后以平均值报出；低于分析方法检出限的测定结果以“未检出”报出，参加统计时按 1/2 最低检出限计算。

土壤样品测定一般保留三位有效数字，含量较低的镉和汞保留两位有效数字，并注明检出限数值。分析结果的精密度数据，一般只取一位有效数字，当测定数据很多时，可取两位有效数字。表示分析结果的有效数字的位数不可超过方法检出限的最低位数。

六、土壤环境质量评价

土壤环境质量评价涉及评价因子、评价标准和评价模式。评价因子数量与项目类型取决于监测的目的和现实的经济和技术条件。评价标准常采用国家土壤环境质量标准、区域土壤背景值或部门（专业）土壤质量标准。评价模式常用污染指数法或者与其有关的评价方法。

1. 土壤环境质量标准

执行《土壤环境质量标准》(GB 15618—1995) 中二级标准，主要指标见表 6。

表 6　土壤环境质量评价标准值 (mg/kg)

项目 / 土壤 pH 值	铅	汞	砷	镉	铜	铬
<6.5	≤250	≤0.30	≤40(旱地)	≤0.0	≤50(农田)	≤150(旱地)
6.5～7.5	≤300	≤0.50	≤30(旱地)	≤0.30	≤100(农田)	≤200(旱地)
>7.5	≤350	≤1.0	≤25(旱地)	≤0.60	≤100(农田)	≤250(旱地)

2. 污染指数、超标率（倍数）评价

土壤环境质量评价一般以单项污染指数为主，指数小污染轻，指数大污染则重。当区域内土壤环境质量作为一个整体与外区域进行比较或与历史资料进行比较时除用单项污染指数外，还常用综合污染指数。土壤由于地区背景差异较大，用土壤污染累积指数更能反映土壤

的人为污染程度。土壤污染物分担率可评价确定土壤的主要污染项目，污染物分担率由大到小排序，污染物主次也同此序。除此之外，土壤污染超标倍数、样本超标率等统计量也能反映土壤的环境状况。污染指数和超标率等计算公式如下：

土壤单项污染指数=土壤污染物实测值/土壤污染物质量标准

土壤污染累积指数=土壤污染物实测值/污染物背景值

土壤污染物分担率（%）=(土壤某项污染指数/各项污染指数之和)×100%

土壤污染超标倍数=(土壤某污染物实测值－某污染物质量标准)/某污染物质量标准

土壤污染样本超标率（%）=(土壤样本超标总数/监测样本总数)×100%。

土壤环境质量评价：

从评价区域内的土壤监测资料（见表7）分析，本项目所在区域内的土壤监测项目均能满足《土壤环境质量标准》（GB 15618—1995）的二级标准，说明该区域内的土壤质量较好，未受污染。

表7　土壤监测及评价结果表

监测点位	项目	pH	Pb	Hg	As	Cd	Cr	Cu
T_1 厂界上风向	监测结果							
	标准值							
	标准指数							
	超标率							
T_2 罐区处	监测结果							
	标准值							
	标准指数							
	超标率							
T_3 生产车间处	监测结果							
	标准值							
	标准指数							
	超标率							
T_4 厂界下风向	监测结果							
	标准值							
	标准指数							
	超标率							

实训五　化工类建设项目环境影响评价环境监测方案的制订

一、实训的目的与要求

掌握化工类建设项目环境影响评价中环境监测方案制订的方法，掌握监测因子（包括常规因子和特征因子）、监测频率、监测点位（文字描述及附图）的选择，明确监测方法与监测要求，并进行质量现状评价等。

二、项目介绍

某农化有限公司创建于1998年5月，位于经济发达的长江三角洲开放城市之一（具体位置见图1），2004年底被国家发改委批准为农药生产定点单位。公司主要产品有农药杀菌剂、农药杀虫剂和农药中间体三大系列十多个产品及其他化工产品。高效氯氟氰菊酯原药、

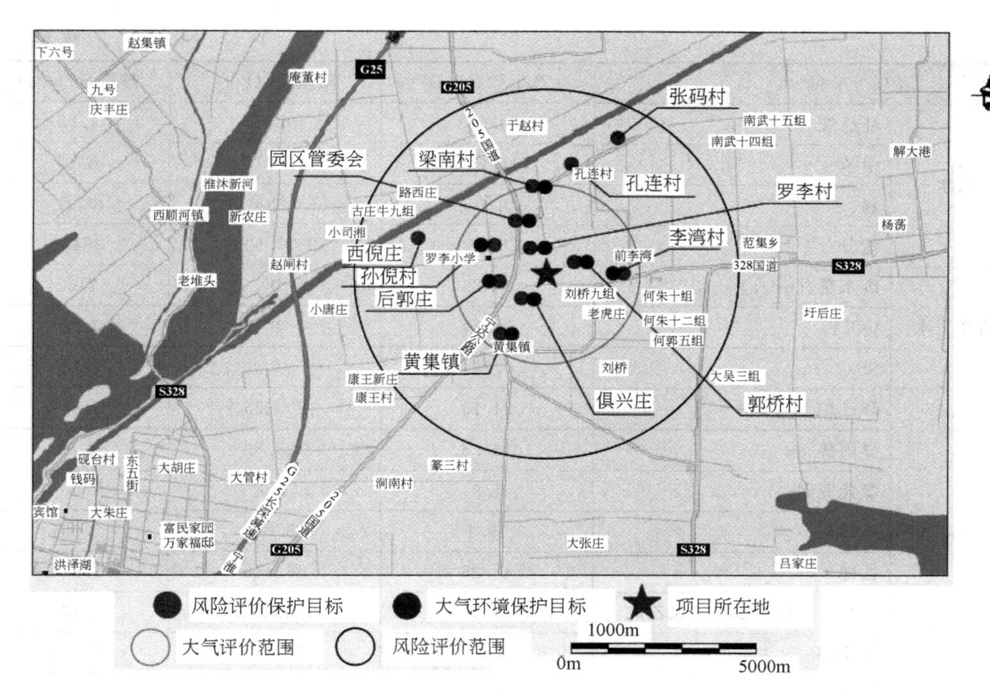

图 1　项目所在地理位置

联苯菊酯原药是该公司的主导产品，其采用了国内外先进的生产工艺，生产量属于国内较大的企业之一。菊酯农药是目前全球较为先进的高效低毒杀虫剂，经过公司几年的不断改进和优化组合，目前企业信誉和产品质量在国内外知名度都非常高，从中间体到成药的销量在国内外排在前列。

公司要在其他地市化工园区新上 7 个以农药原药和农药中间体合成项目（包括 800t/a 高效氯氟氰菊酯原药、800t/a 联苯菊酯原药、600t/a 氰戊菊酯、100t/a 氟氯氰菊酯、200t/a 三苯基乙酸锡原药、1600t/a 功夫酸、600t/a 联苯醇），按产品总量达 4 700t 左右的规模计算，总产值可达近 6.5 亿。

根据《中华人民共和国环境保护法》、《中华人民共和国环境影响评价法》和《建设项目环境保护管理条例》的有关规定，应当在工程项目可行性研究阶段对该项目进行环境影响评价，必须进行环境质量现状监测。

三、项目工程分析结论

项目工程分析主要内容包括项目产生的污染物种类、产生量、削减量及排放量，本项目建成后全厂污染物的产生量、削减量及排放量详见表 1。

表 1　本项目建成后全厂污染物产生与排放“三本账”

项　目			产生量/(t/a)	削减量/(t/a)	排放量/(t/a)
废水	污水	废水量/(m^3/a)	90276.89	436.689	89840.201
		COD_{Cr}	1184.149	1153.909	30.24
		SS	76.749	67.079	9.67
		NH_3-N	0.29	−1.35	1.64
		TP	0.03	0.003	0.027
		总氰化物	3.529	3.471	0.058
		氟化物	0.2015	0.0915	0.11
		乙酸乙酯	0.3353	0.2863	0.049

续表

项目			产生量/(t/a)	削减量/(t/a)	排放量/(t/a)
废水	污水	环己烷	60.673	59.123	1.55
		甲苯	11.247	11.077	0.17
		锡	0.016	0.006	0.01
		盐分	2762.806	2377.906	384.9
	清净下水	废水量/(m^3/a)	7102	0	7102
		COD_{Cr}	0.284	0	0.284
		SS	0.284	0	0.284
废气	有组织工艺废气	环已烷	24.13	20.265	3.865
		异丙醇	130.8	126.89	3.91
		氯化亚砜	1.9	1.9	0
		甲苯	19.1	16.036	3.064
		乙醇	48.29	46.646	1.644
		1,1,1-三氟-2,2,2-三氯乙烷	1.1	0.924	0.176
		叔丁醇	52.4	50.828	1.572
		DMF	16.95	16.442	0.508
		甲醇	211.9	205.554	6.346
		四氢呋喃	17.5	16.98	0.52
		乙酸乙酯	0.11	0.0944	0.0156
		乙酸	1.6	0.776	0.824
		2-甲基-3-氯联苯	7.6	6.38	1.22
		二氧化硫	251.4	249	2.4
		氯化氢	148	147.996	0.002
		氯气	6.5	6.47	0.03
		溴	5	4.98	0.02
		(农药)粉尘	0.62	0.57	0.05
		锡及其化合物	0.07	0	0.02
		氨气	0.3	0.09	0.21
	导热油炉烟气	二氧化硫	1.2	0	1.2
		烟尘	0.228	0	0.228
		氮氧化物	0.87	0	0.87
	无组织废气	粉尘	0.6	0	0.6
		氯化亚砜	0.025	0	0.025
		环已烷	0.3034	0	0.3034
		叔丁醇	0.6058	0	0.6058
		1,1,1-三氟-2,2,2-三氯乙烷	0.13	0	0.13
		DMF	0.3414	0	0.3414
		异丙醇	0.38	0	0.38

续表

项目			产生量/(t/a)	削减量/(t/a)	排放量/(t/a)
废气	无组织废气	甲醇	1.5212	0	1.5212
		氯化氢	0.156	0	0.156
		甲苯	0.5663	0	0.5663
		乙醇	0.1162	0	0.1162
		氯气	0.026	0	0.026
		四氢呋喃	0.1815	0	0.1815
		氨气	0.6	0	0.6
	精馏残渣(液)		440.56	440.56	0
	废盐		3109.143	3109.143	0
	水处理污泥		150	150	0
	废活性炭		332.459	332.459	0
	生活垃圾		60	60	0
	原料包装材料		20	20	0
副产品	99.9%溴		271.2	271.2	0
	20%盐酸		745	745	0

四、监测范围、保护目标、监测因子和环境质量标准

1. 环境监测范围

根据建设项目污染物排放特点及当地气象条件、自然环境状况，确定各环境要素评价范围见表2。

表2 监测范围

评价内容	评价范围
区域污染源调查	重点调查评价范围内的主要工业企业
大气环境影响评价	以建设项目厂址为中心，半径为2.5km的圆
地表水环境影响评价	淮河入海水道南泓，洪泽县清涧污水处理厂排放口上游1km至下游5km
噪声	厂界外1m
土壤	厂界内区域

2. 环境保护目标

主要环境保护目标见表3。

3. 监测因子

本项目评价因子确定见表4。

4. 环境质量标准

(1) 大气环境质量标准　二氧化硫、二氧化氮、PM_{10}、TSP、氟化物执行GB 3095—1996《环境空气质量标准》二级标准；氯化氢、甲醇、氯气、氨气执行GBZ 1—2010《工业企业设计卫生标准》表1中居住区大气中有害物质的最高容许浓度；氰化氢、DMF、环己烷、异丙醇、四氢呋喃、乙酸执行前苏联《居民区大气中有害物最大允许浓度》标准；乙醇、乙酸乙酯执行前苏联《大气质量标准》；甲苯、溴、氯化亚砜根据公式估算。具体标准值见表5。

表 3　主要环境保护目标

环境	环境保护目标	方位	距离/m	规模/(户/人)	环境功能
大气	郭桥村	E	30	140/500	满足《环境空气质量标准》GB 3095—1996 中二级标准
	园区管委会	NW	2000	40 人	
	渠南村	NE	2500	40/140	
	后郭庄	SW	470	60/210	
	俱兴庄	SW	200	40/140	
	罗李村	NW	700	70/245	
	孙倪村	NW	1500	80/280	
	黄集镇	S	2000	1500/5250	
	李湾村	NE	2000	365/1280	
地表水	淮河入海水道二河闸—淮安立交地涵段	NE	20km	中	执行《地表水环境质量标准》GB 3838—2002 中第Ⅲ类
	白马湖	SE	20km	大	
	桩号 S50K 段—苏嘴段(南泓)	NE	25km	中	执行《地表水环境质量标准》GB 3838—2002 中Ⅳ类
	淮安立交地涵—桩号 S50K 段(南泓)	NE	14km	中	执行《地表水环境质量标准》GB 3838—2002 中Ⅴ类
声环境	厂界外	四周	厂界外 200m	—	符合《声环境质量标准》GB 3096—2008 中 3 类标准

表 4　监测因子确定

环境类别	环境现状评价因子
大气环境	SO_2、NO_2、PM_{10}、HCl、氯气、*N*,*N*-二甲基甲酰胺(DMF)、甲醇、氟化物、氰化氢、异丙醇、环己烷、甲苯、乙醇
地表水环境	水温、pH、溶解氧、BOD_5、COD、氨氮、总氮、TP、SS、高锰酸钾指数、全盐量、氰化物、甲苯、氯化物、氟化物、硫酸盐
地下水环境	pH、高锰酸盐指数、浊度、色度、总硬度、氯化物、硫酸盐、氟化物、氰化物、总大肠菌群、氨氮、甲苯、六价铬
土壤环境	pH、铅、汞、砷、镉、铬、铜
噪声环境	等效连续 A 声级

表 5　大气环境质量标准值

序号	污染物	取值时间	浓度限值/(mg/m^3)	序　　号
1	SO_2	年平均	0.06	GB 3095—1996《环境空气质量标准》中二级标准
		日平均	0.15	
		1 小时平均	0.50	
2	NO_2	年平均	0.08	
		日平均	0.12	
		1 小时平均	0.24	
3	PM_{10}	年平均	0.10	
		日平均	0.15	
4	TSP	年平均	0.20	
		日平均	0.30	

续表

<table>
<tr><th>序号</th><th>污染物</th><th>取值时间</th><th colspan="2">浓度限值/(mg/m³)</th><th>序　　号</th></tr>
<tr><td rowspan="4">5</td><td rowspan="4">氟化物
(μg/m³)</td><td>日平均</td><td colspan="2">7①</td><td rowspan="4">GB 3095—1996《环境空气质量标准》中二级标准</td></tr>
<tr><td>1h平均</td><td colspan="2">20①</td></tr>
<tr><td>月平均</td><td>1.8②</td><td>3.0③</td></tr>
<tr><td>植物生长季平均</td><td>1.2②</td><td>2.0③</td></tr>
<tr><td rowspan="2">6</td><td rowspan="2">甲醇</td><td>一次</td><td colspan="2">3.0</td><td rowspan="7">GBZ 1—2010《工业企业设计卫生标准》表1中居住区大气中有害物质的最高容许浓度</td></tr>
<tr><td>日平均</td><td colspan="2">1.00</td></tr>
<tr><td rowspan="2">7</td><td rowspan="2">HCl</td><td>一次</td><td colspan="2">0.05</td></tr>
<tr><td>日平均</td><td colspan="2">0.015</td></tr>
<tr><td rowspan="2">8</td><td rowspan="2">氯气</td><td>一次</td><td colspan="2">0.10</td></tr>
<tr><td>日平均</td><td colspan="2">0.03</td></tr>
<tr><td>9</td><td>氨气</td><td>一次</td><td colspan="2">0.20</td></tr>
<tr><td rowspan="2">10</td><td rowspan="2">DMF</td><td>一次</td><td colspan="2">0.03</td><td rowspan="12">《居民区大气中有害物最大允许浓度》(前苏联)</td></tr>
<tr><td>日平均</td><td colspan="2">0.03</td></tr>
<tr><td rowspan="2">11</td><td rowspan="2">氰化氢</td><td>一次</td><td colspan="2">0.01</td></tr>
<tr><td>日平均</td><td colspan="2">0.01</td></tr>
<tr><td rowspan="2">12</td><td rowspan="2">环已烷</td><td>一次</td><td colspan="2">1.4</td></tr>
<tr><td>日平均</td><td colspan="2">1.4</td></tr>
<tr><td rowspan="2">13</td><td rowspan="2">异丙醇</td><td>一次</td><td colspan="2">0.6</td></tr>
<tr><td>日平均</td><td colspan="2">0.6</td></tr>
<tr><td rowspan="2">14</td><td rowspan="2">四氢呋喃</td><td>一次</td><td colspan="2">0.2</td></tr>
<tr><td>日平均</td><td colspan="2">0.2</td></tr>
<tr><td rowspan="2">15</td><td rowspan="2">乙酸</td><td>一次</td><td colspan="2">0.1</td></tr>
<tr><td>日平均</td><td colspan="2">0.003</td></tr>
<tr><td>16</td><td>乙醇</td><td>小时平均</td><td colspan="2">5.0</td><td rowspan="2">《大气环境质量标准》(前苏联)</td></tr>
<tr><td>17</td><td>乙酸乙酯</td><td>一次</td><td colspan="2">0.1</td></tr>
<tr><td>18</td><td>甲苯</td><td>一次</td><td colspan="2">0.92</td><td rowspan="3">公式估算</td></tr>
<tr><td>19</td><td>溴</td><td>一次</td><td colspan="2">0.021</td></tr>
<tr><td>20</td><td>氯化亚砜</td><td>一次</td><td colspan="2">23.7</td></tr>
</table>

注：1. 甲苯估算公式：$\ln C_m = 0.0426\ln C_{生} - 0.28$（脂肪族和芳香烃）；$C_{生}$ 为生产车间容许浓度限值 100mg/m³；

2. 溴估算公式：$\ln C_m = 0.607\ln C_{生} - 3.166$（无机化合物）；$C_{生}$ 为车间空气中有害物质的最高容许浓度 0.5mg/m³（前苏联）；

3. 氯化亚砜估算公式：$\lg C_m = 1.02\lg LC_{50} - 2.08$；公式引自《环境质量标准总论》。

4. ①适用于城市地区；②适用于牧业区和以牧业为主的半农半牧区；③适用于农业和林业区。

（2）水环境质量标准　根据江苏省地表水（环境）功能区划以及《关于淮河入海水道淮安段水（环境）功能调整的意见》，淮河入海水道二河闸—淮安立交地涵段执行《地表水环境质量标准》（GB 3838—2002）Ⅲ类水标准，淮安立交地涵—桩号 S50K 段（南泓）执行Ⅴ类水标准，桩号 S50K 段—苏嘴段（南泓）执行Ⅳ类水标准，主要指标见表 6。

表 6　地表水水质标准主要指标值

序号	项目	Ⅲ类标准	Ⅳ类标准	Ⅴ类标准
1	水温/℃	人为造成的环境水温变化应限制在：周平均最大温升≤1，周平均最大温降≤2		
2	pH，无量纲	6～9		
3	SS/(mg/L)≤	30	60	150
4	BOD_5/(mg/L)≤	4	6	10
5	COD/(mg/L)≤	20	30	40
6	氨氮/(mg/L)≤	1.0	1.5	2.0
7	总磷/(mg/L)≤	0.2	0.3	0.4
8	DO/(mg/L)≥	5	3	2
9	高锰酸钾指数/(mg/L)≥	6	10	15
10	总氮(湖、库以 N 计)/(mg/L)≤	1.0	1.5	2.0
11	氰化物/(mg/L)≤	0.2	0.2	0.2
12	氯化物(以 Cl^- 计)(mg/L)≤	250		
13	氟化物(以 F^- 计)(mg/L)≤	1.0	1.5	1.5
14	硫酸盐(以 SO_4^{2-} 计)(mg/L)≤	250		
15	甲苯/(mg/L)≤	0.7		

注：1. 悬浮物 SS 参照执行水利部颁发的《地表水资源质量标准》(SL 63—1994)。

(3) 地下水环境

地下水按《地下水质量标准》(GB/T 14848—1993) 第三类标准执行，其主要指标见表 7。

表 7　地下水评价标准

序号	项　　目	GB/T 14848—1993Ⅲ类标准
1	pH	6.5～8.5
2	高锰酸盐指数/(mg/L)	3.0
3	浑浊度/度≤	3.0
4	总硬度(德国度)/(mg/L)≤	450
5	氯化物/(mg/L)≤	250
6	色/度≤	15
7	氨氮/(mg/L)≤	0.2
8	硫酸盐/(mg/L)≤	250
9	氟化物/(mg/L)≤	1.0
10	氰化物/(mg/L)≤	0.05
11	总大肠菌群/(个/L)≤	3.0
12	六价铬/(mg/L)≤	0.05

(4) 声环境质量标准

声环境执行《声环境质量标准》(GB 3096—2008) 中 3 类标准，详见表 8。

表 8　声环境质量标准

执行标准	标准值/dB(A)	
	昼间	夜间
《声环境质量标准》(GB 3096—2008)中 3 类标准	65	55

(5) 土壤环境

土壤环境执行《土壤环境质量标准》(GB 15618—1995) 中二级标准，主要指标见表 9。

表 9　土壤环境质量评价标准值

土壤 pH 值	铅/(mg/kg)	汞/(mg/kg)	砷/(mg/kg)	镉/(mg/kg)	铜/(mg/kg)	铬/(mg/kg)
<6.5	≤250	≤0.30	≤40(旱地)	≤0.30	≤50(农田)	≤150(旱地)
6.5～7.5	≤300	≤0.50	≤30(旱地)	≤0.30	≤100(农田)	≤200(旱地)
>7.5	≤350	≤1.0	≤25(旱地)	≤0.60	≤100(农田)	≤250(旱地)

五、环境质量现状监测

根据环评要求，农化有限公司委托市环境监测站对项目新厂址大气、地表水、地下水、噪声、土壤（底泥）环境中的相关因子进行了现状监测。

1. 大气环境质量现状监测与评价

(1) 大气环境质量现状监测

① 监测布点　共布设 6 个大气监测点，分别位于郭桥村、园区管委会、渠南村、后郭庄、俱兴庄、项目所在地厂界，如图 2 所示。

② 监测时段及监测项目与采样频率　根据环评要求，市环境监测站对评价区内二氧化

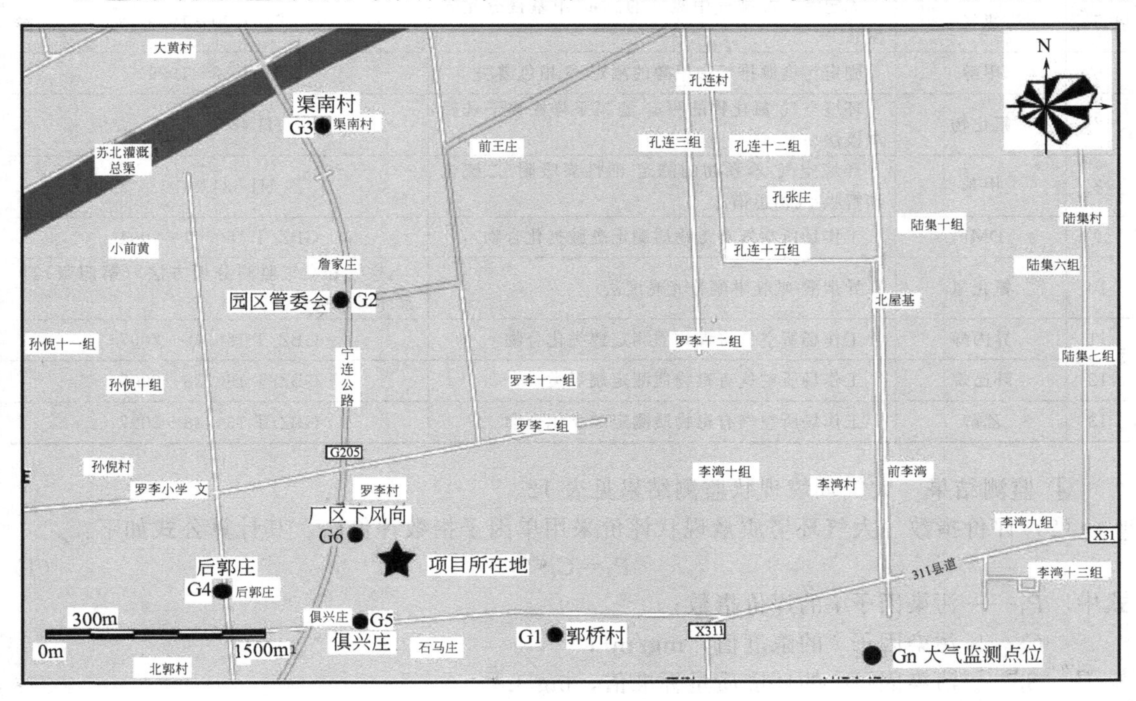

图 2　大气监测点位

硫、二氧化氮、PM_{10}、氯化氢、氯气、甲醇、DMF、氟化物、氰化氢、异丙醇、环己烷、甲苯、乙醇分别进行了监测（见表10）。监测时间为2011年10月25日～2011年10月31日。同步观测气温、气压、风速、风向等气象因子。

表10 大气现状监测布点及监测项目

监测点		所处方位	距离	监测项目	采样频率
G_1	E	郭桥村	约30m	SO_2、NO_2、PM_{10}、HCl(离子色谱法)、氯气、*N*,*N*-二甲基甲酰胺(DMF)、甲醇、氟化物、氰化氢、异丙醇、环己烷、甲苯、乙醇	连续监测7d,每天4次,每次采样时间不低于45 min;PM_{10}连续监测7d,每天至少有12h采样量
G_2	NW	园区管委会	约2000m		
G_3	NE	渠南村	2500m		
G_4	SW	后郭庄	470m		
G_5	SW	俱兴庄	200m		
G_6	E	厂界	下风向10m		

③ 分析方法　按国家环保局颁布的《环境监测技术规范》（大气部分）执行，见表11。

表11 监测分析方法

序号	监测项目	分析方法	备　注
1	二氧化硫	环境空气 二氧化硫的测定 甲醛吸收-副玫瑰苯胺分光光度法	HJ 482—2009
2	二氧化氮	环境空气 二氧化氮的测定 Saltzman法	GB/T 15435—1995
3	颗粒物	环境空气颗粒物(PM_{10}和$PM_{2.5}$)连续自动监测系统技术要求及检测方法	HJ 653—2013
4	HCl	离子色谱法	《空气和废气监测分析方法》(第四版)国家环保总局,2003年
5	氯气	固定污染源排气中氯气的测定 甲基橙分光光度法	HJ/T 30—1999
6	甲醇	固定污染源排气中甲醇的测定 气相色谱法	HJ/T 33—1999
7	氟化物	环境空气 氟化物的测定 滤膜采样氟离子选择电极法	HJ 480—2009
8	甲苯	环境空气 苯系物的测定 活性炭吸附/二硫化碳解吸-气相色谱法	HJ 584-2010
9	DMF	工作场所空气有毒物质测定酰胺类化合物	GBZ/T 160.62—2004
10	氰化氢	异烟酸-吡唑啉酮分光光度法	《空气和废气监测分析方法》(第四版)国家环保总局,2003年
11	异丙醇	工作场所空气有毒物质测定醇类化合物	GBZ/T 160.48—2007
12	环己烷	工作场所空气有毒物质测定烷烃类	GBZ/T 160.38—2007
13	乙醇	工作场所空气有毒物质测定醇类化合物	GBZ/T 160.48—2007

④ 监测结果　大气环境现状监测结果见表12。

(2) 评价指数　大气环境质量现状评价采用单因子指数评价法，其计算公式如下：

$$P_i = C_i / S_i \tag{1}$$

式中　P_i——污染因子i的评价指数；

C_i——污染因子i的浓度值，mg/m^3；

S_i——污染因子i的环境质量标准值，mg/m^3。

评价区各测点污染因子评价指数见表13和表14。

表 12　大气环境质量监测结果

采样点	项目	小时浓度			日均浓度		
		范围/(mg/m³)	超标率/%	最大超标倍数	范围/(mg/m³)	超标率/%	最大超标倍数
G_1	SO_2	0.010～0.032	0	0	0.017～0.023	0	0
	NO_2	0.01～0.032	0	0	0.018～0.027	0	0
	PM_{10}	—	—	—	0.058～0.103	0	0
	HCl	0.05L	—	—	0.05L	—	—
	氯气	0.03L	—	—	0.03L	—	—
	甲醇	0.1L	—	—	0.1L	—	—
	氟化物	0.5L	—	—	0.5L	—	—
	甲苯	0.001L	—	—	0.001L	—	—
	DMF	0.01L	—	—	0.01L	—	—
	氰化氢	0.0015L	—	—	0.0015L	—	—
	异丙醇	0.3L	—	—	0.3L	—	—
	环己烷	5.3L	—	—	5.3L	—	—
	乙醇	0.1L	—	—	0.1L	—	—
G_2	SO_2	0.014～0.042	0	0	0.022～0.03	0	0
	NO_2	0.018～0.048	0	0	0.029～0.038	0	0
	PM_{10}	—	—	—	0.099～0.137	0	0
	HCl	0.05L	—	—	0.05L	—	—
	氯气	0.03L	—	—	0.03L	—	—
	甲醇	0.1L	—	—	0.1L	—	—
	氟化物	0.5L	—	—	0.5L	—	—
	甲苯	0.001L	—	—	0.001L	—	—
	DMF	0.01L	—	—	0.01L	—	—
	氰化氢	0.001 5L	—	—	0.001 5L	—	—
	异丙醇	0.3L	—	—	0.3L	—	—
	环己烷	5.3L	—	—	5.3L	—	—
	乙醇	0.1L	—	—	0.1L	—	—
G_3	SO_2	0.016～0.034	0	0	0.022～0.026	0	0
	NO_2	0.012～0.032	0	0	0.018～0.024	0	0
	PM_{10}	—	—	—	0.049～0.086	0	0
	HCl	0.05L	—	—	0.05L	—	—
	氯气	0.03L	—	—	0.03L	—	—
	甲醇	0.1L	—	—	0.1L	—	—
	氟化物	0.5L	—	—	0.5L	—	—
	甲苯	0.001L	—	—	0.001L	—	—
	DMF	0.01L	—	—	0.01L	—	—
	氰化氢	0.0015L	—	—	0.0015L	—	—

续表

采样点	项目	小时浓度			日均浓度		
		范围/(mg/m³)	超标率/%	最大超标倍数	范围/(mg/m³)	超标率/%	最大超标倍数
G_3	异丙醇	0.3L	—	—	0.3L	—	—
	环己烷	5.3L	—	—	5.3L	—	—
	乙醇	0.1L	—	—	0.1L	—	—
G_4	SO_2	0.012～0.034	0	0	0.018～0.024	0	0
	NO_2	0.014～0.036	0	0	0.021～0.028	0	0
	PM_{10}	—	—	—	0.057～0.091	0	0
	HCl	0.05L	—	—	0.05L	—	—
	氯气	0.03L	—	—	0.03L	—	—
	甲醇	0.1L	—	—	0.1L	—	—
	氟化物	0.5L	—	—	0.5L	—	—
	甲苯	0.001L	—	—	0.001L	—	—
	DMF	0.01L	—	—	0.01L	—	—
	氰化氢	0.0015L	—	—	0.0015L	—	—
	异丙醇	0.3L	—	—	0.3L	—	—
	环己烷	5.3L	—	—	5.3L	—	—
	乙醇	0.1L	—	—	0.1L	—	—
G_5	SO_2	0.014～0.036	0	0	0.021～0.027	0	0
	NO_2	0.014～0.036	0	0	0.021～0.027	0	0
	PM_{10}	—	—	—	0.069～0.103	0	0
	HCl	0.05L	—	—	0.05L	—	—
	氯气	0.03L	—	—	0.03L	—	—
	甲醇	0.1L	—	—	0.1L	—	—
	氟化物	0.5L	—	—	0.5L	—	—
	甲苯	0.001L	—	—	0.001L	—	—
	DMF	0.01L	—	—	0.01L	—	—
	氰化氢	0.0015L	—	—	0.0015L	—	—
	异丙醇	0.3L	—	—	0.3L	—	—
	环己烷	5.3L	—	—	5.3L	—	—
	乙醇	0.1L	—	—	0.1L	—	—
G_6	SO_2	0.014～0.038	0	0	0.021～0.03	0	0
	NO_2	0.016～0.042	0	0	0.025～0.028	0	0
	PM_{10}	—	—	—	0.086～0.127	0	0
	HCl	0.05L	—	—	0.05L	—	—
	氯气	0.03L	—	—	0.03L	—	—
	甲醇	0.1L	—	—	0.1L	—	—
	氟化物	0.5L	—	—	0.5L	—	—

续表

采样点	项目	小时浓度			日均浓度		
		范围/(mg/m³)	超标率/%	最大超标倍数	范围/(mg/m³)	超标率/%	最大超标倍数
G_6	甲苯	0.001L	—	—	0.001L	—	—
	DMF	0.01L	—	—	0.01L	—	—
	氰化氢	0.0015L	—	—	0.0015L	—	—
	异丙醇	0.3L	—	—	0.3L	—	—
	环己烷	5.3L	—	—	5.3L	—	—
	乙醇	0.1L	—	—	0.1L	—	—

注："L"表示低于检出限。

表 13　各污染因子的评价指数（一次值）

监测点	评价指数(P_i)						
	SO_2	NO_2	PM_{10}	HCl	氯气	甲醇	氰化物
G_1	0.064	0.133	—	0.05L	0.03L	0.1L	0.5L
G_2	0.084	0.2	—	0.05L	0.03L	0.1L	0.5L
G_3	0.068	0.133	—	0.05L	0.03L	0.1L	0.5L
G_4	0.068	0.15	—	0.05L	0.03L	0.1L	0.5L
G_5	0.072	0.15	—	0.05L	0.03L	0.1L	0.5L
G_6	0.076	0.175	—	0.05L	0.03L	0.1L	0.5L

监测点	评价指数(P_i)					
	甲苯	DMF	氰化氢	异丙醇	环己烷	乙醇
G_1	0.001L	0.01L	0.0015L	0.3L	5.3L	0.1L
G_2	0.001L	0.01L	0.0015L	0.3L	5.3L	0.1L
G_3	0.001L	0.01L	0.0015L	0.3L	5.3L	0.1L
G_4	0.001L	0.01L	0.0015L	0.3L	5.3L	0.1L
G_5	0.001L	0.01L	0.0015L	0.3L	5.3L	0.1L
G_6	0.001L	0.01L	0.0015L	0.3L	5.3L	0.1L

注："L"表示低于检出限。

表 14　各污染因子的评价指数（日均值）

监测点	评价指数(P_i)						
	SO_2	NO_2	PM_{10}	HCl	氯气	甲醇	氰化物
G_1	0.153	0.225	0.687	0.05L	0.03L	0.1L	0.5L
G_2	0.2	0.317	0.913	0.05L	0.03L	0.1L	0.5L
G_3	0.173	0.2	0.573	0.05L	0.03L	0.1L	0.5L
G_4	0.16	0.233	0.607	0.05L	0.03L	0.1L	0.5L
G_5	0.18	0.225	0.687	0.05L	0.03L	0.1L	0.5L
G_6	0.2	0.233	0.847	0.05L	0.03L	0.1L	0.5L

续表

监测点	评价指数(P_i)					
	甲苯	DMF	氰化氢	异丙醇	环己烷	乙醇
G_1	0.001L	0.01L	0.0015L	0.3L	5.3L	0.1L
G_2	0.001L	0.01L	0.0015L	0.3L	5.3L	0.1L
G_3	0.001L	0.01L	0.0015L	0.3L	5.3L	0.1L
G_4	0.001L	0.01L	0.0015L	0.3L	5.3L	0.1L
G_5	0.001L	0.01L	0.0015L	0.3L	5.3L	0.1L
G_6	0.001L	0.01L	0.0015L	0.3L	5.3L	0.1L

注："L"表示低于检出限。

(3) 现状评价　从大气监测结果和评价指数来看，评价区各监测点各项指标均满足 GB 3095—1996 二级标准。

2. 地表水环境质量现状评价

(1) 监测断面、采样频率及采样时间

监测断面：本项目排水进污水处理厂集中处理，污水处理厂尾水排入淮河入海水道，因此监测断面布设在淮河入海水道（污水处理厂排口上下游），断面位置见图 3。

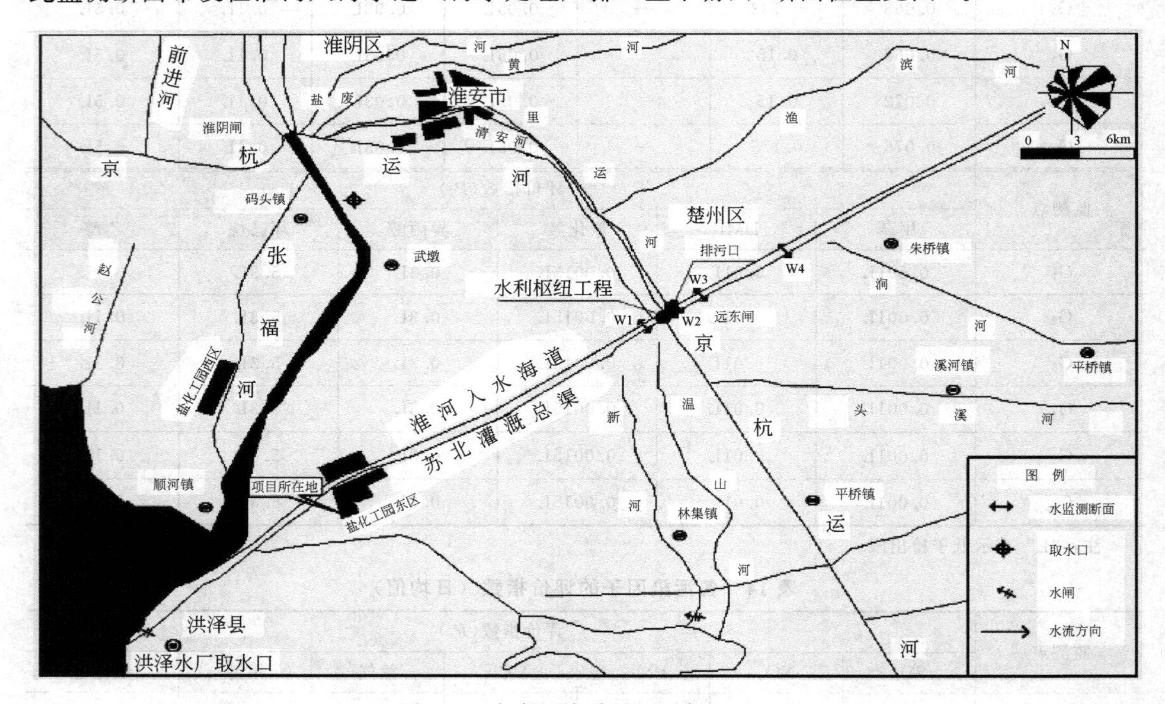

图 3　地表水环境质量监测断面设置

采样时间及采样频率：收集现有水文、水质资料，每天监测 1 次；监测时间为 2011 年 10 月 25 日～10 月 27 日，连续监测 3d。

表 15 为地表水监测断面及监测项目。

(2) 采样及分析方法　地表水环境质量现状监测按《环境监测技术规范》和《水和废水监测分析方法》进行。现场加采 10%现场密码平行样，分析时再随机抽取 10%的室内平行样和 10%加标样进行测定。详见表 16。

表 15 地表水监测断面及监测项目

河流名称	监测断面	断面位置	监测项目
入海水道（南偏泓）	W_1	园区污水排污口上游 1000m	水温、pH、溶解氧、BOD_5、COD、氨氮、总氮、TP、SS、高锰酸钾指数、全盐量、氰化物、甲苯、氯化物（以 Cl^- 计）、氟化物（以 F^- 计）、硫酸盐（以 SO_4^{2-} 计）
	W_2	园区污水排污口处	
	W_3	园区污水排污口下游 800m	
	W_4	园区污水排污口下游 5000m	

表 16 监测分析方法

序号	监测项目	分析方法	方法标准
1	水温	温度计或颠倒温度计测定法	GB 13195—1991
2	pH	水质 pH 值的测定 玻璃电极法	GB/T 6920—1986
3	溶解氧	水质 溶解氧的测定 电化学探头法	HJ 506—2009
4	BOD_5	稀释与接种法	HJ 505—2009
5	COD	水质 化学需氧量的测定 重铬酸钾法	GB/T 11914—1989
6	氨氮	水质 氨氮的测定 纳氏试剂分光光度法	HJ 535—2009
7	总氮	水质 总氮的测定 碱性过硫酸钾消解紫外分光光度法	HJ 636—2012
8	TP	水质 总磷的测定 钼酸铵分光光度法	GB/T 11893—1989
9	SS	水质 悬浮物的测定 重量法	GB/T 11901—1989
10	高锰酸钾指数	水质 高锰酸盐指数的测定	GB/T 11892—1989
11	全盐量	水质 全盐量的测定 重量法 国家环保总局标准	HJ/T 51—1999
12	氰化物	水质 氰化物的测定 容量法和分光光度法	HJ 484—2009
13	甲苯	气相色谱法	GB 11890—1989
14	氯化物（以 Cl^- 计）	水质 氯化物的测定 硝酸银滴定法	GB/T 11896—1989
15	氟化物（以 F^- 计）	水质 氟化物的测定 离子选择电极法	GB/T 7484—1987
16	硫酸盐（以 SO_4^{2-} 计）	水质 硫酸盐的测定 铬酸钡 分光光度法	HJ/T 342—2007

（3）现状监测结果 监测结果统计见表 17。

表 17 监测结果统计

监测点位	监测日期	监测项目								
		水温/℃	pH	DO /(mg/L)	BOD_5 /(mg/L)	COD /(mg/L)	NH_3-N /(mg/L)	总氮 /(mg/L)	总磷 /(mg/L)	SS /(mg/L)
W_1	10.25	15.3	7.59	8.3	3.6	16	0.19	1.26	0.019	23
	10.26	15.7	7.41	7.6	3.5	18	0.17	1.33	0.023	24
	10.27	16.5	7.47	7.9	3.4	18	0.15	1.51	0.027	22
	平均值	15.8	7.49	7.9	3.5	17.3	0.17	1.4	0.023	23
W_2	10.25	15.4	7.49	8.0	3.7	18	0.08	1.32	0.031	29
	10.26	15.6	7.37	8.1	3.6	19	0.12	1.35	0.035	28
	10.27	15.8	7.38	8.2	3.7	16	0.18	1.45	0.035	25
	平均值	15.6	7.41	8.1	3.7	17.7	0.13	1.37	0.034	27.3

续表

监测点位	监测日期	监测项目								
		水温/℃	pH	DO /(mg/L)	BOD_5 /(mg/L)	COD /(mg/L)	NH_3-N /(mg/L)	总氮 /(mg/L)	总磷 /(mg/L)	SS /(mg/L)
W_3	10.25	15.9	7.41	8.3	3.8	14	0.29	1.36	0.092	28
	10.26	16.1	7.36	8.0	3.6	16	0.26	1.35	0.085	29
	10.27	16.2	7.27	7.8	3.7	18	0.28	1.38	0.085	28
	平均值	16.1	7.35	8	3.7	16	0.28	1.36	0.087	28.3
W_4	10.25	16.3	7.32	7.4	3.3	16	0.10	1.37	0.092	28
	10.26	15.9	7.28	7.6	3.2	18	0.15	1.39	0.088	27
	10.27	15.7	7.18	7.7	3.6	16	0.24	1.35	0.085	29
	平均值	16	7.26	7.6	3.4	16.7	0.16	1.37	0.088	28

监测点位	监测日期	监测项目						
		高锰酸钾指数 /(mg/L)	全盐量 /(mg/L)	氰化物 /(mg/L)	甲苯 /(mg/L)	氯化物 /(mg/L)	氟化物 /(mg/L)	硫酸盐 /(mg/L)
W_1	10.25	5.6	178	0.004L	0.0005L	30.6	0.69	25.2
	10.26	5.9	176	0.004L	0.0005L	30.6	0.61	25.7
	10.27	5.7	198	0.004L	0.0005L	29.6	0.69	25.4
	平均值	5.7	184	0.004L	0.0005L	30.3	0.66	25.4
W_2	10.25	5.6	176	0.004L	0.0005L	28.6	0.58	22.1
	10.26	5.9	174	0.004L	0.0005L	29.6	0.70	22.3
	10.27	5.7	179	0.004L	0.0005L	29.6	0.59	22.5
	平均值	5.7	176.3	0.004L	0.0005L	29.3	0.62	22.3
W_3	10.25	5.6	181	0.004L	0.0005L	35.5	0.74	35.5
	10.26	5.7	183	0.004L	0.0005L	34.5	0.68	34.5
	10.27	5.8	185	0.004L	0.0005L	34.4	0.73	35.8
	平均值	5.7	183	0.004L	0.0005L	34.8	0.72	35.3
W_4	10.25	5.5	197	0.004L	0.0005L	36.3	0.73	36.5
	10.26	5.4	190	0.004L	0.0005L	36.5	0.69	37.2
	10.27	5.9	189	0.004L	0.0005L	35.7	0.71	37.4
	平均值	5.6	192	0.004L	0.0005L	36.2	0.71	37

注："L"表示低于检出限。

3. 水环境现状评价

采用单因子标准指数法进行水环境质量现状评价，具体参见实训二校园河流水环境质量现状监测与评价单项水质参数的计算方法。水环境现状单因子指数计算结果见表18。

根据江苏省地表水（环境）功能区划以及《关于淮河入海水道淮安段水（环境）功能调整的意见》，淮河入海水道二河闸—淮安立交地涵段执行《地表水环境质量标准》（GB 3838—2002）Ⅲ类水标准，淮安立交地涵—桩号S50K段（南泓）执行Ⅴ类水标准，桩号S50K段—苏嘴段（南泓）执行Ⅳ类水标准，本次以Ⅲ类水标准进行评价。

表18　水环境现状单因子指数

监测断面	单项水质参数的评价指标($S_{i,j}$)								
	水温	pH	DO	BOD_5	COD	NH_3-N	总氮	总磷	SS
W_1	—	0.245	0.38	0.875	0.865	0.17	1.4	0.115	0.77
W_2	—	0.205	0.34	0.925	0.885	0.13	1.37	0.17	0.77
W_3	—	0.175	0.35	0.925	0.8	0.28	1.36	0.435	0.94
W_4	—	0.13	0.44	0.85	0.835	0.16	1.37	0.44	0.93

续表

监测断面	单项水质参数的评价指标($S_{i,j}$)						
	高锰酸钾指数	全盐量	氰化物	甲苯	氯化物	氟化物	硫酸盐
W_1	0.95	—	0.004L	0.0005L	0.12	0.66	0.10
W_2	0.95	—	0.004L	0.0005L	0.12	0.62	0.09
W_3	0.95	—	0.004L	0.0005L	0.14	0.72	0.14
W_4	0.93	—	0.004L	0.0005L	0.14	0.71	0.15

注："L" 表示低于检出限。

依据《地表水环境质量评价办法》各断面水质分析如下：

(1) W_1 断面　该断面水质符合Ⅲ类水质，轻度污染，表征颜色为黄色。

(2) W_2 断面　该断面水质符合Ⅲ类水质，轻度污染，表征颜色为黄色。

(3) W_3 断面　该断面水质符合Ⅲ类水质，轻度污染，表征颜色为黄色。

从单因子标准指数看，除总氮外，各因子评价指数均小于 1，总氮超标主要是源头水洪泽湖水体受农业面源影响导致的，故下游河段总氮超标。

4. 环境噪声现状评价

(1) 声现状监测　布设厂界噪声监测点 6 个，监测项目为连续等效 A 声级。

(2) 监测方法　按照国家环境保护总局颁布的《工业企业厂界环境噪声测量方法》GB 12348—2008 和《声环境质量标准》GB 3096—2008 中的有关规定进行。

(3) 监测结果　农化有限公司厂界 2011 年 10 月 25～26 日的噪声现状监测结果见表 19。

表 19　噪声现状监测结果统计表　　单位：dB (A)

测点编号		Z_1	Z_2	Z_3	Z_4	Z_5	Z_6
2011-10-25	昼间	44.1	42.8	45.4	44.1	48.1	43.2
	夜间	42.6	42.2	43.5	42.1	44.6	41.2
2011-10-26	昼间	43.5	41.5	45.7	44.7	48.3	42.1
	夜间	41.5	41.2	43.5	42.1	44.2	41.2

厂界噪声现状监测结果表明：6 个测点一天的昼间等效声级 LA_{eq} 测量平均值均满足 3 类标准要求。

(4) 噪声现状评价　现状监测结果表明，厂区附近的声环境质量较好，能满足《声环境质量标准》GB 3096—2008 中 3 类标准要求。

5. 地下水环境质量评价

(1) 地下水环境质量现状评价方法　地下水水质现状评价应采用标准指数法进行评价。标准指数>1，表明污染物含量超过规定的水质标准，指数值越大，超标越严重。标准指数计算公式分为以下两种：

$$S_{i,j}=C_{i,j}/C_{si} \tag{2}$$

pH 的标准指数为：

$$S_{\mathrm{pH},j}=\frac{7.0-\mathrm{pH}_j}{7.0-\mathrm{pH}_{sd}} \qquad \mathrm{pH}_j\leqslant 7.0 \tag{3}$$

$$S_{\mathrm{pH},j}=\frac{\mathrm{pH}_j-7.0}{\mathrm{pH}_{su}-7.0} \qquad \mathrm{pH}_j\leqslant 7.0 \tag{4}$$

式中　$S_{i,j}$——污染物 i 在监测点 j 的标准指数；

$C_{i,j}$——污染物 i 在监测点 j 的浓度，mg/L；

C_{si}——水质参数 i 的地表水水质标准，mg/L；

$S_{pH,j}$——监测点 j 的 pH 值标准指数；

pH_j——监测点 j 的 pH 值；

pH_{sd}——地表水水质标准中规定的 pH 值下限；

pH_{su}——地表水水质标准中规定的 pH 值上限。

(2) 地下水环境质量现状监测点、监测项目、采样时间　地下水质量现状监测点、监测项目和采样时间见表 20。

表 20　地下水水质监测点、监测项目和采样时间

序号	编号	测点距拟建项目距离/m	所处方位	监测项目	采样时间
1	d_1	厂区中心内	—	pH、高锰酸盐指数、浑浊度(度)、色度、总硬度、氯化物、硫酸盐、氟化物、氰化物、总大肠杆菌数、氨氮、甲苯、六价铬、水位	2011-10-25
2	d_3	距离厂界 500m	180℃方向(西侧)		
3	d_6	距离厂界 500m	360℃方向(东侧)		
4	d_2	距离厂界 500m	90℃方向(北侧)		
5	d_4	距离厂界 500m	225℃方向(西南侧)		
6	d_5	距离厂界 500m	315℃方向(西北侧)		

(3) 监测分析方法　按国家环保总局颁布的《环境监测技术规范》和《环境监测分析方法》有关规定和要求执行，具体方法见表 21。

表 21　地下水环境质量现状监测方法

序号	监测项目	分析方法	方法标准
1	pH	水质　pH 值的测定 玻璃电极法	GB/T 6920—1986
2	氨氮	水质　氨氮的测定　纳氏试剂分光光度法	HJ 535—2009
3	高锰酸钾指数	水质　高锰酸盐指数的测定	GB/T 11892—1989
4	氰化物	水质　氰化物的测定　容量法和分光光度法	HJ 484—2009
5	甲苯	气相色谱法	GB 11890—1989
6	氯化物(以 Cl^- 计)	水质　氯化物的测定　硝酸银滴定法	GB/T 11896—1989
7	氟化物(以 F^- 计)	水质　氟化物的测定　离子选择电极法	GB/T 7484—1987
8	硫酸盐(以 SO_4^{2-} 计)	水质　硫酸盐的测定　铬酸钡分光光度法	HJ/T 342—2007
9	浑浊度/度	生活饮用水标准检验方法感官性状和物理指标	GB/T 5750.4—2006
10	色度	稀释倍数法	GB 11903—1989
11	总硬度	水质　钙和镁总量的测定　EDTA 滴定法	GB/T 7477—1987
12	总大肠杆菌数	生活饮用水标准检验方法　微生物指标	GB/T 5750.12—2006
13	六价铬	水质　六价铬的测定　二苯碳酰二肼分光光度法	GB/T 7467—1987

(4) 地下水环境质量现状监测结果及评价

地下水环境质量现状监测结果及评价见表 22、表 23。

表 22　地下水环境水位监测结果

监测点	位置	水位/m
d_1	项目所在地中心处	4.7
d_2	项目所在地北侧 500m 处	5.1
d_3	项目所在地西侧 500m 处	4.5
d_4	项目所在地西南侧 500m 处	4.6
d_5	项目所在地西北侧 500m 处	4.8
d_6	项目所在地东侧 500m 处	5.0

表 23　地下水环境质量现状监测结果及评价

监测点位	项目	pH	COD_{Mn} /(mg/L)	浑浊度/度	色度	总硬度	氯化物/(mg/L)	硫酸盐/(mg/L)	氟化物/(mg/L)	氰化物/(mg/L)	氨氮/(mg/L)	甲苯/(mg/L)	六价铬/(mg/L)	总大肠菌群(个/L)
d_1	监测结果	7.35	0.5	≤3	≤5	158	43.4	37.6	0.63	0.004L	0.173	0.0005L	0.004L	<3
	标准值	6.8～8.5	≤3.0	≤3	≤15	≤450	≤250	≤250	≤1.0	≤0.05	≤0.2	—	≤0.05	≤3.0
	标准指数	—	0.17	—	—	0.35	0.17	0.15	0.63	—	0.865	—	—	—
	超标率	—	0	—	—	0	0	0	0	—	0	—	—	—
d_2	监测结果	7.34	1.0	≤3	≤5	156	41.6	38.4	0.67	0.004L	0.158	0.0005L	0.004L	<3
	标准值	6.8～8.5	≤3.0	≤3	≤15	≤450	≤250	≤250	≤1.0	≤0.05	≤0.2	—	≤0.05	≤3.0
	标准指数	—	0.33	—	—	—	0.17	0.15	0.67	—	0.79	—	—	—
	超标率	—	0	—	—	0	0	0	0	—	0	—	—	—
d_3	监测结果	7.51	0.9	≤3	≤5	163	44.9	33.7	0.71	0.004L	0.147	0.0005L	0.004L	<3
	标准值	6.8～8.5	≤3.0	≤3	≤15	≤450	≤250	≤250	≤1.0	≤0.05	≤0.2	—	≤0.05	≤3.0
	标准指数	—	0.3	—	—	0.36	0.18	0.13	0.71	—	0.735	—	—	—
	超标率	—	0	—	—	0	0	0	0	—	0	—	—	—
d_4	监测结果	7.47	0.8	≤3	≤5	159	45.8	36.7	0.76	0.004L	0.189	0.0005L	0.004L	<3
	标准值	6.8～8.5	≤3.0	≤3	≤15	≤450	≤250	≤250	≤1.0	≤0.05	≤0.2	—	≤0.05	≤3.0
	标准指数	—	0.27	—	—	—	0.18	0.15	0.76	—	0.945	—	—	—
	超标率	—	0	—	—	0	0	0	0	—	0	—	—	—
d_5	监测结果	7.36	0.6	≤3	≤5	167	47.7	48.4	0.69	0.004L	0.136	0.0005L	0.004L	<3
	标准值	6.8～8.5	≤3.0	≤3	≤15	≤450	≤250	≤250	≤1.0	≤0.05	≤0.2	—	≤0.05	≤3.0
	标准指数	—	0.2	—	—	—	0.19	0.19	0.69	—	0.68	—	—	—
	超标率	—	0	—	—	0	0	0	0	—	0	—	—	—
d_6	监测结果	7.28	0.7	≤3	≤5	169	46.3	36.7	0.68	0.004L	0.187	0.0005L	0.004L	<3
	标准值	6.8～8.5	≤3.0	≤3	≤15	≤450	≤250	≤250	≤1.0	≤0.05	≤0.2	—	≤0.05	≤3.0
	标准指数	—	0.23	—	—	0.38	0.19	0.15	0.68	—	0.935	—	—	—
	超标率	—	0	—	—	0	0	0	0	—	0	—	—	—

注：“L”表示低于检出限。

由表 23 可以看出，项目周边地下水环境质量级别为良好。

6. 土壤环境质量评价

(1) 监测点布置　厂区布设监测点 4 个，其中土壤监测点 3 个（一个在主导风向的上厂界，一个在设计规划的罐区处，一个在主导风向的下厂界），底泥监测点 1 个（污水处理厂污水排口处底泥）。

(2) 监测项目　pH、Pb、Hg、As、Cd、Cr、Cu。

(3) 监测分析方法　按原国家环保总局颁布的《环境监测技术规范》和《环境监测分析方法》有关规定和要求执行，具体监测方法见表 24。

表 24　土壤环境质量现状监测方法

序号	监测项目	分析方法	方法标准
1	pH	玻璃电极法　固体废物浸出毒性测定方法	GB/T 15555.12—1995
2	铅	土壤质量　铅、镉的测定石墨炉原子吸收分光光度法	GB/T 17141—1997
3	汞	土壤质量 总汞的测定 冷原子吸收分光光度法	GB/T 17136—1997
4	砷	原子荧光光度法	《水和废水监测分析方法》(第四版)国家环保总局,2002 年
5	镉	土壤质量　铅、镉的测定石墨炉原子吸收分光光度法	GB/T 17141—1997
6	铬	土壤 总铬测定 火焰原子吸收分光光度法	HJ 491—2009
7	铜	土壤质量　铜、锌的测定 火焰原子吸收分光光度法	GB/T 17138—1997

(4) 监测结果　市环境监测中心站于 2011 年 10 月 26 日对新厂区土壤进行了监测分析，具体监测及评价结果见表 25。

表 25　土壤及底泥监测及评价结果

监测点位	项目	pH	Pb	Hg	As	Cd	Cr	Cu
T_1 厂界上风向	监测结果	8.13	191	0.467	9.14	0.113	157	87
	标准值	—	350	1.0	25	0.60	250	100
	标准指数	—	0.55	0.467	0.37	0.19	0.628	0.87
	超标率	—	0	0	0	0	0	0
T_2 罐区处	监测结果	8.16	178	0.478	10.7	0.115	159	86
	标准值	—	350	1.0	25	0.60	250	100
	标准指数	—	0.51	0.478	0.428	0.19	0.636	0.86
	超标率	—	0	0	0	0	0	0
T_3 厂界下风向	监测结果	8.27	154	0.435	8.26	0.162	146	74
	标准值	—	350	1.0	25	0.60	250	100
	标准指数	—	0.44	0.435	0.33	0.6	0.584	0.74
	超标率	—	0	0	0	0	0	0
DN_1 污水处理厂污水排口处	监测结果	8.47	165	0.317	9.18	0.137	163	83
	标准值	—	350	1.0	25	0.60	250	100
	标准指数	—	0.47	0.317	0.37	0.23	0.652	0.83
	超标率	—	0	0	0	0	0	0

从评价区域内的土壤监测资料分析，本项目所在区域内的土壤监测项目均能满足《土壤环境质量标准》（GB 15618—1995）的二级标准，说明该区域内的土壤质量较好，未受污染。

7. 环境质量现状评价结论

根据环境现状评价结果，评价区域环境。

（1）大气评价因子评价指数均小于1，说明大气质量较好，有一定环境容量。

（2）地表水从单因子指数看，除总氮外，各因子评价指数均小于1，总氮超标主要是源头水洪泽湖水体受农业面源影响导致的，故下游河段总氮超标。

（3）昼夜间厂界噪声均符合《声环境质量标准》GB 3096—2008 中3类标准。

（4）周边地下水中各项指标均能满足《地下水质量标准》（GB/T 14848—1993）的Ⅲ类要求，地下水质量较好。

（5）本项目所在区域内的土壤监测项目均能满足《土壤环境质量标准》（GB 15618—1995）的二级标准，说明该区域内的土壤质量较好，未受污染。

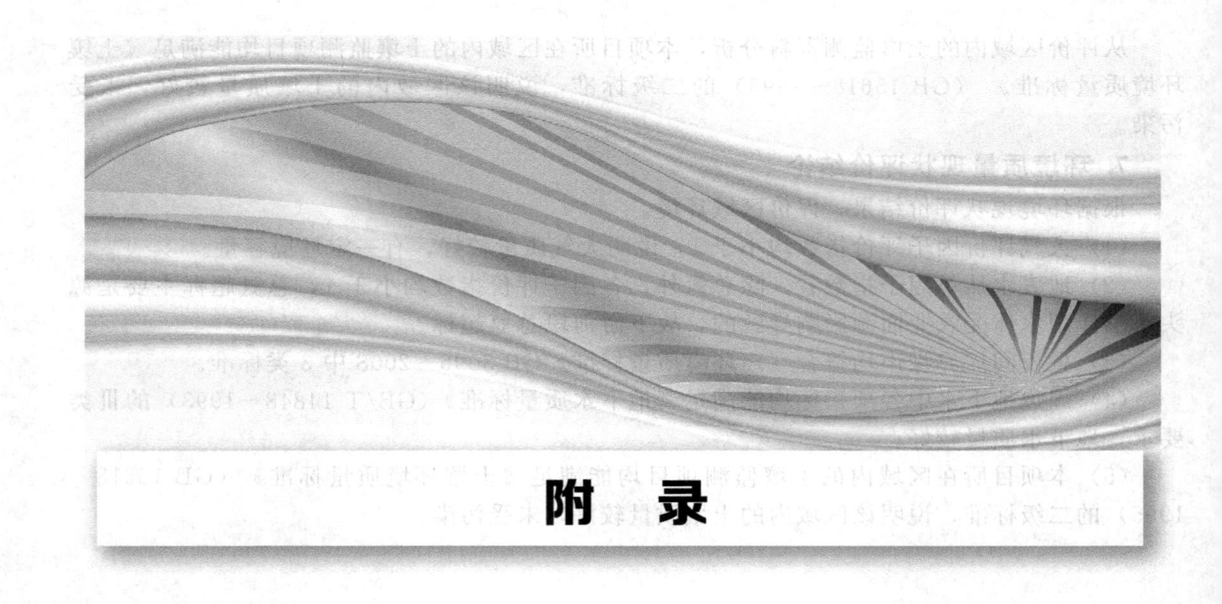

附录1 实验室安全规则

一、实验室安全规则

(1) 实验室安全工作实行各级主管领导负责制，严格遵守国家和地方各级政府的安全法规、制度，切实保障人身和财产安全。

(2) 落实防火、防盗、防污染、防事故等方面的防护措施，并定期进行检查，做好安全检查记录。实验室管理人员必须熟悉所管实验室的安全要求及配备的消防器材的性能和使用方法。

(3) 实验室要建立安全值班制度，实验室值班人员或工作人员下班时，必须关闭电源、水源、气源、门窗，剩余的一般药品要保管好。实验指导老师要配合值班人员进行安全检查。

(4) 凡有危险性的实验，必须两人或两人以上进行，实验指导老师必须首先讲清操作规程、安全事项，再进行实验。不得让非实验人员操作。凡须持证上岗的岗位，严禁无证人员操作。

(5) 实验室要加强安全用电的管理，必须符合国家安全用电管理规定，电源、电闸下方不准摆放易燃物品、设备和杂物。严禁擅自改动、安装仪器设备和电气设施，严禁乱接乱拉电线。凡设备本身要求安全接地的，必须接地；定期检查线路，测量接地电阻。电气插座严禁接太多插头。不得私自使用非实验室的、非实验需要的大功率电器。

(6) 严禁在实验室内抽烟及未经批准动用明火。必须使用明火实验的场所，须经上级部门批准后，才能使用。

(7) 对违反安全制度，不遵守实验操作规程，以致造成事故的直接责任者必须追究责任，按情节轻重给予严肃处理。

二、大型仪器和特种设备安全管理规定

(1) 贵重仪器由专人负责操作，精密仪器实行上机培训、定期检查制度。

（2）建立健全贵重仪器和精密仪器档案，内容包括：购买合同、随机文件、技术资料、安装调试、维修使用记录等。

（3）对一般仪器和设备装置要根据各仪器设备的使用情况和性能状况，定期保养检修，在醒目位置标出仪器操作要点。

（4）对于锅炉、起重机械、压力容器等特种设备，必须定期接受国家有关部门的检查。到达使用期限时及时报废，不到使用年限但存在安全问题无法修复的钢瓶及其他压力容器也应实施报废。

（5）放置特种设备的实验室必须具有安全、防盗措施，安排专人负责管理检查，并制订安全操作规程，严格按操作规程操作。

（6）使用单位应当建立特种设备安全技术档案，并对特种设备进行日常性维护保养，定期自检并做记录。发现异常情况，应及时处理。

三、易燃、易爆和有毒化学危险品等安全管理规定

（1）一切有毒物品及化学危险品，要按照《盐城工学院化学危险品安全管理制度》要求，严格审批，两人领取，领用数量应用多少领多少，对用余的危险品应及时交危险品仓库暂存，严禁存放在实验室内。对其领、用、剩、废、耗的数量必须详细记录，专人负责管理。

（2）在实验中尽量采用无毒或少毒物质，或采用较好的实验方案、设施、工艺来减少避免在实验过程中扩散有毒物质。

（3）实验室应装设通风排毒用的通风橱，在使用大量易挥发毒物的实验室应装设排风扇等强化通风设备；必要时须用真空泵、水泵连接在发生器上，构成封闭实验系统，减少毒物在室内逸出。

（4）注意保持个人卫生和遵守个人防护规程，绝对禁止在使用毒物或有可能被毒物污染的实验室内饮食、吸烟或在有可能被污染的容器内存放物品。

附录2　化学试剂规格和标准

化学试剂的规格目前在我国划分为：

国标试剂：该类试剂为我国国家标准所规定的，适用于检验、鉴定、检测。

基准试剂：作为基准物质，标定标准溶液。

优级纯（GR，绿标）(一级品)：主成分含量很高，纯度很高，适用于精确分析和研究，有的可作基准物质。

分析纯（AR，红标）(二级品)：主成分含量很高，纯度较高，干扰杂质很低，适用于工业分析及化学实验。

化学纯（CP，蓝标）(三级品)：主成分含量高，纯度较高，存在干扰杂质，适用于化学实验和合成制备。

实验纯（LR，黄标）：主成分含量高，纯度较差，杂质含量不做选择，只适用于一般化学实验和合成制备。

教学试剂：可以满足学生教学目的，不至于造成化学反应现象偏差的一类试剂。

指定级（ZD）：该类试剂是按照用户要求的质量控制指标，为特定用户定做的化学试剂。

色谱纯（GC）：气相色谱分析专用，质量指标注重干扰气相色谱峰的杂质，主成分含

量高。

色谱纯（LC）：液相色谱分析标准物质，质量指标注重干扰液相色谱峰的杂质，主成分含量高。

指示剂（IND）：配制指示溶液用，质量指标为变色范围和变色敏感程度，适用于有机合成用。

生化试剂（BR）：配制生物化学检验试液和生化合成，质量指标注重生物活性杂质，可用于有机合成。

生物染色剂（BS）：配制微生物标本染色液，质量指标注重生物活性杂质，可用于有机合成。

光谱纯（SP）：用于光谱分析，分别适用于分光光度计标准品、原子吸收光谱标准品、原子发射光谱标准品。

电子纯（MOS）：适用于电子产品生产，电性杂质含量极低。

高纯试剂（3N、4N、5N）：主成分含量分别为99.9%、99.99%、99.999%以上。

电泳试剂：质量指标注重电性杂质含量控制。

附录3　实验室常用浓酸、氨水密度及浓度

名称	基本单元		密度/(g/cm^3)	近似浓度	
	化学式	摩尔质量/(g/mol)		质量分数/%	物质的量浓度/(mol/L)
盐酸	HCl	36.46	1.19	38	12
硝酸	HNO_3	63.01	1.42	70	16
硫酸	H_2SO_4	98.07	1.84	98	18
高氯酸	$HClO_4$	100.46	1.67	70	11.6
磷酸	H_3PO_4	98.00	1.69	85	15
氢氟酸	HF	20.01	1.13	40	22.5
冰乙酸	CH_3COOH	60.05	1.05	99.9	17.5
氨水	$NH_3 \cdot H_2O$	35.05	0.90	27(NH_3)	14.5
氢溴酸	HBr	80.93	1.49	47	9
甲酸	$HCOOH$	46.04	1.06	26	6
过氧化氢	H_2O_2	34.01	1.44	>30	

附录4　常用基准物质的干燥条件和应用范围

基准物质		干燥后组成	干燥条件/℃	标定对象
名称	化学式			
碳酸氢钠	$NaHCO_3$	Na_2CO_3	270～300	酸
碳酸钠	$Na_2CO_3 \cdot 10H_2O$	Na_2CO_3	270～300	酸
硼砂	$Na_2B_4O_7 \cdot 10H_2O$	$Na_2B_4O_7 \cdot 10H_2O$	放在含NaCl和蔗糖饱和水溶液的干燥器中	酸

续表

基准物质		干燥后组成	干燥条件/℃	标定对象
名称	化学式			
碳酸氢钾	$KHCO_3$	$KHCO_3$	270～300	酸
草酸	$H_2C_2O_4 \cdot 2H_2O$	$H_2C_2O_4 \cdot 2H_2O$	室温空气干燥	碱或 $KMnO_4$
邻苯二甲酸氢钾	$KHC_8H_4O_4$	$KHC_8H_4O_4$	110～120	碱
重铬酸钾	$K_2Cr_2O_7$	$K_2Cr_2O_7$	140～150	还原剂
溴酸钾	$KBrO_3$	$KBrO_3$	130	还原剂
碘酸钾	KIO_3	KIO_3	130	还原剂
铜	Cu	Cu	室温干燥器中保存	还原剂
三氧化二砷	As_2O_3	As_2O_3	室温干燥器中保存	氧化剂
草酸钠	$Na_2C_2O_4$	$Na_2C_2O_4$	130	氧化剂
碳酸钙	$CaCO_3$	$CaCO_3$	110	EDTA
锌	Zn	Zn	室温干燥器中保存	EDTA
氧化锌	ZnO	ZnO	900～1 000	EDTA
氯化钠	NaCl	NaCl	500～600	$AgNO_3$
氯化钾	KCl	KCl	500～600	$AgNO_3$
硝酸银	$AgNO_3$	$AgNO_3$	180～290	氯化物

附录5　特殊要求的水的制备

1. 无氯水

加入亚硫酸钠等还原剂，将自来水中的余氯还原为氯离子，以 *N*-二乙基对苯二胺（DPD）检查不显色。继用附有缓冲球的全玻蒸馏器进行蒸馏制取无氯水。

2. 无氨水

向水中加入硫酸至其 pH 值小于 2，使水中各种形态的氨或胺最终变成不挥发的盐类，用全玻蒸馏器进行蒸馏，即可制得无氨纯水（注意避免实验室空气中含氨的重新污染，应在无氨气的实验室中进行蒸馏）。

3. 无二氧化碳水

（1）煮沸法　将蒸馏水或去离子水煮沸至少 10 min（水多时），或使水量蒸发 10%以上（水少时），加盖放冷即可制得无二氧化碳纯水。

（2）曝气法　将惰性气体或纯氮通入蒸馏水或去离子水至饱和，即得无二氧化碳水。制得的无二氧化碳水应贮存于一个附有碱石灰管的橡皮塞盖严的瓶中。

4. 无砷水

一般蒸馏水或去离子水多能达到基本无砷的要求。应注意避免使用软质玻璃（钠钙玻璃）制成的蒸馏器、树脂管和贮水瓶。进行痕量砷的分析时，须使用石英蒸馏器和聚乙烯的离子交换树脂柱管和贮水瓶。

5. 无铅（无重金属）水

用氢型强酸性阳离子交换树脂柱处理原水，即可制得无铅（无重金属）的纯水。贮水器应预先进行无铅处理，用 6 mol/L 硝酸溶液浸泡过夜后以无铅水洗净。

6. 无酚水

向水中加入氢氧化钠至 pH 大于 11，使水中酚生成不挥发的酚钠后，用全玻蒸馏器蒸馏制得（蒸馏之前，可同时加入少量高锰酸钾溶液使水呈紫红色，再进行蒸馏）。

7. 不含有机物的蒸馏水

加入少量高锰酸钾的碱性溶液于水中，使其呈红紫色，再以全玻蒸馏器进行蒸馏即得。在整个蒸馏过程中，应始终保持水呈红紫色，否则应随时补加高锰酸钾。

附录6　环境监测规范标准目录

标准编号	标准名称	实施日期
	大气环境监测方法标准	
国家环保总局公告07年第4号	环境空气质量监测规范(试行)	2007-1-19
HJ 664—2013	环境空气质量监测点位布设技术规范(试行)	2013-10-01
HJ/T 75—2007	固定污染源烟气排放连续监测技术规范(试行)	2007-8-1
HJ/T 76—2007	固定污染源烟气排放连续监测系统技术要求及检测方法(试行)	2007-8-1
HJ/T 373—2007	固定污染源监测质量保证与质量控制技术规范(试行)	2008-1-1
HJ/T 397—2007	固定源废气监测技术规范	2008-3-1
HJ/T 398—2007	固定污染源排放烟气黑度的测定　林格曼烟气黑度图法	2008-3-1
HJ/T 400—2007	车内挥发性有机物和醛酮类物质采样测定方法	2008-3-1
HJ/T 174—2005	降雨自动采样器技术要求及检测方法	2005-5-8
HJ/T 175—2005	降雨自动监测仪技术要求及检测方法	2005-5-8
HJ/T 193—2005	环境空气质量自动监测技术规范	2006-1-1
HJ/T 194—2005	环境空气质量手工监测技术规范	2006-1-1
HJ/T 165—2004	酸沉降监测技术规范	2004-12-9
HJ/T 167—2004	室内环境空气质量监测技术规范	2004-12-9
HJ 93—2013	环境空气颗粒物(PM_{10}和$PM_{2.5}$)采样器技术要求及检测方法	2013-8-1

续表

标准编号	标准名称	实施日期
	大气环境监测方法标准	
HJ/T 62—2001	饮食业油烟净化设备技术方法及检测技术规范(试行)	2001-8-1
HJ/T 63.1—2001	大气固定污染源　镍的测定　火焰原子吸收分光光度法	2001-11-1
HJ/T 63.2—2001	大气固定污染源　镍的测定　石墨炉原子吸收分光光度法	2001-11-1
HJ/T 63.3—2001	大气固定污染源　镍的测定　丁二酮肟-正丁醇萃取分光光度法	2001-11-1
HJ/T 64.1—2001	大气固定污染源　镉的测定　火焰原子吸收分光光度法	2001-11-1
HJ/T 64.2—2001	大气固定污染源　镉的测定　石墨炉原子吸收分光光度法	2001-11-1
HJ/T 64.3—2001	大气固定污染源　镉的测定　对-偶氮苯重氮氨基偶氮苯磺酸分光光度法	2001-11-1
HJ/T 65—2001	大气固定污染源　锡的测定　石墨炉原子吸收分光光 β-度法	2001-11-1
HJ/T 66—2001	大气固定污染源　氯苯类化合物的测定　气相色谱法	2001-11-1
HJ/T 67—2001	大气固定污染源　氟化物的测定　离子选择电极法	2001-11-1
HJ/T 68—2001	大气固定污染源　苯胺类的测定　气相色谱法	2001-11-1
HJ/T 69—2001	燃煤锅炉烟尘和二氧化硫排放总量核定技术方法—物料衡算法(试行)	2001-11-1
HJ/T 77.2—2008	环境空气和废气　二噁英的测定　同位素稀释高分辨气相色谱-高分辨质谱法	2009-4-1
HJ/T 54—2000	车用压燃式发动机排气污染物测量方法	2000-9-1
HJ/T 55—2000	大气污染物无组织排放监测技术导则	2001-3-1
HJ/T 56—2000	固定污染源排气中二氧化硫的测定　碘量法	2001-3-1
HJ/T 57—2000	固定污染源排气中二氧化硫的测定　定电位电解法	2001-3-1
HJ 629—2011	固定污染源废气　二氧化硫的测定　非分散红外吸收法	2011-11-01
GB/T 12301—1999	船舱内非危险货物产生有害气体的检测方法	2000-8-1
HJ/T 27—1999	固定污染源排气中氯化氢的测定　硫氰酸汞分光光度法	2000-1-1
HJ/T 28—1999	固定污染源排气中氰化氢的测定　异烟酸-吡唑啉酮分光光度法	2000-1-1
HJ/T 29—1999	固定污染源排气中铬酸雾的测定　二苯基碳酰二肼分光光度法	2000-1-1
HJ/T 30—1999	固定污染源排气中氯气的测定　甲基橙分光光度法	2000-1-1
HJ/T 31—1999	固定污染源排气中光气的测定　苯胺紫外分光光度法	2000-1-1
HJ/T 32—1999	固定污染源排气中酚类化合物的测定　4-氨基安替比林分光光度法	2000-1-1

续表

标准编号	标准名称	实施日期
	大气环境监测方法标准	
HJ/T 33—1999	固定污染源排气中甲醇的测定　气相色谱法	2000-1-1
HJ/T 34—1999	固定污染源排气中氯乙烯的测定　气相色谱法	2000-1-1
HJ/T 35—1999	固定污染源排气中乙醛的测定　气相色谱法	2000-1-1
HJ/T 36—1999	固定污染源排气中丙烯醛的测定　气相色谱法	2000-1-1
HJ/T 37—1999	固定污染源排气中丙烯腈的测定　气相色谱法	2000-1-1
HJ/T 38—1999	固定污染源排气中非甲烷总烃的测定　气相色谱法	2000-1-1
HJ/T 39—1999	固定污染源排气中氯苯类的测定　气相色谱法	2000-1-1
HJ/T 40—1999	固定污染源排气中苯并[a]芘的测定　高效液相色谱法	2000-1-1
HJ/T 41—1999	固定污染源排气中石棉尘的测定　镜检法	2000-1-1
HJ/T 42—1999	固定污染源排气中氮氧化物的测定　紫外分光光度法	2000-1-1
HJ/T 43—1999	固定污染源排气中氮氧化物的测定　盐酸萘乙二胺分光光度法	2000-1-1
HJ/T 44—1999	固定污染源排气中一氧化碳的测定　非色散红外吸收法	2000-1-1
HJ/T 45—1999	固定污染源排气中沥青烟的测定　重量法	2000-1-1
HJ/T 46—1999	定电位电解法二氧化硫测定仪技术条件	2000-1-1
HJ/T 47—1999	烟气采样器技术条件	2000-1-1
HJ/T 48—1999	烟尘采样器技术条件	2000-1-1
HJ 553—2010	烟度卡标准	2010-5-1
GB/T 16157—1996	固定污染源排气中颗粒物测定与气态污染物采样方法	1996-3-6
HJ/T 14—1996	环境空气质量功能区划分原则与技术方法	1996-7-22
GB/T 15432—1995	环境空气　总悬浮颗粒物的测定　重量法	1995-8-1
HJ 481—2009	环境空气　氟化物的测定　石灰滤纸采样氟离子选择电极法	2009-11-1
HJ 480—2009	环境空气　氟化物的测定　滤膜采样氟离子选择电极法	2009-11-1
GB/T 15435—1995	环境空气　二氧化氮的测定 Saltzman 法	1995-8-1
HJ 479—2009	环境空气　氮氧化物(一氧化氮和二氧化氮)的测定　盐酸萘乙二胺分光光度法	2009-11-01
HJ 504—2009	环境空气　臭氧的测定　靛蓝二磺酸钠分光光度法	2009-12-01
HJ 590—2010	环境空气　臭氧的测定　紫外光度法	2011-1-1
GB/T 15439—1995	环境空气　苯并[a]芘的测定　高效液相色谱法	1995-8-1
GB/T 15501—1995	空气质量　硝基苯类(一硝基和二硝基化合物)的测定　锌还原-盐酸萘乙二胺分光光度法	1995-8-1
GB/T 15502—1995	空气质量　苯胺类的测定　盐酸萘乙二胺分光光度法	1995-8-1
GB/T 15516—1995	空气质量　甲醛的测定　乙酰丙酮分光光度法	1995-8-1
HJ 482—2009	环境空气　二氧化硫的测定　甲醛吸收-副玫瑰苯胺分光光度法	2009-11-01

续表

标准编号	标准名称	实施日期
大气环境监测方法标准		
HJ 604—2011	环境空气　总烃的测定　气相色谱法	2011-6-1
GB/T 15264—94	环境空气　铅的测定　火焰原子吸收分光光度法	1995-6-1
GB/T 15265—94	环境空气　降尘的测定　重量法	1995-6-1
GB/T 14584—93	空气中碘-131的取样与测定	1994-4-1
GB/T 14668—93	空气质量　氨的测定　纳氏试剂比色法	1994-5-1
GB/T 14669—93	空气质量　氨的测定　离子选择电极法	1994-5-1
HJ 584—2010	环境空气　苯系物的测定　活性炭吸附/二硫化碳解吸-气相色谱法	2010-12-1
GB/T 14675—93	空气质量　恶臭的测定　三点比较式臭袋法	1994-3-15
GB/T 14676—93	空气质量　三甲胺的测定　气相色谱法	1994-3-15
HJ 583—2010	环境空气　苯系物的测定　固体吸附/热脱附-气相色谱法	2010-12-1
GB/T 14678—93	空气质量　硫化氢、甲硫醇、甲硫醚和二甲二硫的测定　气相色谱法	1994-3-15
GB/T 14679—93	空气质量　氨的测定　次氯酸钠-水杨酸分光光度法	1994-3-15
GB/T 14680—93	空气质量　二硫化碳的测定　二乙胺分光光度法	1994-3-15
HJ/T 3—93	汽油机动车怠速排气监测仪技术条件	1993-12-1
HJ/T 4—93	柴油车滤纸式烟度计技术条件	1993-1-1
GB 13580.1—92	大气降水采样分析方法总则	1993-3-1
GB 13580.2—92	大气降水样品的采集与保存	1993-3-1
GB 13580.3—92	大气降水电导率的测定方法	1993-3-1
GB 13580.4—92	大气降水 pH 值的测定电极法	1993-3-1
GB 13580.5—92	大气降水中氟、氯、亚硝酸盐、硝酸盐、硫酸盐的测定　离子色谱法	1993-3-1
GB 13580.6—92	大气降水中硫酸盐的测定	1993-3-1
GB 13580.7—92	大气降水中亚硝酸盐测定 *N*-(1-萘基)-乙二胺光度法	1993-3-1
GB 13580.8—92	大气降水中硝酸盐的测定	1993-3-1
GB 13580.9—92	大气降水中氯化物的测定　硫氰酸汞高铁光度法	1993-3-1
GB 13580.10—92	大气降水中氟化物的测定　新氟试剂光度法	1993-3-1
GB 13580.11—92	大气降水中铵盐的测定	1993-3-1
GB 13580.12—92	大气降水中钠、钾的测定　原子吸收分光光度法	1993-3-1
GB 13580.13—92	大气降水中钙、镁的测定　原子吸收分光光度法	1993-3-1
GB/T 13906—92	空气质量　氮氧化物的测定	1993-9-1
HJ/T 1—92	气体参数测量和采样的固定位装置	1993-1-1
GB 5468—91	锅炉烟尘测定方法	1992-8-1
GB/T 13268—91	大气　试验粉尘标准样品　黄土尘	1992-8-1
GB/T 13269—91	大气　试验粉尘标准样品　煤飞灰	1992-8-1

续表

标准编号	标准名称	实施日期
	大气环境监测方法标准	
GB/T 13270—91	大气　试验粉尘标准样品　模拟大气尘	1992-8-1
HJ 479—2009	环境空气　氮氧化物(一氧化氮和二氧化氮)的测定　盐酸萘乙二胺分光光度法	2009-11-1
HJ 483—2009	环境空气　二氧化硫的测定　四氯汞盐吸收-副玫瑰苯胺分光光度法	2009-11-1
GB 8971—88	空气质量　飘尘中苯并[a]芘的测定　乙酰化滤纸层析荧光分光光度法	1988-8-1
GB 9801—88	空气质量　一氧化碳的测定　非分散红外法	1988-12-1
GB 4920—85	硫酸浓缩尾气硫酸雾的测定　铬酸钡比色法	1985-8-1
GB 4921—85	工业废气　耗氧值和氧化氮的测定　重铬酸钾氧化、萘乙二胺比色法	1985-8-1
	固体废物监测方法标准	
HJ/T 298—2007	危险废物鉴别技术规范	2007-7-1
HJ/T 299—2007	固体废物　浸出毒性浸出方法　硫酸硝酸法	2007-5-1
HJ/T 300—2007	固体废物　浸出毒性浸出方法　醋酸缓冲溶液法	2007-5-1
GB 5085.1—2007	危险废物鉴别标准　腐蚀性鉴别	2007-10-1
GB 5085.2—2007	危险废物鉴别标准　急性毒性初筛	2007-10-1
GB 5085.3—2007	危险废物鉴别标准　浸出毒性鉴别	2007-10-1
GB 5085.4—2007	危险废物鉴别标准　易燃性鉴别	2007-10-1
GB 5085.5—2007	危险废物鉴别标准　反应性鉴别	2007-10-1
GB 5085.6—2007	危险废物鉴别标准　毒性物质含量鉴别	2007-10-1
GB 5085.7—2007	危险废物鉴别标准　通则	2007-10-1
HJ/T 77.3—2008	固体废物　二噁英的测定　同位素稀释高分辨气相色谱-高分辨质谱法	2009-4-1
HJ 85—2005	长江三峡水库库底固体废物清理技术规范	2005-6-13
HJ/T 153—2004	化学品测试导则	2004-6-1
HJ/T 154—2004	新化学物质危害评估导则	2004-6-1
HJ/T 155—2004	化学品测试合格实验室导则	2004-6-1
HJ/T 20—1998	工业固体废物采样制样技术规范	1998-7-1
GB 5086.1—1997	固体废物　浸出毒性浸出方法　翻转法	1998-7-1
HJ 557—2010	固体废物　浸出毒性浸出方法　水平振荡法	2010-5-1
GB/T 16310.1—1996	船舶散装运输液体化学品危害性评价规范　水生生物急性毒性试验方法	1996-12-1
GB/T 16310.2—1996	船舶散装运输液体化学品危害性评价规范　水生生物积累性试验方法	1996-12-1
GB/T 16310.3—1996	船舶散装运输液体化学品危害性评价规范　水生生物沾染试验方法	1996-12-1
GB/T 16310.4—1996	船舶散装运输液体化学品危害性评价规范　哺乳动物毒性试验方法	1996-12-1
GB/T 16310.5—1996	船舶散装运输液体化学品危害性评价规范　危害性评价程序与污染分类方法	1996-12-1

续表

标准编号	标准名称	实施日期
	固体废物监测方法标准	
GB/T 15555.1—1995	固体废物　总汞的测定　冷原子吸收分光光度法	1996-1-1
GB/T 15555.2—1995	固体废物　铜、锌、铅、镉的测定　原子吸收分光光度法	1996-1-1
GB/T 15555.3—1995	固体废物　砷的测定　二乙基二硫代氨基甲酸银分光光度法	1996-1-1
GB/T 15555.4—1995	固体废物　六价铬的测定　二苯碳酰二肼分光光度法	1996-1-1
GB/T 15555.5—1995	固体废物　总铬的测定　二苯碳酰二肼分光光度法	1996-1-1
GB/T 15555.6—1995	固体废物　总铬的测定　直接吸入火焰原子吸收分光光度法	1996-1-1
GB/T 15555.7—1995	固体废物　六价铬的测定　硫酸亚铁铵滴定法	1996-1-1
GB/T 15555.8—1995	固体废物　总铬的测定　硫酸亚铁铵滴定法	1996-1-1
GB/T 15555.9—1995	固体废物　镍的测定　直接吸入火焰原子吸收分光光度法	1996-1-1
GB/T 15555.10—1995	固体废物　镍的测定　丁二酮肟分光光度法	1996-1-1
GB/T 15555.11—1995	固体废物　氟化物的测定　离子选择性电极法	1996-1-1
GB/T 15555.12—1995	固体废物　腐蚀性测定　玻璃电极法	1996-1-1
	噪声环境监测方法标准	
GB 4569—2005	摩托车和轻便摩托车定置噪声排放限值及测量方法	2005-7-1
GB 16169—2005	摩托车和轻便摩托车加速行驶噪声限值及测量方法	2005-7-1
GB 19757—2005	三轮汽车和低速货车加速行驶车外噪声限值及测量方法(中国Ⅰ、Ⅱ阶段)	2005-7-1
HJ/T 90—2004	声屏障声学设计和测量规范	2004-10-1
GB 1495—2002	汽车加速行驶车外噪声限值及测量方法	2002-10-1
GB/T 14365—93	声学 机动车辆定置噪声测量方法	1993-12-1
GB 12523—2011	建筑施工场界环境噪声排放标准	2012-7-1
GB 12525—90	铁路边界噪声限值及其测量方法	1990-11-9
GB 12348—2008	工业企业厂界环境噪声排放标准	2008-10-1
GB 10071—88	城市区域环境振动测量方法	1988-12-1
GB 9661—88	机场周围飞机噪声测量方法	1988-12-1
	水环境监测方法标准	
HJ/T 338—2007	饮用水水源地保护区划分技术规范	2007-2-1
HJ/T 341—2007	水质　汞的测定　冷原子荧光法(试行)	2007-5-1
HJ/T 342—2007	水质　硫酸盐的测定　铬酸钡分光光度法(试行)	2007-5-1
HJ/T 343—2007	水质　氯化物的测定　硝酸汞滴定法(试行)	2007-5-1
HJ/T 344—2007	水质　锰的测定　甲醛肟分光光度法(试行)	2007-5-1
HJ/T 345—2007	水质　铁的测定　邻菲啰啉分光光度法(试行)	2007-5-1
HJ/T 346—2007	水质　硝酸盐氮的测定　紫外分光光度法(试行)	2007-5-1
HJ/T 347—2007	水质　粪大肠菌群的测定　多管发酵法和滤膜法(试行)	2007-5-1

续表

标准编号	标准名称	实施日期
	水环境监测方法标准	
HJ/T 353—2007	水污染源在线监测系统安装技术规范(试行)	2007-8-1
HJ/T 354—2007	水污染源在线监测系统验收技术规范(试行)	2007-8-1
HJ/T 355—2007	水污染源在线监测系统运行与考核技术规范(试行)	2007-8-1
HJ/T 356—2007	水污染源在线监测系统数据有效性判别技术规范(试行)	2007-8-1
HJ/T 372—2007	水质自动采样器技术要求及检测方法	2008-1-1
HJ/T 373—2007	固定污染源监测质量保证与质量控制技术规范(试行)	2008-1-1
HJ/T 399—2007	水质　化学需氧量的测定　快速消解分光光度法	2008-3-1
HJ/T 191—2005	紫外(UV)吸收水质自动在线监测仪技术要求	2005-11-1
HJ/T 195—2005	水质　氨氮的测定　气相分子吸收光谱法	2006-1-1
HJ/T 196—2005	水质　凯氏氮的测定　气相分子吸收光谱法	2006-1-1
HJ/T 197—2005	水质　亚硝酸盐氮的测定　气相分子吸收光谱法	2006-1-1
HJ/T 198—2005	水质　硝酸盐氮的测定　气相分子吸收光谱法	2006-1-1
HJ/T 199—2005	水质　总氮的测定　气相分子吸收光谱法	2006-1-1
HJ/T 200—2005	水质　硫化物的测定　气相分子吸收光谱法	2006-1-1
HJ/T 164—2004	地下水环境监测技术规范	2004-12-9
HJ/T 132—2003	高氯废水　化学需氧量的测定　碘化钾碱性高锰酸钾法	2004-1-1
HJ/T 96—2003	pH 水质自动分析仪技术要求	2003-7-1
HJ/T 97—2003	电导率水质自动分析仪技术要求	2003-7-1
HJ/T 98—2003	浊度水质自动分析仪技术要求	2003-7-1
HJ/T 99—2003	溶解氧(DO)水质自动分析仪技术要求	2003-7-1
HJ/T 100—2003	高锰酸盐指数水质自动分析仪技术要求	2003-7-1
HJ/T 101—2003	氨氮水质自动分析仪技术要求	2003-7-1
HJ/T 102—2003	总氮水质自动分析仪技术要求	2003-7-1
HJ/T 103—2003	总磷水质自动分析仪技术要求	2003-7-1
HJ/T 104—2003	总有机碳(TOC)水质自动分析仪技术要求	2003-7-1
HJ/T 86—2002	水质　生化需氧量(BOD)的测定　微生物传感器快速测定法	2002-7-1
HJ/T 91—2002	地表水和污水监测技术规范	2003-1-1
HJ/T 92—2002	水污染物排放总量监测技术规范	2003-1-1
HJ/T 70—2001	高氯废水　化学需氧量的测定　氯气校正法	2001-12-1
HJ/T 501—2009	水质　总有机碳的测定　燃烧氧化-非分散红外吸收法	2009-12-1
HJ/T 72—2001	水质　邻苯二甲酸二甲(二丁、二辛)酯的测定 液相色谱法	2002-1-1
HJ/T 73—2001	水质　丙烯腈的测定　气相色谱法	2002-1-1
HJ/T 74—2001	水质　氯苯的测定　气相色谱法	2002-1-1

续表

标准编号	标准名称	实施日期
	水环境监测方法标准	
HJ/T 77.1—2008	水质　二噁英的测定　同位素稀释高分辨气相色谱-高分辨质谱法	2009-4-1
HJ/T 83—2001	水质可吸附有机卤素(AOX)的测定离子色谱法	2002-4-1
HJ/T 84—2001	水质无机阴离子的测定离子色谱法	2002-4-1
HJ/T 58—2000	水质　铍的测定　铬菁R分光光度法	2001-3-1
HJ/T 59—2000	水质　铍的测定　石墨炉原子吸收分光光度法	2001-3-1
HJ/T 60—2000	水质　硫化物的测定　碘量法	2001-3-1
HJ/T 49—1999	水质　硼的测定　姜黄素分光光度法	2000-1-1
HJ/T 50—1999	水质　三氯乙醛的测定　吡唑啉酮分光光度法	2000-1-1
HJ/T 51—1999	水质　全盐量的测定　重量法	2000-1-1
HJ/T 52—1999	水质　河流采样技术指导	2000-1-1
HJ 620—2011	水质　挥发性卤代烃的测定　顶空气相色谱法	2011-11-1
HJ 621—2011	水质　氯苯类化合物的测定　气相色谱法	2011-11-1
GB 17132—1997	环境　甲基汞的测定　气相色谱法	1998-5-1
GB 17133—1997	水质　硫化物的测定　直接显色分光光度法	1998-5-1
HJ 637—2012	水质　石油类和动植物油类的测定 红外分光光度法	2012-6-1
GB/T 16489—1996	水质　硫化物的测定　亚甲基蓝分光光度法	1997-1-1
HJ/T 15—2007	环境保护产品技术要求超声波明渠污水流量计	2008-2-1
GB 15440—1995	环境中有机污染物遗传毒性检测的样品前处理规范	1995-8-1
GB 15441—1995	水质　急性毒性的测定　发光细菌法	1995-8-1
GB 15503—1995	水质　钒的测定 钽试剂(BPHA)萃取分光光度法	1995-8-1
GB 15504—1995	水质　二氧化碳的测定　二乙胺乙酸铜分光光度法	1995-8-1
GB 15505—1995	水质　硒的测定　石墨炉原子吸收分光光度法	1995-8-1
HJ 603—2011	水质　钡的测定　火焰原子吸收分光光度法	2011-6-1
GB 15507—1995	水质　肼的测定　对二甲氨基苯甲醛分光光度法	1995-8-1
GB 15959—1995	水质　可吸附有机卤素(AOX)的测定　微库仑法	1996-8-1
GB 14204—93	水质　烷基汞的测定　气相色谱法	1993-12-1
GB 14375—93	水质　一甲基肼的测定　对二甲氨基苯甲醛分光光度法	1993-12-1

标准编号	标准名称	实施日期
	水环境监测方法标准	
GB 14376—93	水质　偏二甲基肼的测定　氨基亚铁氰化钠分光光度法	1993-12-1
GB 14377—93	水质　三乙胺的测定溴酚蓝分光光度法	1993-12-1
GB 14378—93	水质　二乙烯烷三胺的测定　水杨醛分光光度法	1993-12-1
GB 14552—93	水和土壤质量　有机磷农药的测定　气相色谱法	1994-1-15
GB 14581—93	水质　湖泊和水库采样技术指导	1994-4-1
GB 14671—93	水质　钡的测定　电位滴定法	1994-5-1
GB 14672—93	水质　吡啶的测定　气相色谱法	1994-5-1
GB 14673—93	水质　钒的测定　石墨炉原子吸收分光光度法	1994-5-1
GB 13898—92	水质　铁(Ⅱ、Ⅲ)氰络合物的测定　原子吸收分光光度法	1993-9-1
GB 13896—92	水质　铅的测定 示波极普法	1993-9-1
GB 13897—92	水质　硫氰酸盐的测定 异烟酸-吡唑啉酮分光光度法	1993-9-1
GB 13899—92	水质　铁(Ⅱ、Ⅲ)氰络合物的测定　三氯化铁分光光度法	1993-9-1
GB 13900—92	水质　黑索金的测定　分光光度法	1993-9-1
GB 13901—92	水质　二硝基甲苯　示波极谱法	1993-9-1
GB 13902—92	水质　硝化甘油的测定　示波极谱法	1993-9-1
HJ 599—2011	水质　梯恩梯的测定　*N*-氯代十六烷基吡啶—亚硫酸钠分光光度法	2011-6-1
HJ 600—2011	水质　梯恩梯、黑索今、地恩梯的测定　气相色谱法	2011-6-1
HJ 598—2011	水质　梯恩梯的测定　亚硫酸钠分光光度法	2011-6-1
GB 12990—91	水质　微型生物群落监测 PFU 法	1992-4-1
HJ 495—2009	水质　采样方案设计规定	2009-11-1
HJ 494—2009	水质　采样技术指导	2009-11-1
HJ 493—2009	水质　样品的保存和管理技术规定	2009-11-1
GB 13192—91	水质　有机磷农药的测定 气相色谱法	1992-6-1
HJ 501—2009	水质　总有机碳的测定 燃烧氧化-非色散红外线吸收法	2009-12-1
GB 13194—91	水质　硝基苯、硝基甲苯、硝基氯苯、二硝基甲苯的测定 气相色谱法	1992-6-1
GB 13195—91	水质　水温的测定　温度计或颠倒温度计测定法	1992-6-1

续表

标准编号	标准名称	实施日期
	水环境监测方法标准	
GB 13196—91	水质　硫酸盐的测定　火焰原子吸收分光光度法	1992-6-1
HJ 601—2011	水质　甲醛的测定　乙酰丙酮分光光度法	2011-6-1
HJ 478—2009	水质　多环芳烃的测定　液液萃取和固相萃取高效液相色谱法	2009-11-1
GB 13199—91	水质　阴离子洗涤剂测定　电位滴定法	1992-6-1
GB 13266—91	水质　物质对蚤类(大型蚤)急性毒性测定方法	1992-8-1
GB 13267—91	水质　物质对淡水鱼(斑马鱼)急性毒性测定方法	1992-8-1
GB 13200—91	水质　浊度的测定	1992-6-1
GB 11889—89	水质　苯胺类化合物的测定　*N*-(1-萘基)乙二胺偶氮分光光度法	1990-7-1
GB 11890—89	水质　苯系物的测定　气相色谱法	1990-7-1
GB 11891—89	水质　凯氏氮的测定	1990-7-1
GB 11892—89	水质　高锰酸盐指数的测定	1990-7-1
GB 11893—89	水质　总磷的测定 钼酸铵分光光度法	1990-7-1
GB 11895—89	水质　苯并[*a*]芘的测定 乙酰化滤纸层析荧光分光光度法	1990-7-1
GB 11896—89	水质　氯化物的测定 硝酸银滴定法	1990-7-1
HJ 585—2010	水质　游离氯和总氯的测定　*N*,*N*-二乙基-1,4-苯二胺滴定法	2010-12-1
HJ 586—2010	水质　游离氯和总氯的测定　*N*,*N*-二乙基-1,4-苯二胺分光光度法	2010-12-1
GB 11899—89	水质　硫酸盐的测定　重量法	1990-7-1
GB 11900—89	水质　痕量砷的测定　硼氢化钾-硝酸银分光光度法	1990-7-1
GB 11901—89	水质　悬浮物的测定 重量法	1990-7-1
GB 11902—89	水质　硒的测定　2,3-二氨基萘荧光法	1990-7-1
GB 11903—89	水质　色度的测定	1990-7-1
GB 11904—89	水质　钾和钠的测定　火焰原子吸收分光光度法	1990-7-1
GB 11905—89	水质　钙和镁的测定　原子吸收分光光度法	1990-7-1
GB 11906—89	水质　锰的测定　高碘酸钾分光光度法	1990-7-1
GB 11907—89	水质　银的测定　火焰原子吸收分光光度法	1990-7-1
HJ 490—2009	水质　银的测定　镉试剂 2B 分光光度法	2009-11-1
HJ 489—2009	水质　银的测定　3,5-Br_2-PADAP 分光光度法	2009-11-1
GB 11910—89	水质　镍的测定　丁二酮肟分光光度法	1990-7-1
GB 11911—89	水质　铁、锰的测定　火焰原子吸收分光光度法	1990-7-1
GB 11912—89	水质　镍的测定　火焰原子吸收分光光度法	1990-7-1
HJ 506—2009	水质　溶解氧的测定　电化学探头法	2009-12-1
GB 11914—89	水质　化学需氧量的测定　重铬酸盐法	1990-7-1
HJ 591—2010	水质　五氯酚的测定　气相色谱法	2011-1-1

续表

标准编号	标准名称	实施日期
	水环境监测方法标准	
GB 9803—88	水质　五氯酚的测定　藏红T分光光度法	1988-12-1
GB 7466—87	水质　总铬的测定	1987-8-1
GB 7467—87	水质　六价铬的测定　二苯碳酰二肼分光光度法	1987-8-1
HJ 597—2011	水质　总汞的测定　冷原子吸收分光光度法	2011-6-1
GB 7469—87	水质　总汞的测定　高锰酸钾-过硫酸钾消解法　双硫腙分光光度法	1987-8-1
GB 7470—87	水质　铅的测定　双硫腙分光光度法	1987-8-1
GB 7471—87	水质　镉的测定　双硫腙分光光度法	1987-8-1
GB 7472—87	水质　锌的测定　双硫腙分光光度法	1987-8-1
HJ 486—2009	水质　铜的测定　2,9-二甲基-1,10-菲啰啉分光光度法	2009-11-1
HJ 485—2009	水质　铜的测定　二乙基二硫代氨基甲酸钠分光光度法	2009-11-1
GB 7475—87	水质　铜、锌、铅、镉的测定 原子吸收分光光度法	1987-8-1
GB 7476—87	水质　钙的测定　EDTA滴定法	1987-8-1
GB 7477—87	水质　钙和镁总量的测定 EDTA滴定法	1987-8-1
HJ 537—2009	水质　氨氮的测定　蒸馏-中和滴定法	2010-4-1
HJ 535—2009	水质　氨氮的测定　纳氏试剂分光光度法	2010-4-1
GB 7480—87	水质　硝酸盐氮的测定　酚二磺酸分光光度法	1987-8-1
HJ 536—2009	水质　氨氮的测定　水杨酸分光光度法	2010-4-1
HJ 487—2009	水质　氟化物的测定　茜素磺酸锆目视比色法	2009-11-1
HJ 488—2009	水质　氟化物的测定　氟试剂分光光度法	2009-11-1
GB 7484—87	水质　氟化物的测定 离子选择电极法	1987-8-1
GB 7485—87	水质　总砷的测定　二乙基二硫代氨基甲酸银分光光度法	1987-8-1
HJ 484—2009	水质　氰化物的测定　容量法和分光光度法	2009-11-1
HJ 505—2009	水质　五日生化需氧量(BOD_5)的测定 稀释与接种法	2009-12-1
GB 7489—87	水质　溶解氧的测定 碘量法	1987-8-1
HJ 503—2009	水质　挥发酚的测定 4-氨基安替比林分光光度法	2009-12-1
HJ 502—2009	水质　挥发酚的测定　溴化容量法	2009-12-1
GB 7492—87	水质　六六六、滴滴涕的测定　气相色谱法	1987-8-1
GB 7493—87	水质　亚硝酸盐氮的测定　分光光度法	1987-8-1
GB 7494—87	水质　阴离子表面活性剂的测定　亚甲蓝分光光度法	1987-8-1
GB/T 6920—86	水质　pH值的测定　玻璃电极法	1987-3-1
GB 4918—85	工业废水　总硝基化合物的测定　分光光度法	1985-8-1
HJ 592—2010	水质　硝基苯化合物的测定　气相色谱法	2011-11-1

附录7 部分分析仪器操作规程

CHI 600电化学工作站使用说明

一、开机

(1) 打开室内电源开关，开启并预热CHI 600电化学工作站。

(2) 检查与电脑和工作站连接的接线板是否处于通电状态，启动电脑。

(3) 将电化学工作站后面板上的黑色电源开关置于“—”状态，即为开启，此时工作站前面板上的红灯点亮。在此状态下预热5～10 min。

二、连接实验装置

(1) 放好支架。

(2) 将电解池放置平稳并向其中加入适量的电解质溶液，盖好上盖。

(3) 向上盖的孔穴中插入所用的参比电极和对电极，连接线路：红色接线端与对电极相接；白色接线端与参比电极相接；绿色接线端与工作电极相接。

(4) 溶液如果需要通氮气，请将氮气的通气管的出气端通过电解池的上盖插入到液面下持续通气5～10 min。

三、启动CHI 600软件程序

双击桌面项目中CHI 600的快捷方式，启动程序，电脑屏幕上显示程序窗口。

四、设置参数并运行程序

(1) 选择子程序　在下拉菜单“Set up”的“Technique”中或使用快捷方式选择子程序“Cyclic Voltammetry”或其他子程序，点击“OK”。

(2) 设置参数　在下拉菜单“Set up”的“Parameters”中或使用快捷方式进行参数设置，在复选框“QCM on if Scan Rate $\leqslant 1.0\text{V}\cdot\text{s}^{-1}$”前打钩，然后单击“OK”。

(3) 运行程序　用下拉菜单“Control”中的“Running Experiment”或使用快捷方式运行程序。在一定的静止时间后电脑屏幕上将显示两个监控窗口，一个是电流-电势（i-E）关系曲线，另一个是频率变化-电势（ΔF-E）关系曲线。

五、保存与处理数据

(1) 用下拉菜单“File”中的“Save As”或使用快捷方式可将实验图及相关参数用文件形式保存到指定目录下，文件的后缀自动生成为“.bin”。

(2) 在下拉菜单“File”中选择“Convert to txt”可将所选的文件由“*.bin”转变为同名的“*.txt”文本文件以便采用其他作图程序来处理。

六、关闭程序与仪器

按照“关闭CHI 600电化学工作站”→“关闭CHI 600运行程序”→“关闭电脑操作系统”→“关闭电源”的顺序依次关闭相关程序和仪器设备。

TAS-990 火焰型原子吸收操作规程

一、开机顺序

①打开抽风设备；②打开稳压电源；③打开计算机电源，进入 Windows 桌面系统；④打开TAS-990 火焰型原子吸收主机电源；⑤双击 TAS-990 程序图标“AAwin”，选择“联机”，单击“确定”，进入仪器自检画面。等待仪器各项自检“确定”后进行测量操作。

二、测量操作步骤

1. 选择元素灯及测量参数

① 选择“工作灯（W）”和“预热灯（R）”后单击“下一步”；②设置元素测量参数，可以直接单击“下一步”；③进入“设置波长”步骤，单击寻峰，等待仪器寻找工作灯最大能量谱线的波长；寻峰完成后，单击“关闭”，回到寻峰画面后再单击“关闭”；④单击“下一步”，进入完成设置画面，单击“完成”。

2. 设置测量样品和标准样品

① 单击“样品”，进入“样品设置向导”主要选择“浓度单位”；②单击“下一步”，进入标准样品画面，根据所配制的标准样品设置标准样品的数目及浓度；③单击“下一步”，进入辅助参数选项，可以直接单击“下一步”；④单击“完成”，结束样品设置。

3. 点火步骤

① 选择“燃烧器参数”输入燃气流量为 1500 以上；②检查废液管内是否有水；③打开空压机，观察空压机压力是否达到 0.25 MP；④打开乙炔，调节分表压力为 0.05 MP，用发泡剂检查各个连接处是否漏气；⑤单击点火按键，观察火焰是否点燃，如果第一次没有点燃，请等 5～10s 再重新点火；⑥火焰点燃后，把进样吸管放入蒸馏水中，单击“能量”，选择“能量自动平衡”调整能量到 100%。

4. 测量步骤

（1）标准样品测量　把进样吸管放入空白溶液，单击校零键，调整吸光度为零；单击测量键，进入测量画面（在屏幕右上角），依次吸入标准样品（必须根据浓度从低到高的顺序测量）。

注：在测量中一定要注意观察测量信号曲线，直到曲线平稳后再按测量键“开始”，自动读数 3 次完成后再把进样吸管放入蒸馏水中，冲洗几秒钟后再读下一个样品。

做完标准样品后，把进样吸管放入蒸馏水中，单击“终止”按键。把鼠标指向标准曲线图框内，单击右键，选择“详细信息”，查看相关系数 R 是否合格。如果合格，进入样品测量。

（2）样品测量　把进样吸管放入空白溶液，单击校零键，调整吸光度为零；单击测量键，进入测量画面（屏幕右上角），吸入样品，单击“开始”键测量，自动读数 3 次完成一个样品测量。注意事项同标准样品测量方法。

（3）测量完成　如果需要打印，单击“打印”，根据提示选择需要打印的结果；如果需要保存结果，单击“保存”，根据提示输入文件名称，单击“保存（S）”按钮。以后可以单击“打开”调出此文件。

5. 结束测量

（1）如果需要测量其他元素，单击“元素灯”，操作同上（二、测量操作步骤）。

（2）如果完成测量，一定要先关闭乙炔，等到计算机提示“火焰异常熄灭，请检查乙炔流量”；再关闭空压机，按下放水阀，排除空压机内水分。

三、关机顺序

（1）退出AAwin程序　单击右上角“关闭”按钮（X），如果程序提示“数据未保存，是否保存”，根据需要选择，一般打印数据后可以选择“否”，程序出现提示信息后单击“确定”退出程序。

（2）关闭主机电源，罩上原子吸收仪器罩。

（3）关闭计算机电源，稳压器电源。15min后再关闭抽风设备；关闭实验室总电源，完成测量工作。

注意事项：此“操作步骤”只是简单操作顺序，具体操作步骤和详细内容请参考说明书的相关内容。由于原子吸收在分析过程中会有很多干扰因素，请查阅相关手册。

安捷伦6890N气相色谱仪操作规程

一、开机

（1）开启主机，进入联机状态。打开载气及支持气，设置减压阀0.3～0.5MPa。

（2）打开主机电源，并等待主机通过自检。

（3）打开计算机，进入操作系统；双击PC桌面“Online”图标进入工作站。

二、编辑整个方法，主要编辑采集参数

（1）从“View”菜单中选择“Method and Run control”画面。

（2）打开“Method”菜单，单击“Edit Entirmethod”，进入画面，先选择各项，单击“OK”。

（3）写出方法信息，如果使用自动进样器，选择“HPGC Injector”；若手动进样，则选择“Manual”。

（4）进入仪器控制参数编辑画面（“Instrument Edit Columns＝6890”），设定相应参数值，每设好一种参数，点击“Apply”，最后一个参数编辑完成，点击“OK”。

（5）编好仪器控制参数后，即会进入到积分参数设定的画图，单击“OK”，跳过积分参数，编辑后进入报告设定画面，设定报告。

（6）保存方法。打开“Method”菜单，选择“Save as Method”输入一个新名字。

三、样品分析

（1）调出在线窗口。如果没有基线显示，单击“Change”键，从中选择要观测的信号，单击“OK”后，可见蓝色基线显示。

(2) 填写样品信息，从“Run Control”中选择“Sample Info”，填写样品信息后单击“OK”。

(3) 待观测到基线比较平坦后，在色谱仪上进样品，在键盘上按“Start”启动运行。

(4) 实验结束时，在仪器控制参数中关闭检测器工作状态，将各功能块降温，待柱温降至室温，其他部分降至100℃以下时，退出化学工作站，关闭色谱仪电源，并关闭所有气源。

四、数据分析

(1) 启动化学工作站的“Offline”状态，进入数据分析“Data Analysis”画面。

(2) 调出数据文件进行图谱优化，从“Graphics”中选择“Signal Operation”，选择“Autoscale”，并将时间范围选为0～3min后，单击“OK”。

(3) 积分。

(4) 打印面积百分比报告。

五、外标定量

(1) 建立校正表

① 从“File”菜单中选择“Load Signal”，选择文件。

② 进行图谱优化，从“Graphics”中选择“signal Operation”，选择“Autoscale”后单击“OK”。

③ 做积分的优化。在“Integration”菜单中选择“Auto Integrate”，若积分结果仍不满意，可仍在菜单中选择“Integration Events”设定合适的积分事件，通过选择“Integration”进行积分。

④ 建立一级校正。从“Galibration”菜单中选择“New Galibration Table”，填写表中各项，选择参比峰。

(2) 进行校正参数的设置。在“Galibration”菜单中选择“Galibration setting”。在对话框中“Use sample Data”栏中选择“From Data File”，然后输入“Amount units”单位，确认校正曲线类型“Type”为“Linear”，对原点“Origin”为“Ignore”，“Weight”为“Equal”，单击“OK”。

(3) 调出未知样品数据文件并进行优化图谱；优化积分。

(4) 设定报告。在“Report”菜单中选择“Specify Report”。将“Destination”指定“Screen”，而“Quantitive Result”中的计算机方法“Calulate”选为“ESTP”处标法，将“Style”中的“Report Style”设定为“Short”，单击“OK”，然后保存方法。

(5) 打印报告。

操作规程

一、开机前准备

(1) 实验室温度应保持在10～30℃之间，湿度小于80%。

(2) 打开主机箱门，在进样口和检测器间安装合适的色谱柱。

(3) 打开计算机电源开关，打开载气开关，打开GC电源开关。

(4) 双击桌面上的“Instrument online”图标进入工作站系统。

二、编辑 GC 分析方法

（1）在“Instrument online”主界面上选择“Method”→“Edit Entire Method”。

（2）根据提示编辑完所有的 GC 参数。设定合适的汽化室、检测器温度（检测器温度应比柱温高 20～30℃）。

（3）保存所编辑的方法。

三、样品分析与采集数据

（1）在“Method”&“Runcontrol”界面上选择“File”→“Load”→“Method”，选择分析方法文件。

（2）手动进样　在“Method”&“Runcontrol”界面上选择“Runcontrol”→“Sample Infomation”，依提示输入保存路径、文件名称、样品名称、操作者等信息，进样时同时按 GC 面板上的 Start 键，即开始样品分析与数据采集。

（3）自动进样　将自动进样器安装于后进样口，在“Method”&“Runcontrol”界面上选择“Instrument”→“Select Injection Source”选择“GC Injector”。选择“Sequence”→“Sequence table”，输入进样位置、样品名称、分析方法、进样次数、进样量及样品信息等；选择在“Sequence”→“Sequence Parameters”中输入保存路径、文件名称、操作者等信息。将准备好的样品置于自动进样器上，选择“Runcontrol”→“Run Sequence”，即开始多个样品分析与数据采集。

四、报告输出

（1）在“Instrument online”主界面上选择“View”→“Data Analysis”，进入“Data Analysis”界面。

（2）选择所要处理的数据文件。

（3）选择所要选用的报告格式，输出报告。

五、关机

1. 关闭气源和总电源。

2. 在记录本上记录使用情况。

附

技术指标：

检测器：FID 检测限＜5.00 pg 碳/s（丙烷）。

柱箱温控范围：室温＋4～450℃。

分流/不分流毛细管柱进样口压力设定范围：0～100psi[1]（可选 0～150psi）。

分流/不分流毛细管柱进样口总流量设定范围：0～200mL/min N_2，0～1 000mL/min H_2 或 He。

特点：

全自动气路控制（EPC）：既可控制压力又可控制流量；

精度可达 0.01psi，0.01mL/min；

可安装多达 13 路 EPC；

---

[1] 1psi＝6894.76Pa，下同

带有大气压力传感器补偿和温度补偿功能；

有五种操作模式：恒流、恒压、程序升流、程序升压、脉冲压力控制，代表世界最先进水平。

Agilent 1200 HPLC 高效液相色谱操作规程

一、开机

(1) 将待测样品按要求提前处理，准备 HPLC 所需流动相，检查线路是否连接完好，废液瓶是否够用等。

(2) 开机。打开电脑、HPLC 各组件电源，打开软件。

(3) 打开工作界面，按操作要求赶流动相气泡。［排气：打开“Purge”阀，点击“Pump”图标，点击“Setup Pump”选项，进入泵编辑画面，设 Flow 为 3～5 mL/min，点击“OK”。点击“Pump”图标，点击“Pump Control”选项，选中“On”，点击“OK”，则系统开始 Purge，直到管线内（由溶剂瓶到泵入口）无气泡为止，切换通道（A-B-C）继续 Purge，直到所有要用通道无气泡为止。点击“Pump”图标，点击“Pump Control”选项，选中“Off”，点击“OK”关泵，关闭“Purge Valve”。点击“Pump”图标，点击“Setup pump”选项，设 Flow：1.5 mL/min。］

(4) 配置仪器。配置 1200 系统模块，根据需要配置。

(5) 建立平衡柱子分析方法，保存并运行。

二、编辑方法及样品分析

(1) 方法信息　从“Method”菜单中选择“Edit Entire Method”项，选中除“Data-analysis”外的三项，点击“Ok”，进入下一画面。在“Method Comments”中写入方法的信息。点击“OK”进入下一画面。

(2) 自动进样器参数设定　选择合适的进样方式，“Standard Injection”——只能输入进样体积，此方式无洗针功能。“Injection with Needle Wash”——可以输入进样体积和洗瓶位置，此方式针从样品瓶抽完样品后，会在洗瓶中洗针。“Use Injectorprogram”——可以点击“Edit”键进行进样程序编辑。点击“OK”进入下一画面。

(3) 泵参数设定　（以四元泵为例）在“Flow”处输入流量，如 1.5mL/min，在“Solvent B”处输入 70，（A＝100－B－C－D），也可 Insert 一行“Timetable”，编辑梯度。在“Pressure LimitsMax”处输入柱子的最大耐高压，以保护柱子。点击“OK”进入下一画面。

(4) 柱温箱参数设定　在“Temperature”下面的空白方框内输入所需温度，并选中它。

(5) DAD 检测器参数设定　检测波长：一般选择最大吸收处的波长。样品带宽 BW：一般选择最大吸收值一半处的整个宽度。参比波长：一般选择在靠近样品信号的无吸收或低吸收区域。参比带宽 BW：至少要与样品信号的带宽相等，许多情况下用 100nm 作为缺省值。Peak width (Response time)：其值尽可能接近要测的窄峰峰宽。Slit-狭缝窄，光谱分辨率高；宽时，噪声低。同时可以输入采集光谱方式，步长，范围，阈值。选中所用的灯。

(6) FLD 检测器参数设定　Excitation A：激发波长为 200～700nm，步长为 1 nm，或 Zero Order。Emission：发射波长为 280～900 nm，步长为 1 nm，或 Zero Order。同时可以输入范围 Range、步长 step、采集光谱。

（7）运行序列　新建序列，在序列参数中输入样品信息，在序列表中输入样品位置，方法等，运行该序列，等仪器显示“ready”，可运行样品。

三、数据分析

（1）从“View”菜单中，点击“Data analysis”进入数据分析画面。

（2）从“File”菜单选择“Load signal”，选中数据文件名，则数据被调出。

（3）从“Integration”菜单中选择“Integration Events”选项。选择合适的“Slope sensitivity”，“Peak Width”，“Area Reject”，“Height Reject”。

（4）从“Integration”菜单中选择“Integrate”选项，则数据被积分。

（5）如积分结果不理想，则修改相应的积分参数，直到满意为止。

四、关机

（1）关机前，先关灯，用相应的溶剂充分冲洗系统。

（2）退出化学工作站，依提示关泵，及其他窗口，关闭计算机（用 Shut Down 关）。

（3）关闭 Agilent 1200 各模块电源开关。

参考文献

1. 孙成主编．环境监测实验（21世纪高等院教教材）．第2版，北京：科学出版社，2010.

2. 奚旦立主编．环境监测实验．北京：高等教育出版社，2011.

3. 张仁志主编．环境综合实验．北京：中国环境科学出版社，2007.

4. 国家环境保护总局《水和废水监测分析方法》编委会．水和废水监测分析方法．第4版．北京：中国环境科学出版社，2002.

5. 国家环境保护总局《空气和废气监测分析方法》编委会．空气和废气监测分析方法．第4版．北京：中国环境科学出版社，2003.

6. 李光浩主编．环境监测实验．武汉：华中科技大学出版社，2010.

7. 周群英，王士芬主编．环境工程微生物学．第3版．北京：高等教育出版社，2008.

8. 武汉大学主编．分析化学．第5版．北京：高等教育出版社，2011.

9. 方惠群，于俊生．史坚主编．仪器分析．北京：科学出版社，2003.

10. 胡学玉，艾天成，洪军等主编．环境土壤学实验与研究方法．北京：中国地质大学出版社，2011.

11. 隋方功，李俊良，李旭霖主编．土壤农化分析实验．山东：青岛农业大学，2012年修订．

12. 鲍士旦主编．土壤农化分析．北京：中国农业出版社，2000.

13. 张韫主编．土壤·水·植物理化分析教程．北京：中国林业出版社，2011.

14. 吕昌银主编．空气理化检验，北京：人民卫生出版社，2006.

15. 孟紫强主编．环境毒理学基础．第2版．北京：高等教育出版社，2010.

16. 李永峰主编．环境毒理学研究技术与方法．哈尔滨：哈尔滨工业大学出版社，2011.

17. 姜霞，王书航主编．沉积物质量调查评估手册．北京：科学出版社，2013.

18. 武汉大学主编．分析化学实验．第5版．北京：高等教育出版社，2011.

19. 王玉荣主编．核辐射与电磁辐射分册．北京：环境科学出版社，2001.

20. 陆书玉主编．环境影响评价．北京：高等教育出版社，2001.

21. 徐新阳，于庆波，孙丽娜主编．环境评价教程．北京：化学工业出版社，2009.